建筑与市政工程施工现场专业人员培训教材

安全管理与生产技术

冯小川　编

中国环境出版社·北京

图书在版编目（CIP）数据

安全管理与生产技术/冯小川编．—2版．—北京：中国环境出版社，2013.1（2015.6重印）
建筑与市政工程施工现场专业人员培训教材
ISBN 978-7-5111-1277-4

Ⅰ．①安… Ⅱ．①冯… Ⅲ．①建筑工程—工程施工—安全管理—技术培训—教材②建筑工程—工程施工—安全技术—技术培训—教材 Ⅳ．①TU714

中国版本图书馆CIP数据核字（2013）第009433号

出 版 人　王新程
策划编辑　易　萌
责任编辑　张于嫣
责任校对　扣志红
封面设计　马　晓

出版发行　中国环境出版社
（100062　北京市东城区广渠门内大街16号）
网　　址：http://www.cesp.com.cn
电子邮箱：bjgl@cesp.com.cn
联系电话：010-67112765（编辑管理部）
出版电话：010-67112739（建筑图书出版中心）
发行热线：010-67125803，010-67113405（传真）
印　　刷　北京市联华印刷厂
经　　销　各地新华书店
版　　次　2013年1月第2版
印　　次　2015年6月第6次印刷
开　　本　787×1092　1/16
印　　张　16.75
字　　数　380千字
定　　价　35.00元

建筑与市政工程施工现场专业人员培训教材

编审委员会

出版说明

住房和城乡建设部2011年7月13日发布，2012年1月1日实施的《建筑与市政工程施工现场专业人员职业标准》（JGJ/T 250—2011），对加强建筑与市政工程施工现场专业人员队伍建设提出了规范性要求。为做好该《职业标准》的贯彻实施工作，受贵州省住房和城乡建设厅人事处委托，贵州省建设教育协会组织贵州省建设教育协会所属会员单位 10 多所高、中等职业院校、培训机构和大型国有建筑施工企业与中国环境出版社合作，对《建筑企业专业管理人员岗位资格培训教材》进行了专题研究。以《建筑与市政工程施工现场专业人员职业标准》和《建筑与市政工程施工现场专业人员考核评价大纲》（试行2012年8月）为指导，面向施工企业、中高职院校和培训机构调研咨询，对相关培训人员及培训授课教师进行回访问卷及电话调查咨询，结合贵州省建筑施工现场专业人员的实际，组织专家论证，完成了对该培训教材的编审工作。在调查研究中，广大施工企业和受培人员及授课教师强烈要求提供与大纲配套的培训、自学教材。为满足需要，在贵州省住房和城乡建设厅人教处的领导下，在中国环境出版社的大力支持下，由贵州省建设教育协会牵头，组织建设职业院校、施工企业等有关专家组成教材编审委员会，组织编写和审定了这套岗位资格培训教材供目前培训所使用。

本套教材的编审工作得到了贵州省住建厅相关处室、各高等院校及相关施工企业的大力支持。在此谨致以衷心感谢！由于编审者经验和水平有限，加之编审时间仓促，书中难免有疏漏、错误之处，恳请读者谅解和批评指正。

建筑与市政工程施工现场专业人员培训教材编审会

2012年9月

目　录

第二部分　施工安全技术管理

第三部分　劳动保护与伤害事故处理

绪　论

第一节　安全生产方针

一、安全生产方针的提出

《中华人民共和国安全生产法》第三条明确规定："安全生产管理，坚持安全第一、预防为主的方针。"《建筑法》第三十六条明确规定："建设工程安全生产管理必须坚持安全第一、预防为主的方针"，以法律形式确立的这个方针，是整个安全生产活动的指导原则。

在新中国成立初期，国家建立了新型劳动制度，明确提出了劳动保护政策，但由于受各种因素影响，重生产轻安全的观念在私营和国营企业都较普遍，工伤事故较为严重。在这种情况下，1952 年毛泽东主席在劳动部的工作报告中批示："在实施生产节约的同时，必须注意职工的安全、健康和必不可少的福利事业，如果只注意到前一方面，忘记或稍加忽视后一方面，那是错误的。"1952 年 8 月在北京召开了第二次全国劳动保护工作会议，经过认真讨论，提出了劳动保护工作必须贯彻"安全生产"的方针，明确提出了"安全为了生产，生产必须安全"和"管生产必须管安全"的安全生产管理条例。这是安全生产方针最初的产生背景。

二、安全生产方针的发展

随着我国经济建设的发展，特别是进入改革开放初期，劳动保护工作进入了一个新阶段。1987 年，在全国劳动安全监察工作会议上，经过认真讨论，决定把"安全第一、预防为主"作为我国劳动保护的基本方针。

安全生产方针正确地反映了安全与生产的辩证关系，也反映了安全与效益的辩证关系。安全生产是企业提高经济效益、增加产值的必要条件和重要保证，增加对安全的投入实际也是对生产的直接投入，因为安全与生产相辅相成，"生产必须安全，安全促进生产"这是对安全与生产辩证关系准确的概括，各级管理人员只有正确处理好安全与生产的关系，才能真正贯彻好安全生产方针。

三、安全生产方针的内容

（1）体现了国家对人民的生命和财产的高度关注

"人民的利益高于一切"是党的宗旨，是"三个代表"精神的重要体现，坚决贯彻安全生产方针，就是关心人民群众的安全与健康，把国家对人民群众利益的关怀体现到具体工作中。

（2）预防为主是安全生产的前提

事故一旦发生，其后果就无法挽回，防患于未然，把预防措施落实到实处，从思想上给予重视，从物质上给予有力保障，在组织机构、安全责任、安全教育、提高防范、监督管理以及劳动保护、施工现场、环境卫生各方面都对事故预防措施予以充分重视，是贯彻安全生产方针的重要内容，各级管理人员应当充分认识到做好安全生产工作是建设企业精神文明与物质文明的重要步骤，也是企业素质和形象外在体现，与企业的命运息息相关，是企业能够长期稳定健康发展的重要保证。

第二节　安全生产形势

一、党和政府高度重视安全生产工作

胡锦涛总书记在党的十六届三中全会上强调："各级党委和政府要牢牢树立'责任重于泰山'的观念，坚持把人民群众的生命安全放在第一位，进一步完善和落实安全生产的各项政策措施，努力提高安全生产水平。"

温家宝总理对建设部门的要求是："严格执行经过论证的技术方案，严格执行各种规范和标准，加强工程监督管理，是保证工程安全和质量的重要环节。"2003年11月，国务院颁布了《建设工程安全生产管理条例》，明确了参与建设活动主体的安全生产责任，确立了建设企业安全生产和政府监督管理的基本制度，是第一部全面规范建设工程安全生产的专门法规，对建筑安全生产提出了原则要求。

二、工程建设法律、法规体系不断健全

2004年1月3日，《安全生产许可证条例》正式实施，进一步提高了像建筑施工企业等高危企业市场准入条件，加强了对施工企业安全生产的监管力度。

2004年1月9日，国务院作出《关于进一步加强安全生产工作的决定》（国发［2004］2号），进一步明确了安全生产工作的指导思想、目标任务、工作重点和政策措施，对做好新时期的安全工作具有十分重要的指导意义。

随着《建筑法》、《安全生产法》、《建设工程安全生产管理条例》、《安全生产许可证条例》、《特大安全责任事故行政责任追究的规定》的陆续实施，安全生产的法制建设得到不断加强，为建设工程安全生产管理提供了良好的法制环境，使依法行政、依法管理落到了实处。

三、建筑安全形式趋于好转，但现状依然严峻

我国正处在大规模经济建设时期，建筑业的规模逐年增加，但伤害事故和死亡人数一直居高不下。1998年全国建筑施工每100亿元产值死亡人数为11.73人，1999年为9.84人，2000年为7.89人，2001年为6.80人，2002年为6.97人，2003年1月至10月为6.42人，2005年为3.43人，基本呈逐年下降趋势。2005年，全国房屋建筑和市政工程共发生建筑施工事故1 015起、死亡人数为1 193人，与2004年相比，事故起数下降了11.28%，死亡人数下降了9.89%；其中共发生建筑施工一次死亡3人以上重大事故43起，共死亡170人（未发生一次死亡10人以上特大事故），与2004年相比，事故起数上升了2.38%，死亡人数下降了2.86%。（图1、图2）

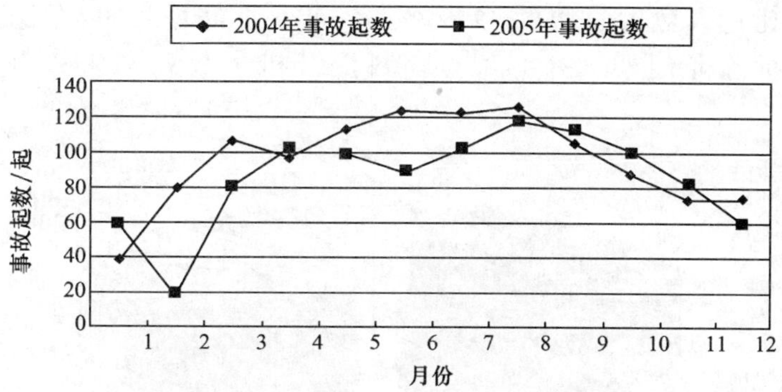

图 1　2004 年、2005 年建筑施工事故起数比较

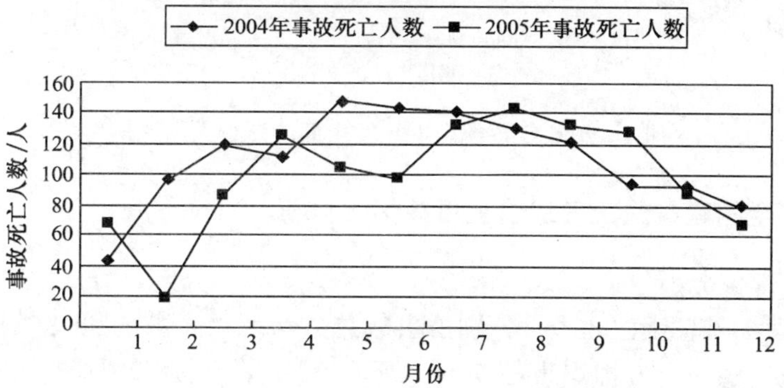

图 2　2004 年、2005 年建筑施工事故死亡人数比较

四、2005 年全国建筑施工全部伤亡事故情况分析

（1）事故类别分析

2005 年，全国建筑施工伤亡事故类别仍主要是高处坠落、坍塌、物体打击、机具伤害、触电等，这些类型事故的死亡人数分别占全部事故死亡人数的 45.52%、18.61%、11.82%、5.87%、6.54%，总计占全部事故死亡人数的 88.36%。(图 3)

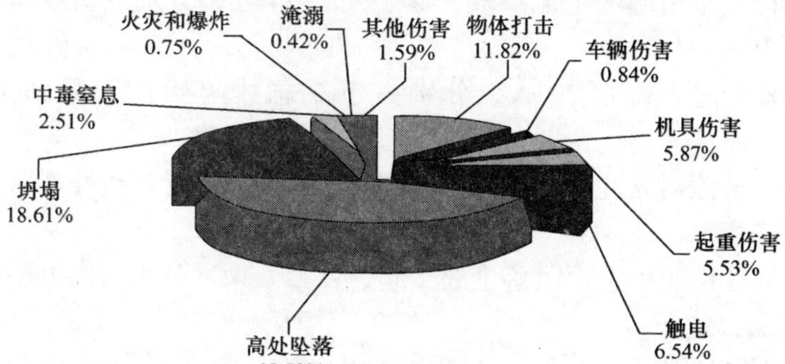

图 3　2005 年各类型事故死亡人数比例

（2）事故部位分析

2005 年，在洞口和临边作业发生事故的死亡人数占总数的 19.20%；在各类脚手架上

作业发生事故的死亡人数占总数的12.66%；安装、拆卸塔吊事故死亡人数占总数的10.06%；安装、拆除龙门架（井字架）物料提升机事故死亡人数占总数的8.38%。（图4）

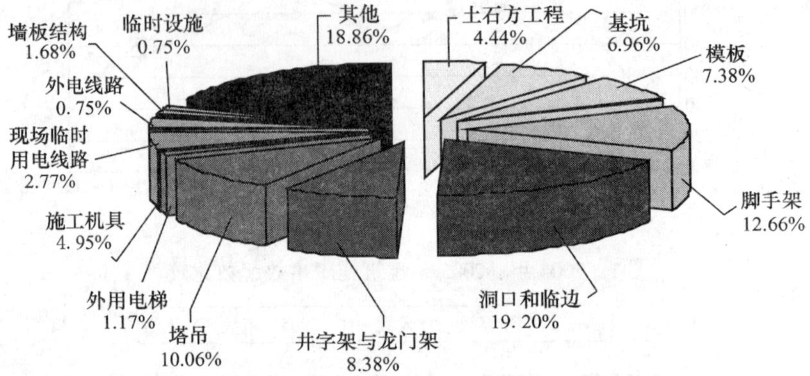

图4　2005年各类型事故发生部位死亡人数比例

五、2005年全国建筑施工三级以上事故情况分析

事故类型、部位分析

1）施工坍塌21起、死亡86人，分别占事故总数与死亡人数的48.8%、50.6%。包括：

①基坑边坡失稳、土方坍塌事故7起、死亡22人，分别占坍塌事故总数与死亡人数的33.3%、25.60%；

②模板支撑失稳造成的坍塌事故4起、死亡18人，分别占坍塌事故总数与死亡人数的19.0%、20.9%；

③拆除工程时发生的坍塌事故3起、死亡15人，分别占坍塌事故总数与死亡人数的14.3%、17.4%；

④大风或暴雨使工地临时宿舍发生的坍塌事故2起、死亡7人，分别占坍塌事故总数与死亡人数的9.5%、8.1%；

⑤因在建工程质量引起的坍塌事故5起、死亡24人，分别占坍塌事故总数与死亡人数的23.8%、27.9%。

2）高处坠落8起、死亡29人，分别占事故总数与死亡人数的18.6%、17.1%。包括：

①塔吊在安装拆除时发生的事故6起、死亡23人，分别占高处坠落事故总数与死亡人数的75%、79.3%；

②吊篮脚手架在作业中发生坠落事故2起、死亡6人，分别占高处坠落事故总数与死亡人数的25%、20.7%。

3）中毒窒息5起、死亡17人，分别占事故总数与死亡人数的11.60%、10.0%。包括：

①在市政工程的管沟中作业发生的中毒事故3起、死亡10人，分别占中毒事故总数与死亡人数的60.0%、58.8%；

②在人工挖孔桩中发生的中毒事故1起、死亡4人，分别占中毒事故总数与死亡人数

的 20.0%、23.5%；

③工人冬季取暖发生一氧化碳中毒事故 1 起、死亡 3 人，分别占中毒事故总数与死亡人数的 20.0%、17.6%。

4）触电 2 起、死亡 9 人，分别占事故总数与死亡人数的 4.7%、5.3%。原因是在工地搬运钢制品构件时划破敷设在地面上的临时动力电缆线造成的事故。

5）机械伤害 2 起、死亡 9 人，分别占事故总数与死亡人数的 4.7%、5.3%。两起事故分别发生滑模下降和电梯调试中。

6）起重伤害 2 起、死亡 6 人，分别占事故总数与死亡人数的 4.7%、3.5%。

7）淹溺 1 起、死亡 3 人，分别占事故总数与死亡人数的 2.3%、1.8%。原因是在顶管作业中，雨水漫过围堰井灌入沉井，造成井内施工人员被淹死。

8）车辆伤害 1 起、死亡 3 人，分别占事故总数与死亡人数的 2.3%、1.8%。

9）火灾 1 起、死亡 8 人，分别占事故总数与死亡人数的 2.3%、4.7%。

六、2005 年建筑安全生产形势特点

（1）建筑安全生产形势总体趋向稳定好转，但三级事故比例有所上升。2005 年全国共发生建筑施工事故 1 015 起、死亡 1 193 人，与 2004 年同期相比分别下降 11.28% 和 9.89%；百亿元产值死亡率为 3.43%，比 2004 年下降 1.24%。但是一次死亡 3 人以上重大事故有所增多，共发生 43 起、死亡 170 人，与 2004 年同期相比分别上升 2.38% 和下降 2.86%。

（2）事故类型仍以“五大伤害”为主。2005 年全国的建筑施工事故中，高处坠落、施工坍塌、物体打击、机具伤害和触电事故起数占事故总数的 88.36%，其中又以高处坠落事故为主，占事故总数的 45.52%。

七、事故原因分析

（1）建设行政主管部门安全监管工作有待加强

一是部分地区建设行政主管部门未能深入分析本地区安全生产形势，针对薄弱环节采取的事故防范措施不到位，安全生产工作主动性和预见性差，政府主管部门安全监管存在盲点；二是未能合理组织利用建设系统各种管理资源和充分发挥各个管理层次、环节的整体效能，未能形成安全生产监管的合力；三是部分地区政府主管部门对安全生产违法违规行为和重大事故执法不严、处罚不力，缺乏强有力的手段措施，对有关责任主体的威慑力不够。

（2）建设工程各方主体安全责任未落实到位

一是部分施工企业安全生产主体责任意识不强，重效益、轻安全，安全生产基础工作薄弱，安全生产投入严重不足，安全培训教育流于形式，施工现场管理混乱，安全防护不符合标准要求，“三违”现象时有发生，未能建立起真正有效运转的安全生产保证体系；二是一些建设单位包括有些政府投资工程的建设单位，未能真正重视和履行法规规定的安全责任，任意压缩合理工期，忽视安全生产管理；三是部分监理单位对应负的安全责任认识不清，对安全生产隐患不能及时作出应有处理，《建设工程安全生产管理条例》规定的安全生产监理责任未能真正落实到位。

(3) 保障安全生产的各个环境要素尚需完善

一是一些建设项目不履行法定建设程序，游离于建设行政主管部门的监管范围，企业之间恶性竞争、低价中标、违法分包、非法转包、无资质单位挂靠、以包代管等现象突出；二是建筑行业生产力水平偏低，技术装备水平较落后，科技进步在推动建筑安全生产形势好转方面的作用还没有充分体现出来；三是建筑施工安全生产领域的中介机构发展滞后，在政府和企业之间缺少相应的机构和人员提供安全评价、咨询、技术等方面服务。

第一部分　建筑安全生产管理概论

第一章　建设工程安全生产法律法规概述

第一节　我国建设工程安全生产法律法规体系

在建筑活动中，各级施工人员都必须遵循相关的法律、法规及标准，同时应当了解法律、法规及标准各自的地位及相互关系。

一、建筑法律

建筑法律是全国人民代表大会及其常务委员会对建筑管理活动的宏观规定，侧重于对政府机关、社会团体、企事业单位的组织、职能、权利、义务等以及建筑产品生产组织管理和生产基本程序进行规定，是建筑法律体系的最高层次，具有最高法律效力，以主席令形式公布。例如1997年11月1日，中华人民共和国主席令第91号《中华人民共和国建筑法》。

二、建筑行政法规

建筑行政法规是对法律条款进一步细化，是国务院根据有关法律中授权条款和管理全国建筑行政工作的需要制定的，是法律体系中第二层次，以国务院令形式公布。例如2003年11月12日，国务院第393号《建设工程安全生产管理条例》。

三、建筑部门规章

建筑部门规章是国务院各部委根据法律、行政法规颁布建筑行政规章，其中综合规章主要由建设部发布。部门规章对全国有关行政管理部门具有约束力，但它的效力低于行政法规，以部委第几号令发布。例如2000年8月21日，建设部令第81号《实施工程强制性标准监督规定》。

四、地方性建筑法规

地方性建筑法规是省、自治区、直辖市人民代表大会及其常务委员会，根据本行政区的特点，在不与宪法、法律、行政法规相抵触的情况下制定的，仅在地方性法规所辖行政区域内有法律效力。

五、地方性建筑规章

地方性建筑规章是地方人民政府根据法律、法规制定的地方性规章，仅在其行政区域内有效，其法律效力低于地方性法规。例如2001年4月5日，北京市人民政府令第72号《北京市建设工程施工现场管理办法》。

六、国家标准

国家标准是需要在全国范围内统一的技术要求，由国务院标准化行政主管部门制定发布。国家标准分为强制性标准和推荐性标准，强制性标准代号为“GB”，推荐性标准代号为“GB/T”。国家标准的编号由国家标准代号、国家标准发布顺序号及国家标准发布的年号组成，国家工程建设标准代号为GB 5××××或GB/T 5××××。例如《建筑工程施工质量验收统一标准》（GB 50300—2001）。

七、行业标准

行业标准是需要在某个行业范围内统一的而又没有国家标准的技术要求，由国务院有关行政主管部门制定，并报国务院标准化行政主管部门备案。行业标准是对国家标准的补充，行业标准在相应国家标准实施后应该自行废止。其标准分为强制性标准和推荐性标准。行业标准如：城市建设行业标准（CJ）、建材行业标准（JC）、建筑工业行业标准（JG）。现行工程建设行业标准代号在部分行业标准代号后加上第三个字母J，行业标准的编号由标准代号、标准顺序号及年号组成，行业标准顺序号在3000以前为工程类标准，在3001以后为产品类标准。例如《普通混凝土配合比设计规程》（JGJ 55—2000）和《冷轧扭钢筋》（JG 3046—1998）等。

八、地方标准

地方标准是对没有国家标准和行业标准，但又需要在省、自治区、直辖市范围内统一的产品的安全和卫生要求，由省、自治区、直辖市标准化行政主管部门制定，并报国务院标准化行政主管部门备案。地方标准不得违反有关法律法规和国家行业强制性标准，在相应的国家标准行业标准实施后，地方标准应自行废止。在地方标准中凡法律法规规定强制性执行的标准，才可能有强制性地方标准。

九、安全生产法律、法规体系示意图

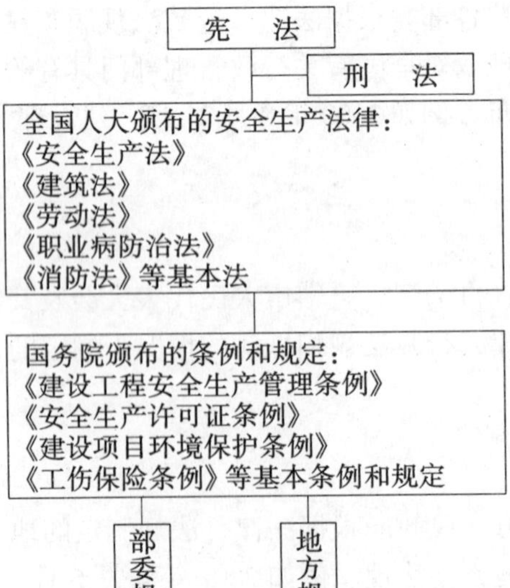

第二节 《中华人民共和国建筑法》有关安全生产的概述

一、立法目的

《中华人民共和国建筑法》（以下简称《建筑法》）从1998年3月1日起施行，是我国第一部关于工程建设的大法，建筑市场管理、安全、质量三大内容构成整个法律的主框架，在第一条中就明确立法的目的是：“为了加强对建筑活动的监督管理，维护建筑市场秩序，保证建筑工程的质量和安全，促进建筑业健康发展。”

二、建筑安全生产管理基本规定

《建筑法》第六章整章篇幅明确了建筑安全生产方针、管理体制、安全责任制度、安全教育培训制度等规定，对强化建筑安全生产管理、规范安全生产行为、保障人民群众生命和财产安全，具有非常重要的意义。

（1）坚持安全生产方针，建立健全安全生产责任制度和群防群治制度

《建筑法》在第三十六条中规定：“建筑工程安全生产管理必须坚持安全第一、预防为主的方针，建立健全安全生产的责任制度和群防群治制度。”

正如本书绪论中所指出的一样，安全第一、预防为主的方针充分体现了国家对劳动者生命和财产安全的关心和保障，肯定了安全在建筑生产中的首要位置；安全生产责任制是建筑生产中最基本的安全管理制度，在本书第二部分有详细介绍；群防群治制度体现在建筑安全生产中，就是充分调动广大职工的安全生产和劳动保护的积极性，加强安全生产教育，强化安全生产意识，广泛开展群众性安全生产检查监督工作，使遵章守纪成为每个职工身体力行的准则，把事故隐患消灭在萌芽状态。

（2）施工现场的安全管理

《建筑法》明确规定：

1）建筑施工企业应当在施工现场采取维护安全、防范危险、预防火灾等措施，有条件的应当对施工现场实行封闭管理。

2）施工现场对毗邻的建筑物、构筑物和特殊作业环境可能造成损害的，建筑施工企业应当采取安全防护措施。

3）建设单位应当向建筑施工企业提供与施工现场相关的地下管线资料，建筑施工企业应当采取措施加以保护。

4）建筑施工企业应当遵守有关环境保护和安全生产方面的法律、法规的规定，采取控制和处理施工现场的各种粉尘、废气、废水、固体废物以及噪声、振动对环境的污染和危害的措施。

（3）安全生产管理制度

1）安全生产责任制度：建筑施工企业必须依法加强对建筑安全生产的管理，执行安全生产责任制度，采取有效措施，防止伤亡和其他安全生产事故的发生。

建筑施工企业的法定代表人对本企业的安全生产负责。

2）制定安全技术措施制度：建筑施工企业在编制施工组织设计时，应当根据建筑工

程的特点制定相应的安全技术措施，对专业性较强的工程项目，应当编制专项安全施工组织设计，并采取安全技术措施。

3）安全生产教育制度：建筑施工企业应当建立健全劳动安全生产教育培训制度，加强对职工安全生产的教育培训，未经安全生产教育培训的人员，不得上岗作业。

4）施工现场安全负责制度：施工现场安全由建筑施工企业负责。实行施工总承包的由总承包单位负责。分包单位向总承包单位负责，服从总承包单位对施工现场的安全生产管理。

5）意外伤害保险制度：建筑施工企业必须为从事危险作业的职工办理意外伤害保险，支付保险费。

6）拆除工程安全保证制度：房屋拆除应当由具备保证安全条件的建筑施工单位承担，由建筑施工单位负责人对安全负责。

7）事故救援及报告制度：施工中发生事故时，建筑施工企业应当采取紧急措施减少人员伤亡和事故损失，并按照国家有关规定及时向有关部门报告。

（4）施工企业和作业人员的义务

建筑施工企业和作业人员在施工过程中，应当遵守有关安全生产的法律、法规和建筑行业安全规章、规程，不得违章指挥或者违章作业。

（5）作业人员的权利

作业人员有权对影响人身健康的作业程序和作业条件提出改进意见，有权获得安全生产所需的防护用品。作业人员对危及生命安全和人身健康的行为有权提出批评、检举和控告。

第三节　《建设工程安全生产管理条例》概述

一、《条例》确定的基本管理制度

（1）安全施工措施和拆除工程备案制度

《条例》第十条、第十一条明确规定，建设单位应当自开工报告批准之日起 15 日内，将保证安全施工措施报送建设工程所在地的县级以上地方人民政府建设行政主管部门或者其他有关部门备案。建设单位应当在拆除工程施工 15 日前，将施工单位资质等级证明，拟拆除建筑物，构筑物及可能危及毗邻建筑的说明，拆除施工组织方案，堆放、清除废弃物的措施报送建设工程所在地的县级以上地方人民政府建设行政主管部门或其他有关部门备案。

（2）健全安全生产制度

《条例》第二十一条明确规定，施工单位主要负责人依法对本单位的安全生产工作全面负责。施工单位应当建立健全安全生产责任制度和安全生产教育培训制度，制定安全生产规章制度和操作规程，保证本单位安全生产条件所需资金的投入，对所承担的建设工程进行定期和专项安全检查，并做好安全检查记录。

施工单位的项目负责人应当由取得相应执业资格的人员担任，对建设工程项目的安全施工负责，落实安全生产责任制度、安全生产规章制度和操作规程，确保安全生产费用的

有效使用，并根据工程的特点组织制定安全施工措施，消除安全事故隐患，及时、如实报告生产安全事故。

（3）特种作业人员持证上岗制度

《条例》第二十五条明确规定，垂直运输机械作业人员、起重机械安装拆卸工、爆破作业人员、起重信号工、登高架设作业人员等特种作业人员，必须按照国家有关规定经过专门的安全作业培训，并取得特种作业操作资格证书后，方可上岗作业。

（4）专项工程专家论证制度

《条例》第二十六条规定，施工单位应当在施工组织设计中编制安全技术措施和施工现场临时用电方案，对下列达到一定规模的危险性较大的分部分项工程编制专项施工方案，并附具安全验算结果，经施工单位技术负责人、总监理工程师签字后实施，由专职安全生产管理人员进行现场监督。

1）基坑支护与降水工程。

2）土方开挖工程。

3）模板工程。

4）起重吊装工程。

5）脚手架工程。

6）拆除、爆破工程。

7）国务院建设行政主管部门或者其他有关部门规定的其他危险性较大的工程。

对前款所列工程中涉及深基坑、地下暗挖工程、高大模板工程的专项施工方案，施工单位还应当组织专家进行论证、审查。

本条第一款规定的达到一定规模的危险性较大工程的标准，由国务院建设行政主管部门会同国务院其他有关部门制定。

（5）消防安全责任制度

《条例》第三十一条规定，施工单位应当在施工现场建立消防安全责任制度，确定消防安全责任人，制定用火、用电、使用易燃易爆材料等各项消防安全管理制度和操作规程，设置消防通道、消防水源，配备消防设施和灭火器材，并在施工现场入口处设置明显标志。

（6）施工单位管理人员考核任职制度

《条例》第三十六条规定，施工单位的主要负责人、项目负责人专职安全生产管理人员应当经建设行政主管部门或者其他有关部门考核，合格后方可任职。

（7）施工自升式架设设施使用登记制度

《条例》第三十五条规定，施工单位应当自施工起重机械和整体提升脚手架、模板等自升式架设设施验收合格之日起 30 日内，向建设行政主管部门或者其他有关部门登记。登记标志应当置于或者附着于该设备的显著位置。

（8）意外伤害保险制度

《条例》第三十八条规定，施工单位应当为施工现场从事危险作业的人员办理意外伤害保险。意外伤害保险费由施工单位支付。实行施工总承包的，由总承包单位支付。意外伤害保险期限自建设工程开工之日起至竣工验收合格止。

（9）政府安全监督检查制度

《条例》第四十条明确规定，国务院建设行政主管部门对全国的建设工程安全生产实

施监督管理。县级以上地方人民政府建设行政主管部门对本行政区域内的建设工程安全生产实施监督管理。

《条例》第四十一条明确规定，建设行政主管部门和其他有关部门应当将本条例第十条、第十一条规定的有关资料的主要内容抄送同级负责安全生产监督管理的部门。

《条例》第四十二条明确规定，建设行政主管部门在审核发放施工许可证时，应当对建设工程是否有安全施工措施进行审查，对没有安全施工措施的，不得颁发施工许可证。

建设行政主管部门或者其他有关部门对建设工程是否有安全施工措施进行审查时，不得收取费用。

《条例》第四十三条明确规定，县级以上人民政府负有建设工程安全生产监督管理职责的部门在各自的职责范围内履行安全监督检查职责时，有权采取下列措施：

1）要求被检查单位提供有关建设工程安全生产的文件和资料。

2）进入被检查单位施工现场进行检查。

3）纠正施工中违反安全生产要求的行为。

4）对检查中发现的安全事故隐患，责令立即排除。重大安全事故隐患排除前或者排除过程中无法保证安全的，责令从危险区域内撤出作业人员或者暂时停止施工。

《条例》第四十四条明确规定，建设行政主管部门或者其他有关部门可以将施工现场的监督检查委托给建设工程安全监督机构具体实施。

《条例》第四十六条明确规定，县级以上人民政府建设行政主管部门和其他有关部门应当及时受理对建设工程生产安全事故及安全事故隐患的检举、控告和投诉。

(10) 危及施工安全工艺、设备、材料淘汰制度

《条例》第四十五条明确规定，国家对严重危及施工安全的工艺、设备、材料实行淘汰制度。

(11) 生产安全事故应急救援制度

《条例》第四十八条明确规定，施工单位应当制定本单位生产安全事故应急救援预案，建立应急救援组织或者配备应急救援人员，配备必要的应急救援器材、设备，并定期组织演练。

《条例》第四十九条明确规定，施工单位应当根据建设工程施工的特点、范围，对施工现场易发生重大事故的部位、环节进行监控，制定施工现场生产安全事故应急救援预案。实行施工总承包的，由总承包单位统一组织编制建设工程生产安全事故应急救援预案，工程总承包单位和分包单位按照应急救援预案，各自建立应急救援组织或者配备应急救援人员，配备救援器材、设备，并定期组织演练。

(12) 生产安全事故报告制度

《条例》第五十条规定，施工单位发生生产安全事故，要及时、如实向当地安全生产监督部门和建设行政主管部门报告。实行总承包的由总包单位负责上报。

二、《条例》明确了建设活动各方主体的安全责任

(1) 建设单位的安全责任

《条例》第七条、第八条和第九条特别规定，建设单位应当在工程概算中确定并提供

安全作业环境和安全施工措施费用，不得要求勘察、设计、监理、施工企业违反国家法律法规和强制性标准规定，不得任意压缩合同约定的工期，有义务向施工单位提供工程所需的有关资料，有责任将安全施工措施报送有关部门备案。

（2）施工单位的安全责任

施工单位在建设工程安全生产中处于核心地位，《条例》在第四章中对施工单位的安全责任做了全面、具体的规定。

1）对施工单位资质的规定：《条例》第二十条明确规定，施工单位从事建设工程的新建、扩建、改建和拆除等活动，应当具备国家规定的注册资本、专业技术人员、技术装备和安全生产等条件，依法取得相应等级的资质证书，并在其资质等级许可的范围内承揽工程。

2）施工单位主要负责人和项目负责人的安全责任：《条例》第二十一条明确规定，施工单位主要负责人依法对本单位的安全生产工作全面负责。施工单位应当建立健全安全生产责任制度和安全生产教育培训制度，制定安全生产规章制度和操作规程，保证本单位安全生产条件所需资金的投入，对所承担的建设工程进行定期和专项安全检查，并做好安全检查记录。

施工单位的项目负责人应当由取得相应执业资格的人员担任，对建设工程项目的安全施工负责，落实安全生产责任制度、安全生产规章制度和操作规程，确保安全生产费用的有效使用，并根据工程的特点组织制定安全施工措施，消除安全事故隐患，及时、如实报告生产安全事故。

3）施工总承包和分包单位的安全生产责任：《条例》第二十四条明确规定，建设工程实行施工总承包的，由总承包单位对施工现场的安全生产负总责。

总承包单位应当自行完成建设工程主体结构的施工。

总承包单位依法将建设工程分包给其他单位的，分包合同中应当明确各自的安全生产方面的权利、义务。总承包单位和分包单位对分包工程的安全生产承担连带责任。

分包单位应当服从总承包单位的安全生产管理，分包单位不服从管理导致生产安全事故的，由分包单位承担主要责任。

4）施工现场安全管理及作业和生活环境标准：《条例》第二十九条明确规定，施工单位应当将施工现场的办公区、生活区与作业区分开设置，并保持安全距离，办公区、生活区的选址应当符合安全性要求。职工的膳食、饮水、休息场所等应当符合卫生标准。施工单位不得在尚未竣工的建筑物内设置员工集体宿舍。

施工现场临时搭建的建筑物应当符合安全作业要求。施工现场使用的装配式活动房屋应当具有产品合格证。

《条例》第三十条明确规定，施工单位对因建设工程施工可能造成损害的毗邻建筑物、构筑物和地下管线等，应当采取专项防护措施。

施工单位应当遵守有关环境保护法律、法规的规定，在施工现场采取措施，防止或者减少粉尘、废气、废水、固体废物、噪声、振动和施工照明对人和环境的危害和污染。

在城市市内的建设工程，施工单位应当对施工现场实行封闭围挡。

（3）提供防护用品及书面告知危险岗位操作规程

《条例》第三十二条明确规定，施工单位应当向作业人员提供安全防护用具和安全防

护服装，并书面告知危险岗位的操作规程和违章操作的危害。

三、对安全生产违法行为的处罚

《条例》明确了对安全生产违法行为的处罚。

（1）对注册执业人员资格的处罚

注册执业人员未执行法律、法规和工程建设强制性标准的，责令停止执业3个月以上1年以下。情节严重的，吊销执业资格证书，5年内不予注册。造成重大安全事故的，终身不予注册。构成犯罪的，依照刑法有关规定追究刑事责任。

（2）对施工单位的处罚

《条例》在第六十二条至第六十六条中，对施工单位的各种安全生产违法行为规定了应当承担的行政、民事或法律责任及相应的经济赔偿。

《条例》第六十二条明确规定，违反本条例的规定，施工单位有下列行为之一的，责令限期改正。逾期未改正的，责令停业整顿，依照《中华人民共和国安全生产法》的有关规定处以罚款。造成重大安全事故，构成犯罪的，对直接责任人员，依照刑法有关规定追究刑事责任。

1）未设立安全生产管理机构、配备专职安全生产管理人员或者分部分项工程施工时无专职安全生产管理人员现场监督的。

2）施工单位的主要负责人、项目负责人、专职安全生产管理人员、作业人员或者特种作业人员，未经安全教育培训或者经考核不合格即从事相关工作的。

3）未在施工现场的危险部位设置明显的安全警示标志，或者未按照国家有关规定在施工现场设置消防通道、消防水源、配备消防设施和灭火器材的。

4）未向作业人员提供安全防护用具和安全防护服装的。

5）未按照规定在施工起重机械和整体提升脚手架、模板等自升式架设设施验收合格后登记的。

6）使用国家明令淘汰、禁止使用的危及施工安全的工艺、设备、材料的。

施工单位挪用列入建设工程概算的安全生产作业环境及安全施工措施所需费用的，责令限期改正，并处挪用费用20%以上50%以下的罚款。造成损失的，依法承担赔偿责任。

《条例》第六十四条明确规定，违反本条例的规定，施工单位有下列行为之一的，责令限期改正，逾期未改正的，责令停业整顿，并处5万元以上10万元以下的罚款。造成重大安全事故，构成犯罪的，对直接责任人员，依照刑法有关规定追究刑事责任，造成损失的，依法承担赔偿责任。

1）施工前未对有关安全施工的技术要求作出详细说明的。

2）未根据不同施工阶段和周围环境及季节、气候的变化，在施工现场采取相应的安全施工措施，或者在城市市区内的建设工程的施工现场未实行封闭围挡的。

3）在尚未竣工的建筑物内设置员工集体宿舍的。

4）施工现场临时搭建的建筑物不符合安全使用要求的。

5）未对因建设工程施工可能造成损害的毗邻建筑物、构筑物和地下管线等采取专项防护措施的。

《条例》第六十五条明确规定，违反本条例的规定，施工单位有下列行为之一的，责

令限期改正，逾期未改正的，责令停业整顿，并处10万元以上30万元以下的罚款。情节严重的，降低资质等级，直至吊销资质证书。造成重大安全事故，构成犯罪的，对直接责任人员，依照刑法有关规定追究刑事责任，造成损失的，依法承担赔偿责任：

1）安全防护用具、机械设备、施工机具及配件在进入施工现场前未经查验或者查验不合格即投入使用的。

2）使用未经验收或者验收不合格的施工起重机械和整体提升脚手架、模板等自升式架设设施的。

3）委托不具有相应资质的单位承担施工现场安装、拆卸施工起重机械和整体提升脚手架、模板等自升式架设设施的。

4）在施工组织设计中未编制安全技术措施、施工现场临时用电方案或者专项施工方案的。

《条例》第六十六条明确规定，违反本条例的规定，施工单位的主要负责人、项目负责人未履行安全生产管理职责的，责令限期改正，逾期未改正的，责令施工单位停业整顿。造成重大安全事故、重大伤亡事故或者其他严重后果，构成犯罪的，依照刑法有关规定追究刑事责任。

作业人员不服管理、违反规章制度和操作规程冒险作业造成重大伤亡事故或者其他严重后果，构成犯罪的，依照刑法有关规定追究刑事责任。

施工单位的主要负责人、项目负责人有前款违法行为，尚不够刑事处罚的，处2万元以上20万元以下的罚款或者按照管理权限给予撤职处分。自刑罚执行完毕或者受处分之日起，5年内不得担任任何施工单位的主要负责人、项目负责人。

第四节　安全生产技术规程及标准简介

一、《建筑安装工人安全技术操作规程》（［80］建工劳字第24号文）

《规程》分土木建筑、设备安装、机械施工三大部分，共40章832条。主要内容包括四个方面，一是安全技术设施标准；二是安全技术操作标准；三是设备安全装置标准；四是施工组织管理及安全技术的一般要求。

二、《建筑机械使用安全技术规程》（JGJ 33—2001）

为保障建筑机械的正确、安全使用，发挥机械效能，确保安全生产，制定本规程。内容包括：

（1）一般规定；（2）动力与电气装置；（3）起重吊装机械；（4）土石方机械；（5）水平和垂直运输机械；（6）桩工及水工机械；（7）混凝土机械；（8）钢筋加工机械；（9）装修机械；（10）钣金和管工机械；（11）铆焊设备。

三、《塔式起重机安全规程》（GB 5144—1994）

本标准规定了建筑用塔式起重机在设计、制造、安装使用、维修、检验等方面的安全技术要求代替GB 5144—1985。内容包括：

（1）适用范围；（2）引用标准；（3）整机；（4）结构；（5）机构及零部件；（6）安全装置；（7）操作系统；（8）电气系统；（9）液压系统；（10）安装与试验。

四、《起重机械安全规程》（GB 6067—1985）

为保证安全生产，本规程对起重机械的设计、制造、检验、报废、使用与管理等方面的安全要求，作了最基本的规定。内容包括：

（1）金属结构；（2）主要零部件；（3）电气设备；（4）安全防护装置；（5）使用与管理。

五、《起重机械超载保护装置安全技术规范》（GB 12602—1990）

本标准规定了起重机械超载保护装置的功能要求、技术要求、试验方法、检验规则和安全管理措施。内容包括：

（1）适用范围；（2）引用标准；（3）术语；（4）功能要求；（5）技术要求；（6）试验方法；（7）检验规则；（8）安全管理办法。

六、《建筑卷扬机安全规程》（GB 13329—1991）

本规程规定了建筑卷扬机设计、制造、使用及维修方面的安全要求。内容包括：

（1）适用范围；（2）引用标准；（3）结构和构造；（4）安全保护装置；（5）电气系统；（6）使用；（7）检验和维修。

七、《龙门架及井架物料提升机安全技术规范》（JGJ 88—1992）

为使龙门架及井架物料提升机（以下简称提升机）的设计、制作符合安全要求和在施工中得到正确使用，保证施工及人身安全，制定本规程。内容包括：

（1）一般规定；（2）结构设计与制造；（3）结构制造；（4）提升结构；（5）安全防护装置及要求；（6）电气；（7）基础、附墙架、缆风绳及地锚；（8）安装与拆除；（9）检验规则与试验方法；（10）使用与管理。

八、《施工升降机安全规则》（GB 10055—96）

本标准规定了施工升降机（以下简称升降机）的设计、制造与安装的安全规则，代替GB 10055—1988。内容包括：

（1）适用范围；（2）引用标准；（3）金属结构的设计安全要求；（4）基础；（5）停层；（6）吊笼；（7）对重；（8）钢丝绳、滑轮；（9）传动系统；（10）导向与缓冲装置；（11）安全装置；（12）导轨架的附着；（13）电气。

九、《建筑施工附着升降脚手架管理暂行规定》（建建［2002］230号）

为贯彻“安全第一、预防为主”的方针和《中华人民共和国建筑法》，加强建筑施工附着升降脚手架的管理，保证施工安全，特制定本规定。内容包括：

（1）设计计算；(2)构造与装置；(3)加工制作；(4)安装、使用和拆卸；(5)管理。

十、《建筑施工门式钢管脚手架安全技术规范》（JGJ 128—2000，J 43—2000）

为了在门式钢管脚手架的设计与施工中，贯彻执行国家有关安全生产的法规、做到技术先进、经济合理、安全适用，制定本规范。内容包括：

（1）术语、符号；（2）构配件材质性能；（3）荷载；（4）设计计算；（5）构造要求；（6）搭设与拆除；（7）安全管理与维护；（8）模板支撑与满堂脚手架。

十一、《建筑施工扣件式钢管脚手架安全技术规范》（JGJ 130—2001，J 84—2001）

为在扣件式钢管脚手架设计与施工中贯彻执行国家的技术经济政策，做到技术先进、经济合理、安全适用、确保质量，制定本规范。内容包括：

（1）术语、符号；（2）构配件；（3）荷载；（4）设计计算；（5）构造要求；（6）施工；（7）检查与验收；（8）安全管理。

十二、《手持式电动工具的管理、使用、检查和维修安全技术规程》（GB 3787—1993）

本标准规定了手持式电动工具（以下简称工具）的管理、使用、检查和维修的安全技术要求。内容包括：

（1）生产、销售、选购和储运；（2）管理；（3）使用；（4）检查、维修。

十三、建筑施工高处作业安全技术规范（JGJ 80—1991）

为了在建筑施工高处作业中，贯彻安全生产的方针，做到防护要求明确、技术合理和经济适用，制定本规范。内容包括：

（1）基本规定；（2）临边与洞口作业的安全防护；（3）攀登与悬空作业的安全防护；（4）操作平台与交叉作业的安全防护；（5）高处作业安全防护设备的验收。

十四、《高处作业吊篮安全规则》（JGJ 5027—1992）

本标准规定了高处作业吊篮（以下简称吊篮）的设计、制造、安装、使用、维修保养等方面的安全要求。内容包括：

（1）适用范围；（2）引用标准；（3）术语；（4）一般要求；（5）结构安全系统；（6）材料与加工质量要求；（7）吊篮平台的要求；（8）提升机构的要求；（9）安全保护装置的要求；（10）钢丝绳的要求；（11）悬挂机构的要求；（12）配重的要求；（13）电气系统的要求；（14）建筑物或构筑物支承的承载要求；（15）其他要求。

十五、《液压滑动模板施工安全技术规程》（JGJ 65—1989）

为了在液压滑动模板（以下简称滑模）施工中做好安全与技术管理工作，防止事故发生，保证施工人员的安全，特制定本规程。内容包括：

（1）一般规定；（2）施工现场；（3）滑模操作平台；（4）垂直运输设备；（5）动力及照明用电；（6）通信与信号；（7）防雷、防火、防毒；（8）施工操作；（9）滑模的拆除。

十六、《建筑基坑支护技术规程》（JGJ 120—1999）

为了在建筑基坑支护设计与施工中做到技术先进、经济合理、确保基坑边坡稳定、基坑周围建筑物、道路及地下设施安全，制定本规程。内容包括：

（1）基本规定：1）勘察要求；2）支护结构选型；3）质量检测；4）基坑开挖；5）开挖监控。

（2）排桩、地下连续墙。

（3）水泥土墙。

（4）土钉墙。

（5）逆作拱墙。

（6）地下水控制。

十七、《建筑施工安全检查标准》（JGJ 59—1999）

为了科学地评价建筑施工安全生产情况，提高安全生产工作和文明施工的管理水平，预防伤亡事故的发生，确保职工的安全和健康，实现检查评价工作的标准化、规范化、制定本标准。内容包括：

（1）检查分类及评分方法；（2）检查评分表。

十八、《施工企业安全生产评价标准》（JGJ/T 77—2003）

为加强施工企业安全生产的监督管理，科学地评价施工企业安全生产条件、安全生产业绩及相应的安全生产能力，实现施工企业安全生产评价工作的规范化和制度化，促进施工企业安全生产管理水平的提高，制定本标准。内容包括：

（1）总则；（2）术语；（3）评价内容；（4）评分方法；（5）评价等级。

十九、《施工现场临时用电安全技术规范》（JGJ 46—2005）

为贯彻国家安全生产的法律和法规，保障施工现场用电安全，防止触电和电气火灾事故的发生，促进建设事业发展，制定本规范。

本规范适用于新建、改建和扩建的工业与民用建筑和市政基础设施施工现场临时用电工程中的电源中性点直接接地的220/380V三相四线制低压电力系统的设计、安装、使用、维修和拆除。

建筑施工现场临时用电工程专用的电源中性点直接接地的220/380V三相四线制低压电力系统，必须符合下列规定：

(1) 采用三级配电系统；（2）采用 *TN* – *S* 接零保护系统；（3）采用二级漏电保护系统。

施工现场临时用电，除应执行本规范的规定外，尚应符合国家现行有关强制性标准的规定。本规范主要内容包括：

(1) 术语、代号；(2) 临时用电管理；（3）外电线路及电气维护；（4）接地与防雷；(5) 配电室及自备电源；(6) 配电线路；（7）配电箱及开关箱；（8）电动建筑机械和手持式电动工具；(9) 照明。

二十、《建筑拆除工程安全技术规范》（JGJ 147—2004）

为了贯彻国家有关安全生产的法律和法规，确保建筑拆除工程施工安全，保障从业人员在拆除作业中的安全和健康及人民群众的生命、财产安全，根据建筑拆除工程特点，制定本规范。

本规范适用于工业与民用建筑、构筑物、市政基础设施、地下工程、房屋附属设施拆除的施工安全及管理。

建筑拆除工程必须由具备爆破或拆除专业承包资质的单位施工，严禁将工程非法转包。

建筑拆除工程安全除应符合本规范的要求外，尚应符合国家现行有关强制性标准的规定。本规范主要内容包括：

（1）一般规定；（2）施工准备；（3）安全施工管理；（4）安全技术管理；（5）文明施工管理。

二十一、《施工现场环境与卫生标准》（JGJ 146—2004）

为保障作业人员的身体健康和生命安全，改善作业人员的工作环境与生活条件，保护生态环境，防止施工过程对环境造成污染和各类疾病的发生，制定本标准。

本标准适用于新建、扩建、改建的土木工程、建筑工程、线路管道工程、设备安装工程、装修装饰工程及拆除工程。

建筑施工现场环境与卫生除应执行本标准的规定外，尚应符合国家现行有关强制性标准的规定。本标准主要内容包括：

（1）一般规定；（2）环境保护；（3）环境卫生。

第二章 安全生产管理基本知识

第一节 基本术语

（1）安全生产：为预防生产过程中发生事故而采取的各种措施和活动。

（2）安全生产条件：满足安全生产的各种因素及其组合。

（3）安全生产业绩：在安全生产过程中产生的可测量的结果。

（4）安全生产能力：安全生产条件和安全生产业绩的组合。

（5）危险源：可能导致死亡、伤害、职业病、财产损失、工作环境破坏或这些情况组合的根源或状态。

（6）事故：造成死亡、伤害、职业病、财产损失、工作环境破坏或超出规定要求的不利环境影响的意外情况或事件的总称。

（7）隐患：未被事先识别可导致事故的危险源和不安全行为及管理上的缺陷。

（8）安全生产保证体系：对项目安全风险和不利环境影响的管理系统。

（9）劳动强度：劳动的繁重和紧张程度的总和。

（10）特种设备：由国家认定的，因设备本身和外在因素的影响容易发生事故，并且一旦发生事故造成人身伤亡及重大经济损失的危险性较大的设备。

（11）特种作业：由国家认定的，对操作者本人及其周围人员和设施的安全有重大危险因素的作业。

（12）特种工种：从事特种作业人员岗位类别的统称。

（13）特种劳动保护用品：由国家认定的，在易发生伤害及职业危害的场合，供职工穿戴或使用的劳动防护用品。

（14）有害物质：化学的、物理的、生物的等能危害职工健康的所有物质的总称。

（15）起因物：导致事故发生的物质。

（16）有毒物质：作用于生物体，能使机体发生暂时或永久性病变，导致疾病甚至死亡的物质。

（17）危险因素：能对人造成伤亡或对物造成突发性损坏的因素。

（18）有害因素：能影响人的身体健康，导致疾病或对物造成慢性损坏的因素。

（19）有害作业：作业环境中有害物质的浓度、剂量超过国家卫生标准中该物质最高允许值的作业。

（20）有尘作业：作业场所空气中粉尘含量超过国家卫生标准中粉尘的最高允许值的作业。

（21）有毒作业：作业场所空气中有毒物质含量超过国家卫生标准中有毒物质的最高允许浓度的作业。

（22）防护措施：为避免职工在作业时，身体的某部位误入危险区域或接触有害物质而采取的隔离、屏蔽、安全距离、个人防护等措施或手段。

（23）个人防护用品：为使职工在职业活动过程中，免遭或减轻事故和职业危害因素的伤害而提供的个人穿戴用品。

同义词：劳动防护用品。

（24）安全认证：由国家授权的机构，依法对特种设备、特种作业场所、特种劳动防护用品的安全卫生性能，以及对特种作业人员的资格等进行考核、认可并颁发凭证。

（25）职业安全：以防止职工在职业活动过程中发生各种伤亡事故为目的的工作领域及在法律、技术、设备、组织制度和教育等方面所采取的相应措施。

同义词：劳动安全。

（26）职业卫生：以职工的健康在职业活动过程中免受有害因素侵害为目的的工作领域及在法律、技术设备、组织制度和教育等方面所采取的相应措施。

同义词：劳动卫生。

（27）女职工劳动保护：针对女职工在经期、孕期、产期、哺乳期等的生理特点，在工作任务分配和工作时间等方面所进行的特殊保护。

（28）未成年工劳动保护：针对未成年工（已满 16 周岁未满 18 周岁）的生理特点，在工作时间和工作分配等方面所进行的特殊保护。

（29）职业病：职工因受职业性有害因素的影响引起的，由国家以法规形式，并经国家指定的医疗机构确诊的疾病。

（30）职业禁忌：某些疾病（或某些生理缺陷），其患者如从事某种职业便会因职业性危害因素而使病情加重或易于发生事故，则称此疾病（或生理缺陷）为该职业的职业性禁忌。

（31）重大事故：会对职工、公众或环境以及生产设备造成即刻或延迟性严重危害的事故。

同义词：恶性事故。

（32）不安全行为：指能造成事故的人为错误。

（33）违章指挥：强迫职工违反国家法律、法规、规章制度或操作规程进行作业的行为。

（34）违章操作：职工不遵守规章制度冒险进行操作的行为。

（35）工作条件：职工在工作中的设施条件、工作环境、劳动强度和工作时间的总和。

同义词：劳动条件。

（36）工作环境：工作场所及周围空间的安全卫生状态和条件。

（37）致害物：指直接引起伤害及中毒的物体或物质。

（38）伤害方式：指致害物与人体发生接触的方式。

（39）不安全状态：指能导致事故发生的物质条件。

（40）不安全行为：指能造成事故的人为错误。

（41）轻伤：指损失工作日低于 105 日的失能伤害。

（42）重伤：指相当于损失工作日等于和超过 105 日的失能伤害。

（43）重大伤亡事故：指一次事故死亡 1～2 人的事故。

（44）特大伤亡事故：指一次事故死亡 3 人以上的事故（含 3 人）。

第二节　不安全状态

一、防护、保险、信号等装置缺乏或有缺陷

（1）无防护

1）无防护罩；2）无安全保险装置；3）无报警装置；4）无安全标志；5）无护栏或护栏损坏；6）（电气）未接地；7）绝缘不良；8）风扇无消音系统、噪声大；9）危房内作业；10）未安装防止“跑车”的档车器或档车栏；11）其他。

（2）防护不当

1）防护罩未在适应位置；2）防护装置调整不当；3）坑道掘进、隧道开凿支撑不当；4）防爆装置不当；5）采伐，集体作业安全距离不够；6）放炮作业隐蔽所有缺陷；7）电气装置带电部分裸露；8）其他。

二、设备、设施、工具、附件有缺陷

（1）设计不当，结构不符合安全要求

1）通道门遮挡视线；2）制动装置有缺欠；3）安全间距不够；4）拦车网有缺欠；5）工件有锋利毛刺、毛边；6）设施上有锋利倒棱；7）其他。

（2）强度不够

1）机械强度不够；2）绝缘强度不够；3）起吊重物的绳索不符合安全要求；4）其他。

（3）设备在非正常状态下运行

1）设备带“病”运转；2）超负荷运转；3）其他。

（4）维修、调整不良

1）设备失修；2）地面不平；3）保养不当、设备失灵；4）其他。

三、个人防护用品用具缺少或缺陷

防护服、手套、护目镜及面罩、呼吸器官护具、听力护具、安全带、安全帽、安全鞋等缺少或缺陷。

（1）无个人防护用品、用具；

（2）所用防护用品、用具不符合安全要求。

四、生产（施工）场地环境不良

（1）照明光线不良

1）照度不足；2）作业场地烟雾尘弥漫视物不清；3）光线过强。

（2）通风不良

1）无通风；2）通风系统效率低；3）风流短路；4）停电停风时放炮作业；5）瓦斯排放未达到安全浓度放炮作业；6）瓦斯浓度超限；7）其他。

（3）作业场所狭窄

（4）作业场地杂乱

1）工具、制品、材料堆放不安全；2）采伐时，未开“安全道”；3）迎门树、坐殿树、搭挂树未作处理；4）其他。

（5）交通线路的配置不安全

（6）操作工序设计或配置不安全

（7）地面滑

1）地面有油或其他液体；2）冰雪覆盖；3）地面有其他易滑物。

（8）储存方法不安全

（9）环境温度、湿度不当

第三节　不安全行为

（1）操作错误、忽视安全、忽视警告

1）未经许可开动、关停、移动机器；2）开动、关停机器时未给信号；3）开关未锁紧，造成意外转动、通电或泄漏等；4）忘记关闭设备；5）忽视警告标志、警告信号；6）操作错误（指按钮、阀门、扳手、把柄等的操作）；7）奔跑作业；8）供料或送料速度过快；9）机器超速运转；10）违章驾驶机动车；11）酒后作业；12）客货混载；13）冲压机作业时，手伸进冲压模；14）工件坚固不牢；15）用压缩空气吹铁屑；16）其他。

（2）造成安全装置失效

1）拆除了安全装置；2）安全装置堵塞，失去了作用；3）调整的错误造成安全装置失效；4）其他。

（3）使用不安全设备

1）临时使用不牢固的设施；2）使用无安全装置的设备；3）其他。

（4）手代替工具操作

1）用手代替手动工具；2）用手清除切屑；3）不用夹具固定、用手拿工件进行机加工。

（5）物体（指成品、半成品、材料、工具、切屑和生产用品等）存放不当

（6）冒险进入危险场所

1）冒险进入涵洞；2）接近漏料处（无安全设施）；3）采伐、集材、运材、装车时，未离危险区；4）未经安全监察人员允许进入油罐或井中；5）未“敲帮问顶”开始作业；6）冒进信号；7）调车场超速上下车；8）易燃易爆场合明火；9）在绞车道行走；10）未及时瞭望。

（7）攀、坐不安全位置（如平台护栏、汽车挡板、吊车吊钩）

（8）在起吊物下作业、停留

（9）机器运转时加油、修理、检查、调整、焊接、清扫等工作

（10）有分散注意力行为

（11）在必须使用个人防护用品用具的作业或场合中，忽视其使用

1）未戴护目镜或面罩；2）未戴防护手套；3）未穿安全鞋；4）未戴安全帽；5）未佩戴呼吸护具；6）未佩戴安全带；7）未戴工作帽；8）其他。

（12）不安全装束

1）在有旋转零部件的设备旁作业穿过肥大服装；2）操纵带有旋转零部件的设备时戴手套；3）其他。

（13）对易燃、易爆等危险物品处理错误

第四节　安全色及安全标志

一、安全色

安全色是表达信息含义的颜色，用来表示禁止、警告、指令、提示等，其作用在于使人们能迅速发现或分辨安全标志，提醒人们注意，预防事故发生。

（1）红色：表示禁止、停止、消防和危险的意思。

（2）蓝色：表示指令，必须遵守的规定。

（3）黄色：表示警告的意思。

（4）绿色：表示通行、安全和提示信息的意思。

二、安全标志

安全标志是指在操作人员容易产生错误，有造成事故危险的场所，为了确保安全，所采取的一种标志。此标志由安全色、几何图形复合构成，是用于表达特定安全信息的特殊标志。设置安全标志的目的，是为了引起人们对不安全因素的注意，预防事故发生。

（1）禁止标志:是不准或制止人们的某种行为(图形为黑色,禁止符号与文字底色为红色)。

（2）警告标志：是使人们注意可能发生的危险（图形警告符号及字体为黑色，图形底色为黄色）。

（3）指令标志：是告诉人们必须遵守的意思（图形为白色，指令标志底色均为蓝色）。

（4）提示标志：是向人们提示目标的方向，用于消防提示（消防提示标志的底色为红色，文字、图形为白色）。

第五节　安全标志设置要求

（1）根据工程特点及施工不同阶段有针对性地设置安全标志，必须使用国家或省市统一的安全标志，符合 GB 2894—1996《安全标志》的规定。

（2）各施工阶段的安全标志应是根据工程施工的具体情况进行增补或删减，其变动情况可在“安全标志登记表”中注明。

（3）绘制安全标志设置位置的平面图。

（4）施工现场安全色标登记表如下表所示。

施工现场安全色标登记表

工程名称：　　　　　　　　　　　　　　　　　　　　年　　月　　日

类别		数量	位置	起止时间	备注
禁止类（红色）	禁止吸烟		材料库房、成品库、油料堆放处、易燃易爆场所、材料场地、木工棚、施工现场、打字复印室		
	禁止通行		外架拆除、坑、沟、洞、槽、吊钩下方、危险部位		
	禁止攀登		外用电梯出口、通道口、马道出入口		
	禁止跨越		首层外架四面、栏杆、未验收的外架		

续表

类别		数量	位置	起止时间	备注
指令类（蓝色）	必须佩戴安全帽		外用电梯出入口、现场大门口、吊钩下方、危险部位、马道出入口、通道口、上下交叉作业场所		
	必须系安全带		现场大门口、马道出入口、外用电梯出入口、高处作业场所、特种作业场所		
	必须穿防护服		通道出入口、马道出入口、外用电梯出入口、电焊作业场所、油漆防水施工场所		
	必须佩戴防护眼镜		马道出入口、外用电梯出入口、通道出入口、车工操作间、焊工操作场所、抹灰工操作场所、机械喷漆场所、修理间、电镀车间、钢筋加工场所		
警告类（黄色）	当心弧光		焊工操作场所		
	当心塌方		坑下作业场所、土方开挖		
	机具伤人		机械操作场所、电锯、电钻、电刨、钢筋加工现场、机械修理场所		
提示类（绿色）	安全状态通行		安全通道、行人车辆通道、外架施工层防护、人行通道、防护棚		

第三章　安全生产管理主要内容

第一节　安全生产管理的主要任务

(1) 贯彻落实国家安全生产法规，落实“安全第一、预防为主”的安全生产、劳动保护方针。

(2) 制定安全生产的各种规程、规定和制度，并认真贯彻实施。

(3) 制定并落实各级安全生产责任制。

(4) 积极采取各项安全生产技术措施，保障职工有一个安全可靠的作业条件，减少和杜绝各类事故。

(5) 采取各种劳动卫生措施，不断改善劳动条件和环境，防止和消除职业病及职业危害，做好女职工和未成年工的特殊保护，保障劳动者的身心健康。

(6) 定期对企业各级领导、特种作业人员和所有职工进行安全教育，强化安全意识。

(7) 及时完成各类事故进行调查、处理和上报。

(8) 推动安全生产目标管理，推广和应用现代化安全管理技术与方法，深化企业安全管理。

第二节　安全生产管理原则

(1) 坚持管生产必须管安全的原则。

(2) 生产部门对安全生产要坚持“五同时”原则。即在计划、布置、检查、总结、评比生产工作的时候，同时进行计划、布置、检查、总结、评比安全工作。

(3) 坚持“三同时”原则。即职业安全卫生技术措施及设施应与主体工程同时设计、同时施工、同时投产使用，以确保项目投产后符合职业安全卫生要求，保障劳动者在生产过程中的安全与健康。

(4) 坚持“四不放过”原则。即对发生的事故原因分析不清不放过，事故责任者和群众没有受到教育不放过，没有落实防范措施不放过，事故的责任者没有受到处理不放过。

第三节　安全生产管理机构

每一个建筑施工企业，都应当建立健全以企业法人为第一责任人的安全生产保证系统，都必须建立完善的安全生产管理机构。

(1) 公司一级安全生产管理机构

公司应设立以法人为第一责任者的安全管理机构，根据本单位的施工规模及职工人数设置专职安全生产管理机构，并配备专职安全员。根据规定专职安全生产管理人员人数至少为：

1）集团公司——1 人/100 万 m^2·a（生产能力）或每 10 亿元施工总产值·a，且不少于 4 人。

2）工程公司（分公司、区域公司）——1 人/10 万 m^2·a（生产能力）或每 1 亿元施工总产值·a，且不少于 3 人。

3）专业公司——1 人/10 万 m^2·a（生产能力）或每 1 亿元施工总产值·a，且不少于 3 人。

4）劳务公司——1 人/50 名施工人员，且不少于 2 人。

（2）工程项目部安全生产管理机构

工程项目部是施工第一线的管理机构，必须依据工程特点，建立以项目经理为首的安全生产领导小组，小组成员由项目经理、项目技术负责人、专职安全员、施工员及各工种班组的领班组成。工程项目部应根据工程规模大小，配备专职安全员。建立安全生产领导小组成员轮流安全生产值日制度，解决和处理施工生产中的安全问题并进行巡回安全生产监督检查。并建立每周一次的安全生产例会制度和每日班前安全讲话制度，项目经理应亲自主持定期的安全生产例会，协调安全与生产之间的矛盾，督促检查班前安全讲话活动的活动记录。

项目施工现场必须建立安全生产值班制度。24 h 分班作业时，每班都必须要有领导值班和安全管理人员在现场。做到只要有人作业，就有领导值班。值班领导应认真做好安全生产值班记录。

项目部应当成立由项目经理负责的安全生产管理小组，小组成员应包括企业派驻到项目的专职安全生产管理人员，专职安全生产管理人员的配置为：

1）建筑工程、装修工程按照建筑面积：

①1 万 m^2 及以下的工程至少 1 人；

②1 万 ~ 5 万 m^2 的工程至少 2 人；

③5 万 m^2 以上的工程至少 3 人，并应当设置安全主管。按土建、机电设备等专业设置专职安全生产管理人员。

2）土木工程、线路管道、设备按照安装总造价：

①5 000 万元以下的工程至少 1 人；

②5 000 万 ~ 1 亿元的工程至少 2 人；

③1 亿元以上的工程至少 3 人，并应当设置安全主管。按土建、机电设备等专业设置专职安全生产管理人员。

3）工程项目采用新技术、新工艺、新材料或致害因素多、施工作业难度大的工程项目，施工现场专职安全生产管理人员的数量应当根据施工实际情况，在规定的配置标准上增配。

4）劳务分包企业建设工程项目施工人员 50 人以下的，应当设置 1 名专职安全生产管理人员；50 ~ 200 人的，应设 2 名专职安全生产管理人员；200 人以上的，应根据所承担的分部分项工程施工危险实际情况增配，并不少于企业总人数的 5‰。

5）施工作业班组应设置兼职安全巡查员，对本班组的作业场所进行安全监督检查。

(3) 安全生产管理控制图

1) 公司安全管理机构图。(图 3-1)

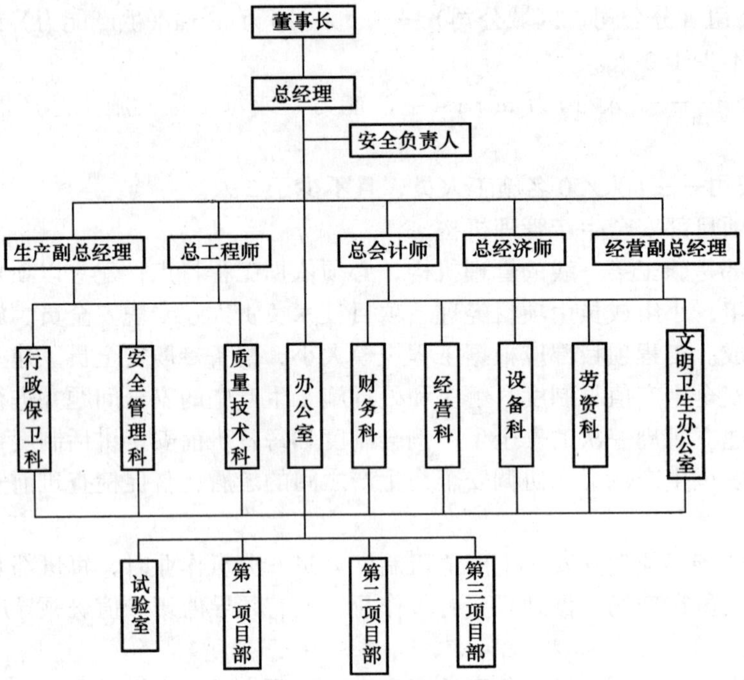

图 3-1 公司安全管理机构

2) 项目部安全管理机构图。(图 3-2)

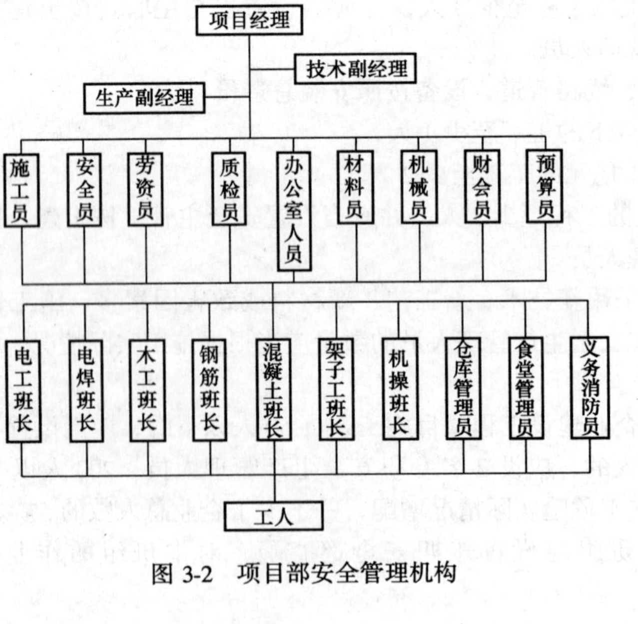

图 3-2 项目部安全管理机构

3）安全管理控制图。（图 3-3）

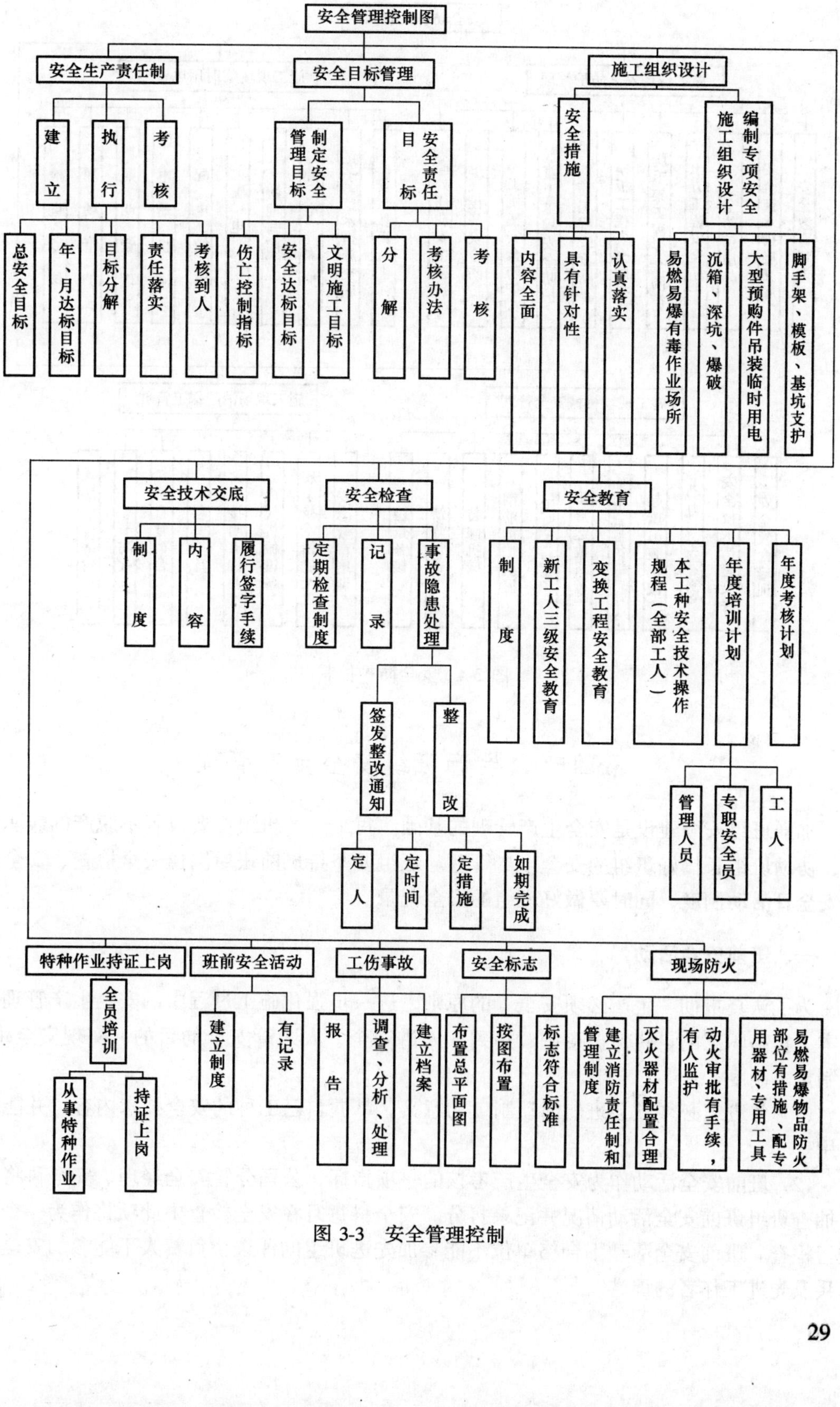

图 3-3　安全管理控制

4）安全防护控制图。（图 3-4）

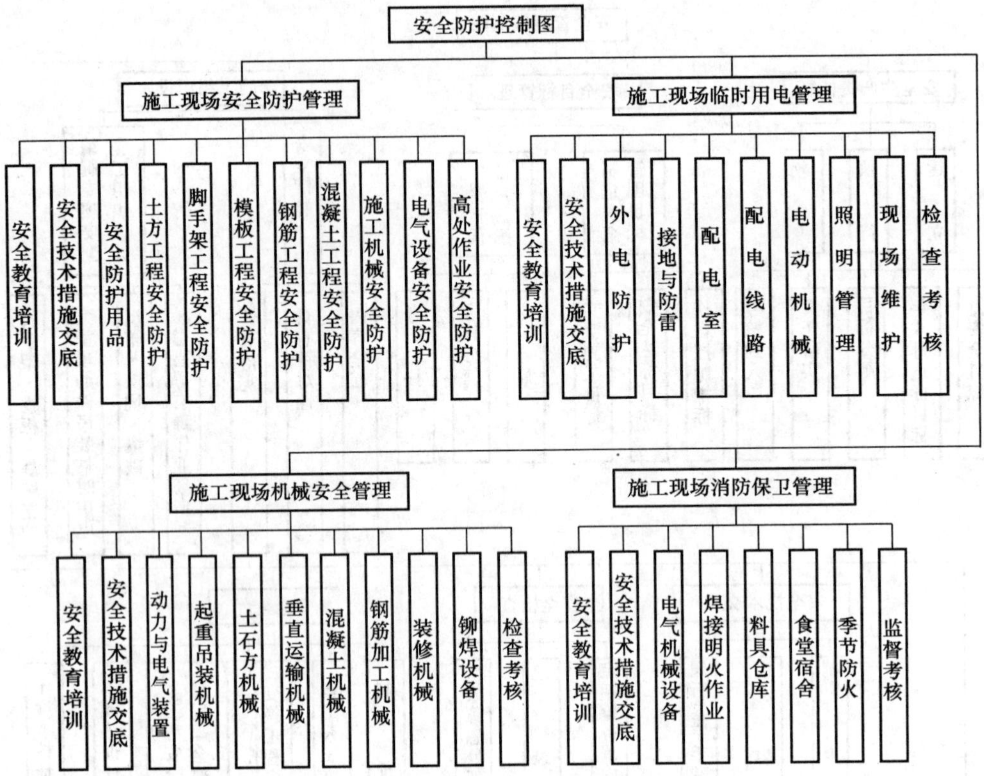

图 3-4　安全防护控制

第四节　生产班组安全生产管理

加强班组安全建设是安全生产管理的基础。每个生产班组都要设置不脱产的兼职安全员，协助班组长搞好班组的安全生产管理。班组要坚持班前班后岗位安全检查、安全值日和安全日活动制度，同时要做好班组的安全记录。

一、班前安全活动

为了认真贯彻“生产必须安全”的原则，进一步强化施工过程中的安全生产管理，从根本上提高职工的自我保护意识，达到人人讲安全，人人管安全的目的，实现安全生产，特制定本制度。

（1）各班组必须领会班前活动制度的意义，掌握自己工种的安全技术内容，并能熟练运用。

（2）班前安全活动作为安全生产考核的一项指标，公司分管安全经理、安全科将不定时抽查班组班前安全活动情况并记录打分。安全科每月在安全检查中此项将作为一个分项进行检查。班前安全活动不合格单位不能参加先进班组的评选，负责人不能参加安全生产标兵及先进工作者的评选。

(3) 班前安全活动的主要内容：

1) 工地负责人在每天早晨上班前要抽出时间召开班组长安全例会，在布置生产任务的同时，应同时布置安全工作，要针对不同工种的实际情况或操作时的位置进行安全交底，使班组人员能够从思想上引起高度重视。

2) 对于危险性较大的施工项目，除了制定有针对性的安全技术措施及施工方案外，还应组织召开由全体操作人员参加的安全会议，交代施工中应注意的安全问题，克服冒险蛮干，违章指挥，确保安全生产。

3) 各班组长在安排操作工人上岗前，应对作业面进行一次全面检查，并针对当日的施工部位，操作中应注意的事项，向操作人员进行详细的安全技术交底，使操作人员上岗前具备较强的安全意识。

4) 在班前安全会上，应对前一天的安全情况作出总结。

5) 分析工人的安全思想动态及施工现场安全生产形势，表扬好人好事和需推广的先进安全技术及应吸取的教训。

6) 写好班前安全活动记录。

二、班组安全管理标准

(1) 班组安全组织标准

1) 班组长是班组安全工作的第一责任人，对班组安全工作负全责。

2) 班组必须设1名兼职安全员，主要是协助班组长全面开展班组的安全管理工作。安全员不在时，班长必须明确代管人员。班组长不在时，安全员有权安排班组有关人员处理与安全有关的工作。

3) 班组分散作业时，每摊工作的负责人即为安全负责人。

4) 班组必须实行安全轮流值日制度，除新工人外，每天或每周轮换1人进行安全值日，安全值日员的主要任务是协助班组长、安全员开展好日、周的安全工作。

(2) 班组安全教育标准

1) 教育内容：

①本班组的概况和工作范围，本岗位、本工种或其他对应岗位发生过的一些事故教训及预防措施；

②本班组的危险源及控制措施；

③本岗位、本工种的安全规程，厂安全通则、职工安全守则，通用和相关安全规程及有关安全生产制度；

④安全防护用品的正确使用方法，所操作机械设备、工具、器具的安全使用要求；

⑤各种事故的处理、紧急救护知识；

⑥公司及本单位的安全动态。

2) 教育要求：

①在新技术、新工艺、新材料、新设备使用前，班组必须组织职工进行有针对性的安全教育和测试。

②新职工、换岗职工上岗前必须经过班组级安全教育，教育时间不少于40学时。

③对休假1个月以上人员、工伤休假复工人员、已（未）遂事故责任者、违反安全规

程人员必须经过安全教育后方可上岗，安全教育时间必须在 4 学时以上。

其他休假在 7 天以上不满 1 个月的复工人员，复工前的安全教育时间必须在 2 学时以上。

④安全规程考试 100 分为及格，不及格者要复学复考，经考试合格后方可上岗独立操作。教育内容、考试分数要记入“班组安全教育台账”，及时传递三级教育卡片。

⑤对受安全教育后的人员，班组长或安全员必须检查教育效果，并签署是否同意上岗的意见，1 周以上 1 个月以内复查。

(3) 班组班前会标准

1）结合当日的具体生产任务及工作环境，详细布置安全工作，并明确安全值日人。

2）根据每一时期的思想倾向和季节变化，讲解安全注意事项。

3）传达上级有关安全生产指示和事故案例。

4）学习、抽考职工安全规程。

5）班前会情况记入班组安全生产日志。

(4) 班组周一安全活动标准

1）班组每周必须组织一次安全活动，时间不少于 1 h，活动时间应安排在周一。

2）安全活动内容：

①总结上周安全工作，并对班组各岗位进行安全讲评，研究布置下周工作。

②结合实际问题学习讨论上级有关安全生产指示精神，系统学习安全规程，研究解决班组在安全生产方面存在的问题，检查揭露安全隐患和提出在安全生产方面的合理化建议，交流安全生产经验以及分析事故教训等。

③每次活动必须有发言。

④对因故没有参加活动的人员，班组要将主要精神及时传达，并在活动记录结束处加以注明。

(5) 班组安全检查标准

1）班组长要组织进行班前和班中检查。班前检查可结合交接班进行，对设备安全设施进行检查和交接，有问题要交接清楚。各岗位在班前要对所管区域、所用设备、使用工具进行检查。班中要对生产动态情况进行检查。

2）值日人员应督促本班组人员按规定穿戴好劳保用品，检查各岗位执行安全规程情况，检查各岗位查出问题整改及上报情况。

3）安全检查查出的问题无论是否整改都应记入安全值日栏内，未整改的要立即上报，并注明整改情况和报告部门名称、接受报告人姓名及职务。

(6) 班组安全规程与制度管理标准

1）班组的每个岗位、工种和所操作的机电设备、工具都必须有健全的“安全规程”，并达到统一版本，人手一册，严格执行。

2）班组要根据生产环境等因素的变化，事故教训等情况，及时检查现有规程制度是否健全。要根据实际情况及时提出补充修改意见，上报批准后执行。

3）所有安全措施都必须在施工前认真学习，并在实际工作中严格执行。临时安全措施中要结合现场、环境、季节、施工方案、危险区域、重点部位、互保联系信号、标志等实际情况制定。

4）凡上级颁发的与本班组有关的各项规章制度及各类操作证、票、表，在班组内必须健全，并妥善保管，经常组织学习，认真贯彻执行。

5）班组要保证每周必须抽考安全规程，抽考规程要全面，全班组每月每人至少被抽考2次。抽考范围是安全通则、岗位安全规程、相关通用安全规程、相关规章制度、危险源控制措施、紧急情况的处理程序。

6）结合当天工作实际，应学习、抽考相关安全规程的有关条款和相关的其他规程。

7）班组应适时组织岗位安全操作的技能训练，举行事故演习，掌握处理各种事故的能力，提高自我保护能力。

8）班组各岗位人员应熟知本岗位安全生产责任制并严格遵守。

（7）班组人员互保、联保标准

1）班组必须实行安全互保制，互保对象要明确，有图表或文字确认。

2）工作前，班组长应根据出勤情况和人员变动情况，明确当天的互保对象，不得遗漏。

3）在每一项工作中，工作人员形成事实上的互保、联保，应履行互保、联保职责。

4）作业中，互保双方要对对方人员的安全健康负责，做到四个互相，即

①互相提醒：发现对方有不安全行为与不安全因素、可能发生意外情况时，要及时提醒纠正，工作中要呼唤应答。

②互相照顾：工作中要根据工作任务、操作对象合理分工，互相关心、互创条件。

③互相监督：工作中要互相监督，严格执行劳动防护用品穿戴标准，严格执行安全规程和有关制度。

④互相保证：保证对方安全生产（施工）作业，不发生人身事故。

5）班组各互保对象之间、班组与班组之间，在作业过程中要实行联保。联保的主要内容如下：

①在工作中发现互保对象以外的人员有不安全行为与不安全因素、可能发生意外情况时，要及时提醒纠正，工作中要呼唤应答。

②在工作中对互保对象以外的人员要互相照顾、互相关心、互创条件。

③在工作中与互保对象以外的人员要互相监督，共同严格执行劳动防护用品穿戴标准，严格执行安全规程和有关制度。

（8）班组安全生产标准

1）班组内的机电设备、工具、车辆及工作现场等都必须做到无隐患。安全防护装置、设施齐全可靠并符合规定，严禁设备带病作业。

2）上岗前必须按规定穿戴好劳动保护用品，杜绝疲劳作业。

3）班组内每项操作，每个职工都能认真执行安全操作规程和各项规章制度，无冒险蛮干，无违规操作。

4）特种作业人员从事相关操作，必须持证上岗，持学习证人员必须在具有相应资格人员的监护下工作。不得安排无证人员从事特种作业。

5）班组要严格执行交接班制度。

6）新上岗职工（含换新工种人员）必须明确专人监护，负责其安全工作，在监护期

间不得独立操作。安全监护期不少于1个月。

7）凡有危险源的班组必须有完整的“危险源”控制图（或表）。每个职工对本岗位的“危险源”及控制措施和应急预案达到熟知。

（9）班组安全台账标准

每个班组必须建立安全管理台账。要求记录清楚、字迹工整、内容齐全、保存完好。

第五节　安全技术管理

一、安全技术管理基本要求

（1）所有建筑工程的施工组织设计（施工方案）都必须有安全技术措施，爆破、吊装、水下、深坑、支模、拆除等大型特殊工程，都要编制单项安全技术方案，否则不得开工。

（2）施工现场道路、上下水及采暖管道、电气线路、材料堆放、临时和附属设施等的平面布置，都要符合安全、卫生、防水要求，并要加强管理，做到安全生产和文明生产。

（3）各种机电设备的安全装置和起重设备的限位装置，都要齐全有效，没有的不能使用。要建立定期维修保养制度，检修机械设备要同时检修防护装置。

（4）脚手架、井字架（龙门架）和安全网，搭设完必须经工长验收合格，方能使用。使用期间要指定专人维护保养，发现有变形、倾斜、摇晃等情况，要及时加固。

（5）施工现场、坑井、沟和各种孔洞，易燃易爆场所，变压器周围，都要指定专人设置围栏或盖板和安全标志，夜间要设红灯示警。各种防护设施、警告标志，未经施工负责人批准，不得移动和拆除。

（6）实行逐级安全技术交底制度。开工前，技术负责人要将工程概况、施工方法、安全技术措施等情况向全体职工进行详细交底，两个以上施工队或工种配合施工时，施工队长、工长要按工程进度定期或不定期地向有关班组长进行交叉作业的安全交底，班组每天对工人进行施工要求、作业环境的安全交底。

（7）混凝土搅拌站、木工车间、沥青加工点及喷漆作业场所等，都要采取措施，限期使粉尘毒浓度达到国家标准。

（8）采用各种安全技术和工业卫生的革新和科研成果，都要经过试验、鉴定和制定相应安全技术措施，才能使用。

（9）加强季节性劳动保护工作。夏季要防暑降温，冬季要防寒防冻，防止煤气中毒。雨季和台风到来之前，应对临时设施和电气设备进行检修，沿河流域的工地要做好防洪抢险准备。雨雪过后要采取防滑措施。

（10）施工现场、木工加工厂（车间）和储存易燃易爆器材的仓库，要建立防火管理制度，备足防火设施和灭火器材，要经常检查，保持良好。

（11）凡新建、改建和扩建的工厂和车间，都应采用有利于劳动者的安全和健康的先进工艺和技术。劳动安全卫生设施与主体工程同时设计、同时施工、同时投产。

二、安全技术措施编制

（1）安全技术措施在施工前必须编制好，并且经过审批后正式下达施工单位指导施工。设计和施工发生变更时，安全技术措施必须及时变更或做补充。

(2) 要针对不同的施工方法和施工工艺制定相应的安全技术措施。根据不同分部分项工程的施工工艺可能给施工带来的不安全因素，从技术上采取措施保证其安全实施。

1）土方工程、地基与基础工程、砌筑工程、钢窗工程、吊装工程及脚手架工程等都必须编制单项工程的安全技术措施。

2）编制施工组织设计或施工方案在使用新技术、新工艺、新设备、新材料的同时，必须研究应用相应的安全技术措施。

(3) 编制各种机械设备、用电设备的安全技术措施。

(4) 以防施工中有毒、有害、易燃、易爆等作业可能给施工人员造成的危害。

(5) 针对施工现场及周围环境中可能给施工人员及周围居民带来危险的因素，以及材料、设备运输的困难和不安全因素，制定相应的安全技术措施。

(6) 针对季节性施工的特点，制定相应的安全技术措施。夏季施工要制定防暑降温措施，雨季施工要制定防触电、防雷、防坍塌措施，冬季施工要制定防风、防火、防滑、防煤气中毒、防亚硝酸钠中毒措施。

(7) 安全技术措施中必须有施工总平面图，在图中必须对危险的油库、易燃材料库、变电设备以及材料、构件的堆放位置、塔式起重机、井字架或龙门架、搅拌台的位置等按照施工需要和安全规程的要求明确定位，并提出具体要求。

(8) 特殊和危险性大的工程，施工前必须编制单独的安全技术措施方案。

三、安全技术交底

(1) 安全技术交底基本要求

1）工程项目必须实行逐级安全技术交底制度。

2）安全技术交底必须具体、明确，针对性要强。安全技术交底内容必须针对分部分项工程中施工给作业人员带来的危险因素而编写。

3）安全技术交底应优先采用新的安全技术措施。

4）工程开工前，应将工程概况、施工方法、安全技术措施等情况，向工地负责人、工长进行详细交底，并向工程项目全体职工进行交底。

5）两个以上施工队或工种配合施工时，要按工程进度定期或不定期地向有关施工单位和班组进行交叉作业的安全书面交底。

6）工长安排班组长工作前，必须进行书面的安全技术交底。班组长每天要对工人进行施工要求、作业环境等的书面安全交底。

7）各级书面安全技术交底必须有交底时间、内容及交底人和接受交底人的签名。交底书要按单位工程归放在一起，以备查验。

(2) 安全技术交底的内容

1）本工程项目施工作业的特点。

2）本工程项目施工作业中的危险点。

第四章　安全生产责任制度

第一节　各级管理人员安全责任

一、企业法人代表

（1）认真贯彻执行国家有关安全生产的方针政策和法规、规范，掌握本企业安全生产动态，定期研究安全工作，对本企业安全生产负全面领导责任。

（2）领导编制和实施本企业中长期整体规划及年度、特殊时期安全工作实施计划。建立健全和完善本企业的各项安全生产管理制度及奖惩办法。

（3）建立健全安全生产的保证体系，保证安全技术措施经费的落实。

（4）领导并支持安全管理人员或部门的监督检查工作。

（5）在事故调查组的指导下，领导、组织本企业有关部门或人员，做好特大、重大伤亡事故调查处理的具体工作，监督防范措施的制定和落实，预防事故重复发生。

二、企业技术负责人

（1）贯彻执行国家和上级的安全生产方针、政策，协助法定代表人做好安全方面的技术领导工作，在本企业施工安全生产中负技术领导责任。

（2）领导制订年度和季节性施工计划时，要确定指导性的安全技术方案。

（3）组织编制和审批施工组织设计、特殊复杂工程项目或专业性工程项目施工方案时，应严格审查是否具备安全技术措施及其可行性，并提出决定性意见。

（4）领导安全技术攻关活动，确定劳动保护研究项目，并组织鉴定验收。

（5）对本企业使用的新材料、新技术、新工艺从技术上负责，组织审查其使用和实施过程中的安全性，组织编制或审定相应的操作规程，重大项目应组织安全技术交底工作。

（6）参加特大、重大伤亡事故的调查，从技术上分析事故原因，制定防范措施。

三、企业主管生产负责人

（1）对本企业安全生产工作负直接领导责任，协助法定代表人认真贯彻执行安全生产方针、政策、法规，落实本企业各项安全生产管理制度。

（2）组织实施本企业中长期、年度、特殊时期安全工作规划、目标及实施计划，组织落实安全生产责任制。

（3）参与编制和审核施工组织设计、特殊复杂工程项目或专业性工程项目施工方案。审批本企业工程生产建设项目中的安全技术管理措施，制订施工生产中安全技术措施经费的使用计划。

（4）领导组织本企业的安全生产宣传教育工作，确定安全生产考核指标。领导、组织外包工队长的培训、考核与审查工作。

（5）领导组织本企业定期和不定期地安全生产检查，及时解决施工中的不安全生产问题。

（6）认真听取、采纳安全生产的合理化建议，保证本企业安全生产保障体系的正常运转。

（7）在事故调查组的指导下，组织特大、重大伤亡事故的调查、分析及处理中的具体工作。

四、工会负责人

（1）负责组织职工劳动安全竞赛活动，搞好职工的劳动保护。

（2）按照国家有关规定，定期组织疗养和辅助医疗工作。定期组织职工进行身体检查，健全职工健康档案。

（3）参与监督检查各项安全操作规程的执行情况，监督检查有毒有害作业环境的治理情况。

（4）参与职工因工死亡、工伤和职业病的调查、分析和处理，监督检查基层单位落实预防措施的实施情况，协同单位领导做好善后工作。

（5）监督检查本单位女职工的劳动保护工作。

五、项目经理

（1）对承包项目工程生产经营过程中的安全生产负全面领导责任。

（2）贯彻落实安全生产方针、政策、法规和各项规章制度，结合项目工程特点及施工全过程的情况，制定本项目工程各项安全生产管理办法或提出要求，并监督其实施。

（3）在组织项目工程业务承包、聘用业务人员时，必须本着安全工作只能加强的原则，根据工程特点确定安全工作的管理体制和人员，并明确各业务承包人的安全责任和考核指标，支持、指导安全管理人员的工作。

（4）健全和完善用工管理手续，录用外包工队必须及时向有关部门申报，严格用工制度与管理，适时组织上岗安全教育，要对外包工队的健康与安全负责，加强劳动保护工作。

（5）组织落实施工组织设计中的安全技术措施，组织并监督项目工程施工中的安全技术交底制度和设备、设施验收制度的实施。

（6）领导、组织施工现场定期的安全生产检查，发现施工生产中不安全问题，组织制定措施，及时解决。对上级提出的安全生产与管理方面的问题，要定时、定人、定措施予以解决。

（7）发生事故，要做好现场保护与抢救工人的工作，及时上报，组织配合事故的调查，认真落实制定防范措施，吸取事故教训。

六、技术副经理安全生产责任

（1）对项目工程的安全生产负技术责任。

（2）贯彻、落实安全生产方针、政策，严格执行安全技术规程、规范、标准，综合项目工程特点，主持项目工程的安全技术交底。

(3) 参加或组织编制施工组织设计，编制、审查施工方案时，要制定、审查安全技术措施，保证其可行性与针对性，并随时检查、监督、落实。

(4) 主持制订技术措施计划和季节性施工方案的同时，制定相应的安全技术措施并监督执行，及时解决执行中出现的问题。

(5) 项目工程应用新材料、新技术、新工艺，要及时上报，经批准后方可实施，同时要组织上岗人员的安全技术培训。认真执行相应的安全技术措施与安全操作工艺要求，预防施工中因化学物品引起的火灾、中毒或其新工艺实施中可能造成的事故。

(6) 主持安全防护设施和设备的验收。发现设备、设施的不正常情况应及时采取措施。严格控制不符合标准要求的防护设备、设施投入使用。

(7) 参加安全生产检查，对施工中存在的不安全因素，从技术方面提出整改意见和办法予以消除。

(8) 参加、配合因工伤亡及重大未遂事故的调查，从技术上分析事故原因，提出防范措施、意见。

七、技术负责人安全生产责任

(1) 认真学习、贯彻执行国家和上级有关安全技术及安全操作规程规定，保障施工生产中的安全技术措施的制定与实施。

(2) 在编制和审查施工组织设计和方案的过程中，要在每个环节中贯穿安全技术措施，对确定后的方案，若有变更，应及时组织修订。

(3) 检查施工组织设计和施工方案中安全措施的实施情况，对施工中涉及安全方面的技术性问题，提出解决办法。

(4) 对新技术、新材料、新工艺，必须制定相应的安全技术措施和安全操作规程。

(5) 对改善劳动条件，减轻笨重体力劳动，消除噪声等方面的治理进行研究解决。

(6) 参加伤亡事故和重大已遂、未遂事故中技术性问题的调查，分析事故原因，从技术上提出防范措施。

八、材料负责人安全生产责任

(1) 凡购置的各种机电设备、脚手架、新型建筑装饰、防水等料具或直接用于安全防护的料具及设备，必须执行国家、省市有关规定，必须有产品介绍或说明的资料，严格审查其产品合格证明材料，必要时做抽样试验，回收后必须检修。

(2) 采购的劳动保护用品，必须符合国家标准及相关规定，并向主管部门提供情况，接受对劳动保护用品的质量监督检查。

(3) 做好材料堆放和物品储存，对物品运输应加强管理，保证安全。

九、人事负责人安全生产责任

(1) 根据国家有关安全生产的方针、政策及企业实际情况，配齐具有一定文化程度、技术和实践经验的安全干部，保证安全干部的素质。

(2) 组织对新调入、转业的施工、技术及管理人员的安全培训、教育工作。

（3）按照国家规定，负责审查安全管理人员资格，有权向主管领导建议调整和补充安全监督管理人员。

（4）严格执行国家特种作业人员上岗作业的有关规定，适时组织特种作业人员的培训工作，并向安全部门或主管领导通报情况。

（5）认真落实国家和地方政府有关劳动保护的法规，严格执行有关人员的劳动保护待遇，并监督实施情况。

（6）参加因工伤亡事故的调查，从用工方面分析事故原因，提出防范措施，并认真执行对事故责任者的处理意见。

十、财务负责人安全生产责任

（1）认真执行国家关于企业安全技术措施经费提取使用的有关规定，做到专款专用并监督执行，切实保证对安全生产的投入，保证安全技术措施和隐患整改项目费用到位。

（2）执行财政部关于安全技术措施费用使用管理规定，保证安全技术措施费用和事故隐患整改费用到位。

（3）审查单位经营计划时，要同时审查安全技术措施计划，并检查执行情况。

（4）按安全管理纳入经济责任制，分析单位安全生产经济效益，支持开展安全生产竞赛活动，审核各类事故费用支出。

十一、施工工长安全生产责任

（1）认真执行上级有关安全生产规定，对所管辖班组（特别是外包工队）的安全生产负直接领导责任。

（2）认真执行安全技术措施及安全操作规程，针对生产任务特点，向班组（包括外包工队）进行书面安全技术交底，履行签认手续，并对规程、措施、交底要求执行情况经常检查，随时纠正违章作业。

（3）经常检查所辖班组（包括外包工队）作业环境及各种设备、设施的安全状况，发现问题及时纠正、解决。对重点、特殊部位施工，必须检查作业人员及各种设备设施技术状况是否符合安全要求，严格执行安全技术交底，落实安全技术措施，并监督其执行，做到不违章指挥。

（4）定期和不定期组织所辖班组（包括外包工队）学习安全操作规程，开展安全教育活动，接受安全部门或人员的安全监督检查，及时解决提出的不安全问题。

（5）对分管工程项目应用的新材料、新工艺、新技术严格执行申报、审批制度，发现问题，及时停止使用，并上报有关部门或领导。

（6）发生因工伤亡及未遂事故要保护现场，立即上报。

十二、外包工队负责人安全生产责任

（1）认真执行安全生产的各项法规、规定、规章制度及安全操作规程，合理安排班组人员工作，对本队人员在生产中的安全和健康负责。

（2）按制度严格履行各项劳务用工手续，做好本队人员的岗位安全培训，经常组织学习安全操作规程，监督本队人员遵守劳动、安全纪律，做到不违章指挥，制止违章作业。

(3) 必须保持本队人员的相对稳定，人员变更，须事先向有关部门申报，批准后新来人员应按规定办理各种手续，并经入场和上岗安全教育后方准上岗。

(4) 根据上级的交底向本队各工种进行详细的书面安全交底，针对当天任务、作业环境等情况，做好班前安全讲话，监督其执行情况，发现问题，及时纠正、解决。

(5) 定期和不定期组织、检查本队人员作业现场安全生产状况，发现问题，及时纠正，重大隐患应立即上报有关领导。

(6) 发生因工伤亡及未遂事故，保护好现场，做好伤者抢救工作，并立即上报有关领导。

十三、安全员安全生产责任

(1) 在项目经理领导下，负责施工现场安全技术工作，协助项目部贯彻上级有关安全生产的指示和规定，并检查监督执行情况，在业务上受企业安全技术部门指导，有权直接向主管安全部门汇报工作。

(2) 参与制定、修改有关安全生产管理制度和安全技术措施，并检查执行情况。

(3) 参与编制安全技术措施计划，并检查执行情况。

(4) 搞好工人的安全教育和安全技术考核工作，具体负责新工人安全教育，督促检查班组、岗位安全教育的执行情况。

(5) 安排好本单位安全日活动，经常组织应急演习。

(6) 检查落实各级动火措施，确保动火安全。

(7) 每天深入现场检查，及时发现隐患，制止违章作业，对紧急情况和不听劝阻者，有权停止其工作，并立即报请领导处理。

(8) 负责安全设施、防护器材、灭火器材的管理、审查工作。

十四、班组安全员的职责

(1) 班组安全员一般由副班（组）长兼任，协助班组长做好本班组安全工作，受工地安全员的业务指导，协助班组长做好班前安全布置、班中安全检查、班后安全总结。

(2) 组织开展本班组各项安全活动，认真做好安全活动记录，提出改进安全工作的意见和建议。

(3) 对新工人进行岗位安全教育。

(4) 严格执行有关安全生产的各项规章制度，对违章作业有权制止，并及时报告。

(5) 检查督促班组人员合理使用劳保用品和各种防护用品、消防器材。

(6) 发生事故要及时了解情况，维护好现场，并向领导报告。

第二节 班组长安全生产责任

(1) 班组长安全生产责任

1) 严格执行安全生产规章制度，拒绝违章指挥，杜绝违章作业。合理安排班组人员工作，对本班组人员在生产中的安全和健康负责。

2）经常组织班组人员学习安全技术操作规程，监督班组人员正确使用防护用品。

3）认真落实安全技术交底，做好班前讲话。

4）经常检查班组作业现场安全生产状况，发现问题及时解决并上报有关领导。

5）认真做好新工人的岗位教育。

6）发生因工伤亡及未遂事故，保护好现场，立即上报有关领导。

（2）木工班长安全生产职责

1）严格执行安全生产规章制度，拒绝违章指挥，杜绝违章作业。

2）负责落实安全生产保证计划中有关木工作业施工现场安全控制的规定。

3）组织班组人员认真学习和执行木工安全技术操作规程，熟知安全知识。

4）安排生产任务时，认真进行安全技术交底。监督班组人员正确使用安全防护用品。

5）上工前对所使用的机具、设备、防护用具及作业环境进行安全检查，发现问题立即采取整改措施，及时消除事故隐患。

6）组织班组安全活动，开好班前安全生产会，并根据作业环境和职工的思想、体质、技术状况合理分配生产任务。

7）木工间内备有的消防器材应定期检查，确保完好状态。严禁在工作场所吸烟和明火作业，不得存放易燃物品。

8）工作场所的木料应分类堆放整齐，保持道路畅通。

9）高空作业对材料堆放应稳妥可靠，严禁向下抛掷工具或物件。

10）木料加工处的废料和木屑等应及时清理。

11）发生工伤事故，应立即抢救，及时报告，并保护好现场。

（3）瓦工班长安全生产责任

1）严格执行安全生产规章制度，拒绝违章指挥，杜绝违章作业。

2）负责落实安全生产保证计划中有关泥工作业施工现场安全控制的规定。

3）、4）、5）、6）均同木工班长安全生产职责，不再赘述。

7）经常检查工作岗位环境及脚手架、脚手板、工具使用情况，做到文明施工，不准擅自拆移防范设施。

（4）电焊班长安全生产责任

1）严格执行安全生产规章制度，拒绝违章指挥，杜绝违章作业。

2）负责落实安全保证计划中电焊安全动火作业安全控制的规定。

3）、4）、5）、6）同木工班长安全生产职责。

7）同木工班长安全生产职责 11）。

（5）电工班长安全生产责任

1）严格执行安全生产规章制度，拒绝违章指挥，杜绝违章作业。

2）负责落实安全保证计划中电工作业施工现场安全用电控制的规定。

3)、4)、5)、6）同木工班长安全生产职责。

7）使用设备前必须检查设备各部位的性能后方可通电使用。

8）停用的设备必须拉闸断电，锁好开关箱。

9）严禁带电作业，设备严禁带病运行。

10）保证电气设备、移动电动工具临时用电正常运行和安全使用。

11）发生触电工伤事故，应立即抢救，及时报告，并保护好现场。

（6）钢筋工班长安全生产责任

1）严格执行安全生产规章制度，拒绝违章指挥，杜绝违章作业。

2）负责落实安全保证计划中钢筋班组施工现场安全控制的规定。

3)、4)、5)、6）同木工班长安全生产职责。

7）钢筋搬运、加工和绑扎过程中发生脆断和其他异常情况时，应立刻停止作业，向有关部门汇报。

8）同木工班长安全生产职责 11)。

（7）架子工班长安全生产责任

1）严格执行安全生产规章制度，拒绝违章指挥，杜绝违章作业。

2）负责落实安全生产保证计划中脚手架防护搭设安全控制的规定。

3)、4)、5)、6）同木工班长安全生产职责。

7）脚手架的维修保养应每 3 个月进行一次，遇大风大雨应事先认真检查，必要时采取加固措施。脚手架搭设完毕，架子工应通知安全部门会同有关人员共同验收，合格后方可使用。

8）拆除架子必须设置警戒范围，输送地面的杆件应及时分类堆放整齐。

9）同木工班长安全生产职责 11)。

（8）安装班长安全生产责任

1）严格执行安全生产规章制度，拒绝违章指挥，杜绝违章作业。

2）负责落实安全生产保证计划中安装班组施工现场安全控制的规定。

3)、4)、5)、6）同木工班长安全生产职责。

7）同木工班长安全生产职责 11)。

（9）机械作业班长安全生产责任

1）严格执行安全生产规章制度，拒绝违章指挥，杜绝违章作业。

2）负责落实安全生产保证计划中施工现场机械操作安全控制的规定。

3)、4)、5)、6）同木工班长安全生产职责。

7）机械作业时，操作人员不得擅自离开工作岗位或将机械交给非本机操作人员操作。严禁无关人员进入作业区和操作室内。

8）作业后，切断电源，锁好闸箱，进行擦拭、润滑，清除杂物。

9）同木工班长安全生产职责 11)。

第三节　特殊工种安全生产责任

（1）起重工安全生产责任

1）严格执行安全生产规章制度，拒绝违章指挥，杜绝违章作业。

2）认真学习和执行起重工安全技术操作规程，熟知安全知识。

3）坚持上班自检制度。

4）严格执行安全技术施工方案和安全技术交底，不得任意变更、拆除安全防护设施，并不得动用与班组无关的机械和电气设备，加强自我防护意识。

5）上班前不准饮酒，不准疲劳作业，严禁无证人员替代作业。

6）交接班时要记录认真，内容要明细。

7）在工作时要时刻检查各部门运转传动情况及钢丝绳的使用情况。

8）机械的电气设备要严格管理，发现问题及时解决。

9）起重臂下严禁站人，在吊装过程中应严格听从指挥人员的指挥。必须坚持“十不吊”原则。

（2）电工安全生产责任

1）、2）、3）、4）同起重工安全生产责任。

5）电工所有绝缘工具应妥善保管好，严禁他用，并经常检查自己的工具是否绝缘性能良好。

6）在班前必须检查工地所有电器，发现问题及时解决。经常检查施工现场的线路设备，各配电箱必须上锁。

7）实行文明施工，高空作业应戴工具袋，工具不准上下抛掷。

8）正确使用安全防护用品。

9）对各级检查提出的安全隐患，要按要求及时整改。

10）发生事故和未遂事故，立即向班组长报告，参与事故原因分析，吸取教训。

（3）架子工安全生产责任

1）、2）、3）、4）同起重工安全生产责任。

5）用电线路防护架体搭设时必须停电，严禁带电搭设。

6）坚决制止私自拆装脚手架和各种防护设施行为。

7）实行文明施工，不得从高处向地面抛掷钢管及其他料具，对所使用的材料要按规定堆放整齐。

8）进入施工现场严禁赤脚、穿拖鞋、高跟鞋及酒后作业。

9）要正确使用安全防护用品。

10）对各级检查提出的安全隐患，要按要求及时整改。

11）同电工安全生产责任 10）。

(4) 电气焊工安全生产责任

1)、2)、3)、4) 同起重工安全生产责任。

5) 正确使用安全防护用品。

6) 下班时要切断电源，收好电缆线，在室外作业要把焊机盖好。高空切割时要有防护措施。

7) 对各级检查提出的安全隐患，要按要求及时整改。

8) 实行文明施工，不得从高处往地面抛掷物品，将流动电线及时收回，妥善保管，停止使用后，要把闸箱切断电源并锁好。

9) 同电工安全生产责任 10)。

(5) 机械操作工安全生产责任

1)、2)、3)、4) 同起重工安全生产责任。

5) 正确使用安全防护用品。

6) 对各级检查提出的隐患，要按要求及时整改。

7) 同电工安全生产责任 10)。

第四节　一般工种安全生产责任

(1) 钢筋工安全生产责任

1) 严格执行安全生产规章制度，拒绝违章指挥，杜绝违章作业。

2) 认真学习和执行本工种安全技术操作规程，熟知安全知识。

3) 坚持上班自检制度。

4) 严格执行安全技术施工方案和安全技术交底，不得任意变更、拆除安全防护设施，并不得动用与班组无关的机械和电气设备，加强自我防护意识。

5) 正确使用安全防护用品。

6) 高空作业必须搭设脚手架，绑扎高层建筑物的圈梁要搭设安全网。

7) 调直机上下不能堆放物料，手与滚筒应保持一定的距离。

8) 对各级检查提出的安全隐患，要按要求及时整改。

9) 实行文明施工，不得从高处往地面抛掷物品。

10) 发生事故和未遂事故，立即向班组长报告，参与事故原因分析，吸取教训。

(2) 木工安全生产责任

1)、2)、3)、4)、5) 同钢筋工安全生产责任。

6) 木工车间每日要保持干净，车间内严禁吸烟。

7) 上班前要保持所有电器完好无损，电线要架设合理。

8) 机械设备要有防护措施，保证机械正常运转。

9) 使用电锯前，应检查锯片，不得有裂纹。丝钉要拧紧，要有防护罩，操作时手臂不得跨越锯片。

10）使用压刨机时，身体要保持平稳，双手操作，严禁在刨料后推送，不得戴手套操作。

11）工作前应事先检查所使用的工具是否牢固。

12）对各级检查提出的安全隐患，要按要求及时整改。

13）实行文明施工，不得从高处往地面抛掷物品。

14）同钢筋工安全生产责任10）。

（3）混凝土工安全生产责任

1）、2）、3）、4）、5）同钢筋工安全生产责任。

6）混凝土工施工的各种机械必须有可靠的接地、接零保护。

7）夜间施工照明灯具应齐全有效，行走运输信号要明显。

8）吊斗运料严禁冒高，以防坠落伤人。

9）采用井架上料时，井架及马道两边的防护要稳固可靠。

10）各种机械设备必须专人操作，并且懂得机械原理与维修。

11）对各级检查提出的安全隐患，要按要求及时整改。

（4）瓦工、抹灰工安全生产责任

1）、2）、3）、4）、5）同钢筋工安全生产责任。

6）对各级检查提出的安全隐患，要按要求及时整改。

7）实行文明施工，不得从高处往地面抛掷建筑垃圾和物品，并随时清理砖、瓦、砂、石等。

8）同钢筋工安全生产责任10）。

9）外墙抹灰应检查各道安全网和防护栏杆是否安全有效，要防止物料腐蚀。

（5）油漆、玻璃安装工安全生产责任

1）、2）同钢筋工安全生产责任。

3）对各类油漆、易燃易爆品应存放在专用库房，不允许与其他材料混堆，对挥发性油料必须存于密闭容器内，必须设专人保管。

4）油漆库房应有良好的通风，并有足够的消防器材，悬挂醒目的“严禁烟火”的标志，库房与其他建筑物应保持一定的距离，严禁住人。通风不良处刷漆时，应有通风换气设施。

5）搬运玻璃时，应戴防护手套。安装窗扇玻璃时，应系好安全带，并不得在同一垂直面内上下同时作业，工作场所碎玻璃要及时清理，以免刺伤、割伤。

6）对各级检查提出的安全隐患要及时整改，不符合要求的不得施工。

（6）管道安装工安全生产责任

1）、2）、3）、4）、5）同钢筋工安全生产责任。

6）管子变弯时要用干砂，加垫时管口不得站人。打眼时，楼板下及墙对面严禁站人。

压力表要定期检校，发现不灵敏要及时更换。

7）对各级检查提出的安全隐患，要按要求及时整改。

8）同钢筋工安全生产责任10）。

（7）机械维修工安全生产责任

1）、2）、3）、4）、5）同钢筋工安全生产责任。

6）修理机械要选择平坦监视地点停放，支撑牢固和楔紧；使用千斤顶时，必须用支架垫稳，不准在发动的车辆下面操作。

7）检修有毒、易燃物的容器或设备时，应先严格清洗。在容器内操作，必须通风良好，外面应有人监护。

8）工作时注意工具应经常检查，是否损坏。打大锤时不准戴手套，在大锤甩转方向上不准有人。

9）检修中的机械应有“正在修理，禁止开动”的标志示警，非检修人员一律不准发动或转动，修理中不准将手伸进齿轮箱或用手指找正对孔。

10）清洗用油、润滑油及废油脂，必须按指定地点存放。废油、废棉纱不准随地乱扔。

11）修理电气设备要先切断电源，并锁好开关箱。悬挂“有人检修，禁止合闸”的警示牌，并派专人监护，方可修理。

12）多人操作的工作平台，中间应设防护网，对面方向操作时应错开。

13）积极参加安全竞赛和安全活动，接受安全教育，做好设备的维修保养工作。

14）对各级检查提出的安全隐患，要按要求及时整改。

（8）仓库管理员安全生产责任

1）凡进库货物必须进行验收，核实后做好造册登记。

2）认真负责搞好仓库内部材料、设备及小工具的发放工作，并应做好登记。

3）工程需要的材料库存不足时，应提早备足，不至于影响正常施工。

4）仓库内应保持整洁、货物堆放整齐、货架堆放的物品应挂牌明示，以便迅速无误地发放。

5）严禁非仓库管理人员入内，严禁烟火。

6）不得私自离岗。有事外出，应委托他人临时看守。

7）做好收、管工作，签好每一张单据，严格把关砂石料的计量及质量。

8）定期检查仓库消防器材的完好情况，在规定的禁火区域内严格执行动火审批手续。

第五章　安　全　检　查

第一节　安全检查内容与要求

一、安全检查制度

（1）采取月检查与不定期的巡回检查及专业性检查相结合的手段，进行全面的安全检查，检查施工现场的违章现象和不安全因素，检查施工管理人员及特种作业人员的安全施工方案及分项安全技术交底，各工种安全技术交底，班组班前安全技术交底和自查自纠，定期检查整改记录，职工安全教育活动记录等，促使安全检查管理形成一条龙的保证措施。

（2）自检与巡回检查。

采取自检与巡回检查相结合的方法，除对定期与不定期安全检查下达的隐患整改通知单进行跟踪整改外，重点抓施工队、班组车间安全管理、文明施工及安全生产。检查各项管理制度的执行落实情况，特别是抓好施工方案及安全措施是否全面、具体、有针对性，分部分项各工种安全技术交底是否具体得当。安全防护措施针对性要强，职工安全教育活动要认真坚持，不能流于形式，以达到教育职工、提高自我防护意识的目的。在抓安全管理的同时，重点抓好班前安全技术交底、班中安全检查及整改，达到不安全不施工的目的。要做好各项安全防护设施的检查验收，确保合格后方可使用。

（3）检查分工。

在检查中，检查组的成员应做到分工明确，对检查出的施工隐患应及时认真落实整改，除公司下达的隐患通知单外，施工队、班组车间应进行自检互检。检查交底是否按照施工方案的要求制定安全技术措施，检查是否按照安全施工方案的要求制定针对性对施工部位的切实可行的安全技术交底，检查在操作中是否按照工程安全技术交底进行作业，同时检查施工队、班组车间的安全技术交底、班中自查整改记录，从而达到层层定责任，处处有指标，逐级强化安全意识，提高管理水平。

（4）施工队、班组车间应坚持班中检查。

主要检查作业点存在的不安全因素，对存在的事故隐患，要按照“三定”方针彻底整改，确保操作人员的人身安全和健康，实现安全生产。

二、安全检查内容

（1）检查思想；
（2）检查制度；
（3）检查机械设备；
（4）检查安全设施；

(5) 检查安全教育培训；

(6) 检查操作行为；

(7) 检查劳保用品使用；

(8) 检查伤亡事故处理。

三、安全检查方式

(1) 定期安全生产检查

企业必须建立定期分级安全生产检查制度，每季度组织一次全面的安全生产检查，分公司、工程处、工区、施工队每月组织一次安全生产检查，项目经理部每旬组织一次安全生产检查。对施工规模较大的工地可以每月组织一次安全生产检查。每次安全生产检查应由单位主管生产的领导或技术负责人带队，有相关的安全、劳资、保卫等部门联合组织检查。

(2) 经常性安全生产检查

经常性安全生产检查包括公司组织的、项目经理部组织的安全生产检查，项目安全员和安全值日人员对工地进行巡回安全生产检查及班组进行班前班后安全生产检查等。

(3) 专业性安全生产检查

专业性安全生产检查包括对物料提升机、脚手架、施工用电、塔吊、压力容器等的安全生产问题和普遍性安全问题进行单项专业检查。这类检查专业性强，也可以结合单项评比进行，参加专业性安全生产检查组的人员应由技术负责人、专业技术人员、专项作业负责人。

(4) 季节性安全生产检查

季节性安全生产检查是针对施工所在地气候的特点，可能给施工带来危害而组织的安全生产检查。

(5) 节假日前后安全生产检查

节假日前后安全生产检查是针对节假日前后职工思想松懈而进行的安全生产检查。

(6) 自检、互检和交接检查

1) 自检：班组作业前、后对自身所处的环境和工作程序要进行安全生产检查，可随时消除安全隐患。

2) 互检：班组之间开展的安全生产检查。可以做到互相监督、共同遵章守纪。

3) 交接检查：上道工序完毕，交给下道工序使用或操作前，应由工地负责人组织工长、安全员、班组长及其他有关人员参加，进行安全生产检查和验收，确认无安全隐患，达到合格要求后，方能交给下道工序使用或操作。表 5-1 是施工现场安全动态管理日检表。

施工现场安全动态管理日检表　　　　**表 5-1**

施工项目：

工程名称		检查日期		气象气温		责任人
施工层数		检 查 员		负责工厂		

序　号	项　　目	检 查 内 容	说　　明
1	脚 手 架	间距、拉接、脚手板、卸荷、剪刀撑兜立安全网	
2	吊篮架子	卡头、保险绳、就位固定、滑轮、吊点吊绳、保险钩	
3	特殊工程持证	电工、电焊、蹦车、架子、电梯、卷扬机、信号工、机械操作工、塔吊司机、锅炉工	
4	井 字 架	坠落装置、天轮木型钢、天轮柄卸料平台、吊笼安全门、地锚、缆风绳、超高限位、钢丝绳、电箱、卷筒（3～5 卷）、视觉、防护棚、信号	
5	坑槽边坡	防坡（支撑）、边坡荷载、栏杆、爬梯、斜道	
6	临边防护	槽（坑）边和屋面、进出料口、楼梯、平台、框架结构四周	
7	孔 洞 口	电梯井口、预留洞口、通道口、阳台口	
8	电　　气	首末端漏电保护器、各种闸具完好，导线、接线、照明、门锁、一闸多机、三相五线	
9	垂直运输机械	吊具、钢丝绳、防护设施、吊钩保险	
10	中小型机械	防护装置、接零、接地、轮、轴罩、漏电保护器	
11	材料堆放	模板、中小构件、小钢模板、钢管、水泥、砂石	
12	电 气 焊	把线、焊距、二线到位、乙炔瓶、氧气瓶、回火装置、防护罩	
13	防护用品使用	安全帽、安全带、防护镜、防护鞋	
14	其他防护	平整、标志、水坑、临时便桥	
15	特殊情况	脚手架基础、塔基、电气设施、防雨设施、交叉作业、缆风绳、外用电梯安全门、首层安全网	
16	出入道口及斜道	防护棚、栏杆、宽度、高度、防滑条、挡脚板、平台宽度	
17	消防器材	灭火器、桶、钩、警示牌、用火证、看火人、焊点距离、木工房、仓库用火管理制度、烟头、吸烟室	
18	消防设施	消防井、消防池、抽水机、消防通道	
备　注	有防护打“√” 隐 患 打“×”	整改记录：	

四、事故隐患处理

对查出的隐患不能立即整改的要建立登记、整改、检查、销项制度，要制订整改计划，定人、定措施、定经费、定完成日期，在隐患没有消除前，必须采取可靠的防护措施，如有危及人身安全的紧急险情，应立即停止作业。

第二节　安全生产检查标准

一、检查分类及评分方法

（1）对建筑施工中易发生伤亡事故的主要环节、部位和工艺等的完成情况作安全检查评价时，应采用检查评分表的形式，分为安全管理、文明施工、脚手架、基坑支护与模板工程、“三宝”及“四口”防护、施工用电、物料提升机与外用电梯、塔吊、起重吊装和施工机具共10项分项检查评分表和一张检查评分汇总表。

（2）在安全管理、文明施工、脚手架、基坑支护与模板工程、施工用电、物料提升机与外用电梯、塔吊和起重吊装8项检查评分表中，设立了保证项目和一般项目，保证项目应是安全检查的重点和关键。

（3）各分项检查评分表中，满分为100分。表中各检查项目得分应按规定检查内容所得分数之和。每张表总得分应为各自表内各检查项目实得分数之和。

（4）在检查评分中，遇有多个脚手架、塔吊、龙门架与井字架等时，则该项得分应为各单项实得分数的算术平均值。

（5）检查评分不得采用负值。各检查项目所扣分数总和不得超过该项应得分数。

（6）在检查评分中，当保证项目中有一项不得分或保证项目小计得分不足40分时，此检查评分表不应得分。

（7）汇总表满分为100分。各分项检查表在汇总表中所占的满分分值应分别为：安全管理10分、文明施工20分、脚手架10分、基坑支护与模板工程10分、“三宝”及“四口”防护10分、施工用电10分、物料提升机与外用电梯10分、塔吊10分、起重吊装5分和施工机具5分。在汇总表中各分项项目实得分数应按下式计算：

$$\text{汇总表中各分项项目实得分数}=\frac{\text{汇总表中该项应得满分分值}\times\text{该项检查评分表实得分数}}{100}$$

汇总表总得分数应为表中各分项项目实得分数之和。

（8）检查中遇有缺项时，汇总表总得分应按下式换算：

$$\text{遇有缺项时汇总表总得分数}=\frac{\text{实查项目在汇总表中按各对应的实得分值之和}}{\text{实查项目在汇总表中应得满分的分值之和}}\times 100$$

（9）多人对同一项目检查评分时，应按加权评分方法确定分值。权数的分配原则应为：专职安全人员的权数为0.6，其他人员的权数为0.4。

（10）建筑施工安全检查评分，应以汇总表的总得分数及保证项目达标与否，作为对一个施工现场安全生产情况的评价依据，分为优良、合格、不合格三个等级。

1）优良：保证项目分值均应达到第（6）条规定得分标准，汇总表得分值应在80分及其以上。

2）合格：

①保证项目分值均应达到第（6）条规定得分标准，汇总表得分值应在70分及其以上；

②有一份表未得分，但汇总表得分值必须在75分及其以上；

③当起重吊装检查评分表或施工机具检查评分表未得分，但汇总表得分值应在80分及其以上。

3）不合格：

①汇总表得分值不足70分；

②有一份表未得分，且汇总表得分值在75分以下；

③当起重吊装检查评分表或施工机具检查评分表未得分，且汇总表得分值在80分以下。

二、检查评分表简介

（1）建筑施工安全检查评分汇总表主要内容。

建筑施工安全检查评分汇总表包括：安全管理、文明施工、脚手架、基坑支护与模板工程、“三宝”及“四口”防护、施工用电、物料提升机与外用电梯、塔吊、起重吊装和施工机具10项。该表所示得分作为对一个施工现场安全生产情况的评价依据（表5-2）。

（2）安全管理检查评分表是对施工单位安全管理工作的评价。

检查的项目应包括：安全生产责任制、目标管理、施工组织设计、分部（分项）工程安全技术交底、安全检查、安全教育、班前安全活动、特种作业持证上岗、工伤事故处理和安全标志10项内容（表5-3）。

（3）文明施工检查评分表是对施工现场文明施工的评价。

检查的项目应包括：现场围挡、封闭管理、施工场地、材料堆放、现场宿舍、现场防火、治安综合治理、施工现场标牌、生活设施、保健急救、社区服务11项内容（表5-4）。

（4）脚手架检查评分表。

脚手架检查评分分为落地式外脚手架检查评分表、悬挑式脚手架检查评分表、门型脚手架检查评分表、挂脚手架检查评分表、吊篮脚手架检查评分表、附着式升降脚手架（整体提升架或爬架）检查评分表6种脚手架的安全检查评分表（表5-5～表5-10）。

（5）基坑支护安全检查评分表。

基坑支护安全检查评分是对施工现场基坑支护工程的安全评价。检查的项目应包括：施工方案、临边防护、坑壁支护、排水措施、坑边荷载、上下通道、土方开挖、基坑支护变形监测和作业环境9项内容（表5-11）。

（6）模板工程安全检查评分表。

模板工程安全检查评分是对施工过程中模板工作的安全评价。检查的项目应包括：施工方案、支撑系统、立柱稳定、施工荷载、模板存放、支拆模板、模板验收、混凝土强度、运输道路和作业环境10项内容（表5-12）。

（7）“三宝”及“四口”防护检查评分表。

“三宝”及“四口”防护检查评分是对安全帽，安全网，安全带，楼梯口、电梯井口防护，预留洞口、坑井口，防护通道口及阳台、楼板、屋面等临边防护情况的评价

（表 5-13）。

（8）施工用电检查评分表。

施工用电检查评分是对施工现场临时用电情况的评价。检查的项目应包括：外电防护、接地与接零保护系统、配电箱与开关箱、现场照明、配电线路、电器装置、变配电装置和用电档案 8 项内容（表 5-14）。

（9）物料提升机（龙门架、井字架）检查评分表。

物料提升机检查评分是对物料提升机的设计制作、搭设和使用情况的评价。检查的项目应包括：架体制作、限位保险装置、架体稳定、钢丝绳、楼层卸料平台防护、吊篮、安装验收、架体、传动系统、联络信号、卷扬机操作棚和避雷 12 项内容（表 5-15）。

（10）外用电梯（人货两用电梯）检查评分表

外用电梯检查评分是对施工现场外用电梯的安全状况及使用管理的评价。检查的项目应包括：安全装置、安全防护、司机、荷载、安装与拆卸、安装验收、架体稳定、联络信号、电气安全和避雷 10 项内容（表 5-16）。

（11）塔吊检查评分表是塔式起重机使用情况的评价。

检查的项目应包括：力矩限制器、限位器、保险装置、附墙装置与夹轨钳、安装与拆卸、塔吊指挥、路基与轨道、电气安全、多塔作业和安装验收 10 项内容（表 5-17）。

（12）起重吊装安全检查评分表是对施工现场起重吊装作业和起重吊装机械的安全评价。

检查的项目应包括：施工方案、起重机械、钢丝绳与地锚、吊点、司机与指挥、地耐力、起重作业、高处作业、作业平台、构件堆放、警戒和操作工 12 项内容（表 5-18）。

（13）施工机具检查评分表是对施工中使用的平刨、圆盘锯、手持电动工具、钢筋机械、电焊机、搅拌机、气瓶、翻斗车、潜水泵和打桩机械 10 种施工机具安全状况的评价（表 5-19）。

三、评分表内容①

建筑施工安全检查评分汇总表 **表 5-2**

企业名称： 经济类型： 资质等级：

单位工程（施工现场）名称	建筑面积/m²	结构类型	总计得分（满分分值为100分）	项目名称及分值									
				安全管理(满分分值为10分)	文明施工(满分分值为20分)	脚手架(满分分值为10分)	基坑支护与模板工程(满分分值为10分)	“三宝”及“四口”防护(满分分值为10分)	施工用电(满分分值为10分)	物料提升机与外用电梯(满分分值为10分)	塔吊(满分分值为10分)	起重吊装(满分分值为5分)	施工机具(满分分值为5分)

评语：

检查单位		负责人		受检项目		项目经理	

年 月 日

注：①本节内容摘自《建筑施工安全检查标准》（JGJ 59—99）。

安全管理检查评分表　　表 5-3

序号		检查项目	扣分标准	应得分数	扣减分数	实得分数
1	保证项目	安全生产责任制	未建立安全责任制的扣 10 分； 各级各部门未执行责任制的扣 4 ~ 6 分； 经济承包中无安全生产指标的扣 10 分； 未制定各工种安全技术操作规程的扣 10 分； 未按规定配备专(兼)职安全员的扣 10 分； 管理人员责任制考核不合格的扣 5 分	10		
2		目标管理	未制定安全管理目标(伤亡控制指标和安全达标、文明施工目标)的扣 10 分； 未进行安全责任目标分解的扣 10 分； 无责任目标考核规定的扣 8 分； 考核办法未落实或落实不好的扣 5 分	10		
3		施工组织设计	施工组织设计中无安全措施扣 10 分； 施工组织设计未经审批扣 10 分； 专业性较强的项目，未单独编制专项安全施工组织设计扣 8 分； 安全措施不全面扣 2 ~ 4 分； 安全措施无针对性扣 6 ~ 8 分； 安全措施未落实扣 8 分	10		
4		分部(分项)工程安全技术交底	无书面安全技术交底扣 10 分； 交底针对性不强扣 4 ~ 6 分； 交底不全面扣 4 分； 交底未履行签字手续扣 2 ~ 4 分	10		
5		安全检查	无定期安全检查制度扣 5 分； 安全检查无记录扣 5 分； 检查出事故隐患整改做不到定人、定时间、定措施扣 2 ~ 6 分； 对重大事故隐患整改通知书所列项目未如期完成扣 5 分	10		
6		安全教育	无安全教育制度扣 10 分； 新入厂工人未进行三级安全教育扣 10 分； 无具体安全教育内容扣 6 ~ 8 分； 变换工种时未进行安全教育扣 10 分； 每有一人不懂本工种安全技术操作规程扣 2 分； 施工管理人员未按规定进行年度培训的扣 5 分； 专职安全员未按规定进行年度培训考核或考核不合格的扣 5 分	10		
		小　计		60		

续表

序号	检查项目		扣 分 标 准	应得分数	扣减分数	实得分数
7	一般项目	班前安全活动	未建立班前安全活动制度扣10分； 班前安全活动无记录扣2分	10		
8		特种作业持证上岗	1人未经培训从事特种作业扣4分； 1人未持操作证上岗扣2分	10		
9		工伤事故处理	工伤事故未按规定报告扣3~5分； 工伤事故未按事故调查分析规定处理扣10分； 未建立工伤事故档案扣4分	10		
10		安全标志	无现场安全标志布置总平面图扣5分； 现场未按安全标志总平面图设置安全标志的扣5分	10		
		小计		40		
检查项目合计				100		

文明施工检查评分表 **表5-4**

序号	检查项目		扣 分 标 准	应得分数	扣减分数	实得分数
1	保证项目	现场围挡	在市区主要路段的工地周围未设置高于2.5 m的围挡扣10分； 一般路段的工地周围未设置高于1.8 m的围挡扣10分； 围挡材料不坚固、不稳定、不整洁、不美观扣5~7分； 围挡没有沿工地四周连续设置的扣3~5分	10		
2		封闭管理	施工现场进出口无大门的扣3分； 无门卫和无门卫制度的扣3分； 进入施工现场不佩戴工作卡的扣3分； 门头未设置企业标志的扣3分	10		
3		施工场地	工地地面未作硬化处理的扣5分； 道路不畅通的扣5分； 无排水设施、排水不通畅的扣4分； 无防止泥浆、污水、废水外流或堵塞下水道和排水河道措施的扣3分； 工地有积水的扣2分； 工地未设置吸烟处、随意吸烟的扣2分； 温暖季节无绿化布置的扣4分	10		

续表

序号	检查项目		扣分标准	应得分数	扣减分数	实得分数
4	保证项目	材料堆放	建筑材料、构件、料具不按总平面布局堆放的扣4分； 料堆未挂名称、品种、规格等标牌的扣2分； 堆放不整齐的扣3分； 未做到工完场地清的扣3分； 建筑垃圾堆放不整齐、未标出名称、品种的扣3分； 易燃易爆物品未分类存放的扣4分	10		
5		现场宿舍	在建工程兼作住宿的扣8分； 施工作业区与办公、生活区不能明显划分的扣6分； 宿舍无保暖和防煤气中毒措施的扣5分； 宿舍无消暑和防蚊虫叮咬措施的扣3分； 无床铺、生活用品放置不整齐的扣2分； 宿舍周围环境不卫生、不安全的扣3分	10		
6		现场防火	无消防措施、制度或无灭火器材的扣10分； 灭火器材配置不合理的扣5分； 无消防水源(高层建筑)或不能满足消防要求的扣8分； 无动火审批手续和动火监护的扣5分	10		
		小计		60		
7	一般项目	治安综合治理	生活区未给工人设置学习和娱乐场所的扣4分； 未建立治安保卫制度的、责任未分解到人的扣3～5分； 治安防范措施不力，常发生失盗事件的扣3～5分	8		
8		施工现场标牌	大门口处挂的五牌一图、内容不全，缺一项扣2分； 标牌不规范、不整齐的扣3分； 无安全标语扣5分； 无宣传栏、读报栏、黑板报等扣5分	8		
9		生活设施	厕所不符合卫生要求扣4分； 无厕所，随地大小便扣8分； 食堂不符合卫生要求扣8分； 无卫生责任制扣5分； 不能保证供应卫生饮水的扣10分； 无淋浴室或淋浴室不符合要求扣5分； 生活垃圾未及时清理，未装入容器，无专人管理的扣3～5分	8		
10		保健急救	无保健医药箱的扣5分； 无急救措施和急救器材的扣8分； 未经培训的急救人员扣4分； 未开展卫生防病宣传教育的扣4分	8		
11		社区服务	无防粉尘、防噪声措施扣5分； 夜间未经许可施工的扣8分； 现场焚烧有毒、有害物质的扣5分； 未建立施工不扰民措施的扣5分	8		
		小计		40		
检查项目合计				100		

落地式外脚手架检查评分表 **表 5-5**

序号	检查项目		扣 分 标 准	应得分数	扣减分数	实得分数
1	保证项目	施工方案	脚手架无施工方案的扣 10 分； 脚手架高度超过规范规定无设计计算书或未经审批的扣 10 分； 施工方案不能指导施工的扣 5～8 分	10		
2		立杆基础	每 10 延长米立杆基础不平、不实、不符合方案设计要求的扣 2 分； 每 10 延长米立杆缺少底座、垫木的扣 5 分； 每 10 延长米无扫地杆的扣 5 分； 每 10 延长米木脚手架立杆不埋地或无扫地杆的扣 5 分； 每 10 延长米无排水措施的扣 3 分	10		
3		架体与建筑结构拉结	脚手架高度在 7 m 以上，架体与建筑结构拉结，按规定要求每少一处的扣 2 分； 拉结不坚固每一处的扣 1 分；	10		
4		杆件间距与剪刀撑	每 10 延长米立杆、大横杆、小横杆间距超过规定要求的每一处扣 2 分； 不按规定设置剪刀撑的每一处扣 5 分； 剪刀撑未沿脚手架高度连续设置或角度不符合要求的扣 5 分	10		
5		脚手板与防护栏杆	脚手板不满铺扣 7～10 分； 脚手板材质不符合要求扣 7～10 分； 每有一处探头板扣 2 分； 脚手架外侧未设置密目式安全网的，或网间不严密扣7～10 分； 施工层不设1.2 m高防护栏杆和挡脚板扣5分	10		
6		交底与验收	脚手架搭设前无交底扣 5 分； 脚手架搭设完毕未办理验收手续扣 10 分； 无量化的验收内容扣 5 分	10		
		小 计		60		
7	一般项目	小横杆设 置	不按立杆与大横杆交点处设置小横杆的每有一处扣 2 分； 小横杆只固定一端的每有一处扣 1 分； 单排架子小横杆插入墙内小于 24 cm 的每有一处扣 2 分	10		
8		杆件搭接	木立杆、大横杆每一处搭接小于 1.5 m 扣 1 分； 钢管立杆采用搭接的每一处扣 2 分	5		
9		架体内封 闭	施工层以下每隔 10 m 未用平网或其他措施封闭的扣 5 分； 施工层脚手架内立杆与建筑物之间未进行封闭的扣 5 分	5		
10		脚手架材 质	木杆直径、材质不符合要求的扣 4～5 分； 钢管弯曲、锈蚀严重的扣 4～5 分	5		
11		通 道	架体不设上下通道的扣 5 分； 通道设置不符合要求的扣 1～3 分	5		

续表

序号	检查项目		扣分标准	应得分数	扣减分数	实得分数
12	一般项目	卸料平台	卸料平台未经设计计算扣10分； 卸料平台搭设不符合设计要求扣10分； 卸料平台支撑系统与脚手架连接的扣8分； 卸料平台无限定荷载标牌的扣3分	10		
		小计		40		
检查项目合计				100		

悬挑式脚手架检查评分表 **表5-6**

序号	检查项目		扣分标准	应得分数	扣减分数	实得分数
1	保证项目	施工方案	脚手架无施工方案、设计计算书或未经上级审批的扣10分； 施工方案中搭设方法不具体的扣6分	10		
2		悬挑梁及架体稳定	外挑杆件与建筑结构连接不牢固的每有一处扣5分； 悬挑梁安装不符合设计要求的每有一处扣5分； 立杆底部固定不牢的每有一处扣3分； 架体未按规定与建筑结构拉结的每有一处扣5分	20		
3		脚手板	脚手板铺设不严、不牢扣7~10分； 脚手板材质不符合要求扣7~10分； 每有一处探头板扣2分	10		
4		荷载	脚手架荷载超过规定扣10分； 施工荷载堆放不均匀每有一处扣5分	10		
5		交底与验收	脚手架搭设不符合方案要求扣7~10分； 每段脚手架搭设后，无验收资料扣5分； 无交底记录扣5分	10		
		小计		60		
6	一般项目	杆件间距	每10延长米立杆间距超过规定扣5分； 大横杆间距超过规定扣5分	10		
7		架体防护	施工层外侧未设置1.2 m高防护栏杆和未设18 cm高的踏脚板扣5分； 脚手架外侧不挂密目式安全网或网间不严密扣7~10分	10		
8		层间防护	作业层下无平网或其他措施防护的扣10分； 防护不严密扣5分	10		
9		脚手架材质	杆件直径、型钢规格及材质不符合要求扣7~10分	10		
		小计		40		
检查项目合计				100		

门型脚手架检查评分表 表 5-7

序号	检查项目		扣分标准	应得分数	扣减分数	实得分数
1	保证项目	施工方案	脚手架无施工方案扣 10 分； 施工方案不符合规范要求扣 5 分； 脚手架高度超过规范规定、无设计计算书或未经上级审批扣 10 分	10		
2		架体基础	脚手架基础不平、不实、无垫木扣 10 分； 脚手架底部不加扫地杆扣 5 分	10		
3		架体稳定	不按规定间距与墙体拉结的每有一处扣 5 分； 拉结不牢固的每有一处扣 5 分； 不按规定设置剪刀撑的扣 5 分； 不按规定高度作整体加固的扣 5 分； 门架立杆垂直偏差超过规定的扣 5 分	10		
4		杆件、锁件	未按说明书规定组装，有漏装杆件和锁件的扣 6 分； 脚手架组装不牢、每有一处紧固不符合要求的扣1 分	10		
5		脚手板	脚手板不满铺，离墙大于 10 cm 以上的扣 5 分； 脚手板不牢、不稳、材质不符合要求的扣 5 分	10		
6		交底与验收	脚手架搭设无交底扣 6 分； 未办理分段验收手续扣 4 分； 无交底记录扣 5 分	10		
		小计		60		
7	一般项目	架体防护	脚手架外侧未设置 1.2 m 高防护栏杆和 18 cm 高的挡脚板扣 5 分； 架体外侧未挂密目式安全网或网间不严密扣 7～10 分	10		
8		材质	杆件变形严重的扣 10 分； 局部开焊的扣 10 分； 杆件锈蚀未刷防锈漆的扣 5 分	10		

续表

序号	检查项目		扣 分 标 准	应得分数	扣减分数	实得分数
9	一般项目	荷 载	施工荷载超过规定的扣10分； 脚手架荷载堆放不均匀的每有一处扣5分	10		
10		通 道	不设置上下专用通道的扣10分； 通道设置不符合要求的扣5分	10		
		小 计		40		
检查项目合计				100		

挂脚手架检查评分表 表5-8

序号	检查项目		扣 分 标 准	应得分数	扣减分数	实得分数
1	保证项目	施工方案	脚手架无施工方案、设计计算书扣10分； 施工方案未经审批扣10分； 施工方案措施不具体、指导性差扣5分	10		
2		制作组装	架体制作与组装不符合设计要求扣17~20分； 悬挂点无设计或设计不合理扣20分； 悬挂点部件制作及埋设不符合设计要求扣15分； 悬挂点间距超过2 m每有一处扣20分	20		
3		材 质	材质不符合设计要求、杆件严重变形、局部开焊扣12分； 杆件、部件锈蚀未刷防锈漆扣4~6分	10		
4		脚手板	脚手板铺设不满、不牢扣8分； 脚手板材质不符合要求的扣6分； 每有一处探头板的扣8分	10		
5		交底与验 收	脚手架进场无验收手续扣12分； 第一次使用前未经荷载试验扣8分； 每次使用前未经检查验收或资料不全扣6分； 无交底记录扣5分	10		
		小 计		60		

续表

序号	检查项目		扣分标准	应得分数	扣减分数	实得分数
6	一般项目	荷载	施工荷载超过 1kN 的扣 5 分； 每跨(不大于 2 m)超过 2 人作业的扣 10 分	15		
7		架体防护	施工层外侧未设置 1.2 m 高防护栏杆和未作 18 cm 高的踏脚板扣 5 分； 脚手架外侧未用密目式安全网封闭或封闭不严扣 12 ~ 15 分； 脚手架底部封闭不严密扣 10 分	15		
8		安装人员	安装脚手架人员未经专业培训扣 10 分； 安装人员未系安全带扣 10 分	10		
		小计		40		
检查项目合计				100		

吊篮脚手架检查评分表　　表 5-9

序号	检查项目		扣分标准	应得分数	扣减分数	实得分数
1	保证项目	施工方案	无施工方案、无设计计算书或未经上级审批扣 10 分； 施工方案不具体、指导性差扣 5 分	10		
2		制作组装	挑梁锚固或配重等抗倾覆装置不合格扣 10 分； 吊篮组装不符合设计要求扣 7 ~ 10 分； 电动(手扳)葫芦使用非合格产品扣 10 分； 吊篮使用前未经荷载试验扣 10 分	10		
3		安全装置	升降葫芦无保险卡或失效的扣 20 分； 升降吊篮无保险绳或失效的扣 20 分； 无吊钩保险的扣 8 分； 作业人员未系安全带或安全带挂在吊篮升降用的钢丝绳上扣 17 ~ 20 分	20		
4		脚手板	脚手板铺设不满、不牢扣 5 分； 脚手板材质不符合要求扣 5 分； 每有一处探头板扣 2 分	5		

续表

序号	检查项目		扣分标准	应得分数	扣减分数	实得分数
5	保证项目	升降操作	操作升降的人员不固定和未经培训扣10分； 升降作业时有其他人员在吊篮内停留扣10分； 两片吊篮连在一起同时升降无同步装置或虽有但达不到同步的扣10分	10		
6		交底与验收	每次提升后未经验收上人作业的扣5分； 提升及作业未经交底的扣5分	5		
		小计		60		
7	一般项目	防护	吊篮外侧防护不符合要求的扣7~10分； 外侧立网封闭不整齐的扣4分； 单片吊篮升降两端头无防护的扣10分	10		
8		防护顶板	多层作业无防护顶板的扣10分； 防护顶板设置不符合要求扣5分	10		
9		架体稳定	作业时吊篮未与建筑结构拉牢扣10分； 吊篮钢丝绳斜拉或吊篮离墙空隙过大扣5分	10		
10		荷载	施工荷载超过设计规定的扣10分； 荷载堆放不均匀的扣5分	10		
		小计		40		
检查项目合计				100		

附着式升降脚手架(整体提升架或爬架)检查评分表　　表5-10

序号	检查项目		扣分标准	应得分数	扣减分数	实得分数
1	保证项目	使用条件	未经建设部组织鉴定并发放生产和使用证的产品扣10分； 不具有当地建筑安全监督管理部门发放的准用证扣10分； 无专项施工组织设计扣10分； 安全施工组织设计未经上级技术部门审批的扣10分； 各工种无操作规程的扣10分	10		

续表

序号	检查项目		扣分标准	应得分数	扣减分数	实得分数
2	保证项目	设计计算书	无设计计算书的扣10分； 设计计算书未经上级技术部门审批的扣10分； 设计荷载未按承重架3.0 kN/m², 装饰架2.0 kN/m², 升降状态0.5 kN/m²取值的扣10分； 压杆长细比大于150, 受拉杆件的长细比大于300的扣10分； 主框架、支撑框架(桁架)各节点的各杆件轴线不汇交于一点的扣6分； 无完整的制作安装图的扣10分	10		
3	保证项目	架体构造	无定型(焊接或螺栓连接)的主框架的扣10分； 相邻两主框架之间的架体无定型(焊接或螺栓连接)的支撑框架(桁架)的扣10分； 主框架间脚手架的立杆不能将荷载直接传递到支撑框架上的扣10分； 架体未按规定构造搭设的扣10分； 架体上部悬臂部分大于架体高度的1/3, 且超过4.5 m的扣8分； 支撑框架未将主框架作为支座的扣10分	10		
4	保证项目	附着支撑	主框架未与每个楼层设置连接点的扣10分； 钢挑架与预埋钢筋环连接不严密的扣10分； 钢挑架上的螺栓与墙体连接不牢固或不符合规定的扣10分； 钢挑架焊接不符合要求的扣10分	10		
5	保证项目	升降装置	无同步升降装置或有同步升降装置但达不到同步升降的扣10分； 索具、吊具达不到6倍安全系数的扣10分； 有两个以上吊点升降时, 使用手拉葫芦(导链)的扣10分； 升降时架体只有一个附着支撑装置的扣10分； 升降时架体上站人的扣10分	10		

续表

序号	检查项目		扣分标准	应得分数	扣减分数	实得分数
6	保证项目	防坠落、导向防倾斜装置	无防坠装置的扣10分； 防坠装置设在与架体升降的同一个附着支撑装置上，且无两处以上的扣10分； 无垂直导向和防止左右、前后倾斜的防倾装置的扣10分； 防坠装置不起作用的扣7~10分	10		
		小　计		60		
7	一般项目	分段验收	每次提升前，无具体的检查记录的扣6分； 每次提升后、使用前无验收手续或资料不全的扣7分	10		
8		脚手板	脚手板铺设不严、不牢的扣3~5分； 离墙空隙未封严的扣3~5分； 脚手板材质不符合要求的扣3~5分	10		
9		防　护	脚手架外侧使用的密目式安全网不合格的扣10分； 操作层无防护栏杆的扣8分； 外侧封闭不严的扣5分； 作业层下方封闭不严的扣5~7分	10		
10		操　作	不按施工组织设计搭设的扣10分； 操作前未向现场技术人员和工人进行安全交底的扣10分； 作业人员未经培训，未持证上岗又未定岗位的扣7~10分； 安装、升降、拆除时无安全警戒线的扣10分； 荷载堆放不均匀的扣5分； 升降时架体上有超过2 000N重的设备的扣10分	10		
		小　计		40		
检查项目合计				100		

基坑支护安全检查评分表 **表 5-11**

序号	检查项目		扣分标准	应得分数	扣减分数	实得分数
1	保证项目	施工方案	基础施工无支护方案的扣 20 分； 施工方案针对性差不能指导施工的扣12～15分； 基坑深度超过 5 m 无专项支护设计的扣 20 分； 支护设计及方案未经上级审批的扣15分	20		
2		临边防护	深度超过 2 m 的基坑施工无临边防护措施的扣 10 分； 临边及其他防护不符合要求的扣 5 分	10		
3		坑壁支护	坑槽开挖设置安全边坡不符合安全要求的扣 10 分； 特殊支护的做法不符合设计方案的扣 5～8 分； 支护设施已产生局部变形又未采取措施调整的扣 6 分	10		
4		排水措施	基坑施工未设置有效排水措施的扣 10 分； 深基础施工采用坑外降水，无防止临近建筑危险沉降措施的扣 10 分	10		
5		坑边荷载	积土、料具堆放距槽边距离小于设计规定的扣 10 分； 机械设备施工与槽边距离不符合要求，又无措施的扣 10 分	10		
		小　计		60		
6	一般项目	上下通道	人员上下无专用通道的扣 10 分； 设置的通道不符合要求的扣 6 分	10		
7		土方开挖	施工机械进场未经验收的扣 5 分； 挖土机作业时，有人员进入挖土机作业半径内的扣 6 分； 挖土机作业位置不牢、不安全的扣 10 分； 司机无证作业的扣 10 分； 未按规定程序挖土或超挖的扣 10 分	10		

续表

序号	检查项目		扣分标准	应得分数	扣减分数	实得分数
8	一般项目	基坑支护变形监测	未按规定进行基坑支护变形监测的扣10分； 未按规定对毗邻建筑物和重要管线和道路进行沉降观测的扣10分	10		
9		作业环境	基坑内作业人员无安全立足点的扣10分； 垂直作业上下无隔离防护措施的扣10分； 光线不足未设置足够照明的扣5分	10		
		小计		40		
检查项目合计				100		

模板工程安全检查评分表 **表5-12**

序号	检查项目		扣分标准	应得分数	扣减分数	实得分数
1	保证项目	施工方案	模板工程无施工方案或施工方案未经审批的扣10分； 未根据混凝土输送方法制定有针对性安全措施的扣8分	10		
2		支撑系统	现浇混凝土模板的支撑系统无设计计算书的扣6分； 支撑系统不符合设计要求的扣10分	10		
3		立柱稳定	支撑模板的立柱材料不符合要求的扣6分； 立柱底部无垫板或用砖垫高的扣6分； 不按规定设置纵横向支撑的扣4分； 立柱间距不符合规定的扣10分	10		
4		施工荷载	模板上施工荷载超过规定的扣10分； 模板上堆料不均匀的扣5分	10		
5		模板存放	大模板存放无防倾倒措施的扣5分； 各种模板存放不整齐、过高等不符合安全要求的扣5分	10		
6		支拆模板	2 m以上高处作业无可靠立足点的扣8分； 拆除区域未设置警戒线且无监护人的扣5分； 留有未拆除的悬空模板的扣4分	10		
		小计		60		

续表

序号	检查项目		扣 分 标 准	应得分数	扣减分数	实得分数
7	一般项目	模板验收	模板拆除前未经拆模申请批准的扣 5 分； 模板工程无验收手续的扣 6 分； 验收单无量化验收内容的扣 4 分； 支拆模板未进行安全技术交底的扣 5 分	10		
8		混凝土强度	模板拆除前无混凝土强度报告的扣 5 分； 混凝土强度未达规定提前拆模的扣 8 分	10		
9		运输道路	在模板上运输混凝土无走道垫板的扣 7 分； 走道垫板不稳不牢的扣 3 分	10		
10		作业环境	作业面孔洞及临边无防护措施的扣 10 分； 垂直作业上下无隔离防护措施的扣 10 分	10		
		小 计		40		
检查项目合计				100		

“三宝”、“四口”防护检查评分表　　表 5-13

序号	检查项目	扣 分 标 准	应得分数	扣减分数	实得分数
1	安全帽	有一人不戴安全帽的扣 5 分； 安全帽不符合标准的每发现一顶扣 1 分； 不按规定佩戴安全帽的每有一人扣 1 分	20		
2	安全网	在建工程外侧未用密目安全网封闭的扣 25 分； 安全网规格、材质不符合要求的扣 25 分； 安全网未取得建筑安全监督管理部门准用证的扣 25 分	25		
3	安全带	每有一人未系安全带的扣 5 分； 每有一人安全带系挂不符合要求的扣 3 分； 安全带不符合标准，每发现一条扣 2 分	10		
4	楼梯口、电梯井口防护	每一处无防护措施的扣 6 分； 每一处防护措施不符合要求或不严密的扣 3 分； 防护设施未形成定型化、工具化的扣 6 分； 电梯井内每隔两层(不大于 10 m)少一道平网的扣 6 分	12		

续表

序号	检查项目	扣分标准	应得分数	扣减分数	实得分数
5	预留洞口、坑井防护	每一处无防护措施扣7分； 防护设施未形成定型化、工具化的扣6分； 每一处防护措施不符合要求或不严密的扣3分	13		
6	通道口防护	每一处无防护棚扣5分； 每一处防护不严扣2~3分； 每一处防护棚不牢固、材质不符合要求扣3分	10		
7	阳台、楼板、屋面等临边防护	每一处临边无防护的扣5分； 每一处临边防护不严、不符合要求的扣3分	10		
检查项目合计			100		

施工用电检查评分表 **表5-14**

序号	检查项目		扣分标准	应得分数	扣减分数	实得分数
1	保证项目	外电防护	小于安全距离又无防护措施的扣20分； 防护措施不符合要求、封闭不严密的扣5~10分	20		
2		接地与接零保护系统	工作接地与重复接地不符合要求的扣7~10分； 未采用 *TN-S* 系统的扣10分； 专用保护零线设置不符合要求的扣5~8分； 保护零线与工作零线混接的扣10分	10		
3		配电箱与开关箱	不符合"三级配电两级保护"要求的扣10分； 开关箱(末级)无漏电保护或保护器失灵每一处扣5分； 漏电保护装置参数不匹配每发现一处扣2分； 电箱内无隔离开关每一处扣2分； 违反"一机、一闸、一漏、一箱"的每一处扣5~7分； 安装位置不当、周围杂物多等不便操作的每一处扣5分； 闸具损坏、闸具不符合要求的每一处扣5分； 配电箱内多路配电无标记的每一处扣5分； 电箱下引出线混乱每一处扣2分； 电箱无门、无锁、无防雨措施的每一处扣2分	20		

续表

<table>
<tr><th>序号</th><th colspan="2">检查项目</th><th>扣 分 标 准</th><th>应得分数</th><th>扣减分数</th><th>实得分数</th></tr>
<tr><td>4</td><td rowspan="2">保证项目</td><td>现场照明</td><td>照明专用回路无漏电保护扣5分；
灯具金属外壳未作接零保护的每1处扣2分；
室内线路及灯具安装高度低于2.4 m未使用安全电压供电的扣10分；
潮湿作业未使用36V以下安全电压的扣10分；
使用36V安全电压照明线路混乱和接头处未用绝缘布包扎扣5分；
手持照明灯未使用36V及以下电源供电扣10分</td><td>10</td><td></td><td></td></tr>
<tr><td></td><td>小 计</td><td></td><td>60</td><td></td><td></td></tr>
<tr><td>5</td><td rowspan="5">一般项目</td><td>配电线路</td><td>电线老化、破皮未包扎的每一处扣10分；
线路过道无保护的每一处扣5分；
电杆、横担不符合要求的扣5分；
架空线路不符合要求的扣7～10分；
未使用五芯线(电缆)的扣10分；
使用四芯电缆外加一根线替代五芯电缆的扣10分；
电缆架设或埋设不符合要求的扣7～10分</td><td>15</td><td></td><td></td></tr>
<tr><td>6</td><td>电器装置</td><td>闸具、熔断器参数与设备容量不匹配、安装不符合要求的每一处扣3分；
用其他金属丝代替熔丝的扣10分</td><td>10</td><td></td><td></td></tr>
<tr><td>7</td><td>变配电装 置</td><td>不符合安全规定的扣3分</td><td>5</td><td></td><td></td></tr>
<tr><td>8</td><td>用电档案</td><td>无专项用电施工组织设计的扣10分；
无地极阻值摇测记录的扣4分；
无电工巡视维修记录或填写不真实的扣4分；
档案乱、内容不全、无专人管理的扣3分</td><td>10</td><td></td><td></td></tr>
<tr><td></td><td>小 计</td><td></td><td>40</td><td></td><td></td></tr>
<tr><td colspan="3">检查项目合计</td><td></td><td>100</td><td></td><td></td></tr>
</table>

物料提升机(龙门架、井字架)检查评分表 表 5-15

序号	检查项目			扣分标准	应得分数	扣减分数	实得分数
1	保证项目	架体制作		无设计计算书或未经上级审批扣 9 分； 架体制作不符合设计要求和规范要求的扣 7～9 分； 使用厂家生产的产品，无建筑安全监督管理部门准用证的扣 9 分	9		
2	保证项目	限位保险装置		吊篮无停靠装置的扣 9 分； 停靠装置未形成定型化的扣 5 分； 无超高限位装置的扣 9 分； 使用摩擦式卷扬机超高限位采用断电方式的扣 9 分； 高架提升机无下极限限位器、缓冲器或无超载限制器的每一项扣 3 分	9		
3	保证项目	架体稳定	缆风绳	架高 20 m 以下时设一组，20～30 m 设两组，少一组扣 9 分； 缆风绳不使用钢丝绳的扣 9 分； 钢丝绳直径小于 9.3 mm 或角度不符合 45°～60°的扣 4 分； 地锚不符合要求的扣 4～7 分	9		
	保证项目	架体稳定	与建筑结构连接	连墙杆的位置不符合规范要求的扣 5 分； 连墙杆连接不牢的扣 5 分； 连墙杆与脚手架连接的扣 9 分； 连墙杆材质或连接做法不符合要求的扣 5 分			
4	保证项目	钢丝绳		钢丝绳磨损已超过报废标准的扣 8 分； 钢丝绳锈蚀、缺油的扣 2～4 分； 绳卡不符合规定的扣 2 分； 钢丝绳无过路保护的扣 2 分； 钢丝绳拖地扣 2 分	8		

续表

序号	检查项目		扣分标准	应得分数	扣减分数	实得分数
5	保证项目	楼层卸料平台防护	卸料平台两侧无防护栏杆或防护不严的扣2~4分； 平台脚手板搭设不严、不牢的扣2~4分； 平台无防护门或不起作用的每一处扣2分； 防护门未形成定型化、工具化的扣4分； 地面进料口无防护棚或不符合要求的扣2~4分	8		
6		吊篮	吊篮无安全门的扣8分； 安全门未形成定型化、工具化的扣4分； 高架提升机不使用吊笼的扣4分； 违章乘坐吊篮上下的扣8分； 吊篮提升使用单根钢丝绳的扣8分	8		
7		安装验收	无验收手续和责任人签字的扣9分； 验收单无量化验收内容的扣5分	9		
		小　计		60		
8	一般项目	架　体	架体安装拆除无施工方案的扣5分； 架体基础不符合要求的扣2~4分； 架体垂直偏差超过规定的扣5分； 架体与吊篮间隙超过规定的扣3分； 架体外侧无立网防护或防护不严的扣4分； 摇臂把杆未经设计的或安装不符合要求或无保险绳的扣8分； 井字架开口处未加固的扣2分	10		
9		传动系统	卷扬机地锚不牢固扣2分； 卷筒钢丝绳缠绕不整齐扣2分； 第一个导向滑轮距离小于15倍卷筒宽度的扣2分； 滑轮翼缘破损或与架体柔性连接扣3分； 卷筒上无防止钢丝绳滑脱保险装置扣5分； 滑轮与钢丝绳不匹配的扣2分	9		

续表

序号	检查项目		扣分标准	应得分数	扣减分数	实得分数
10	一般项目	联络信号	无联络信号的扣7分； 信号方式不合理、不准确的扣2~4分	7		
11		卷扬机操作棚	卷扬机无操作棚的扣7分； 操作棚不符合要求的扣3~5分	7		
12		避　雷	防雷保护范围以外无避雷装置的扣7分； 避雷装置不符合要求的扣4分	1		
		小　计		40		
检查项目合计				100		

外用电梯（人货两用电梯）检查评分表　　　**表5-16**

序号	检查项目		扣分标准	应得分数	扣减分数	实得分数
1	保证项目	安全装置	吊笼安全装置未经试验或不灵敏的扣10分； 门连锁装置不起作用的扣10分	10		
2		安全防护	地面吊笼出入口无防护棚的扣8分； 防护棚材质搭设不符合要求的扣4分； 每层卸料口无防护门的扣10分； 有防护门不使用的扣6分； 卸料台口搭设不符合要求的扣6分	10		
3		司　机	司机无证上岗作业的扣10分； 每班作业前不按规定试车的扣5分； 不按规定交接班或无交接记录的扣5分	10		
4		荷　载	超过规定承载人数无控制措施的扣10分； 超过规定重量无控制措施的扣10分； 未加配重载人的扣10分	10		
5		安装与拆　卸	未制定安装拆卸方案的扣10分； 拆装队伍没有取得资格证书的扣10分	10		
6		安装验收	电梯安装后无验收或拆装无交底的扣10分； 验收单上无量化验收内容的扣5分	10		
		小　计		60		

续表

序号	检查项目		扣分标准	应得分数	扣减分数	实得分数
7	一般项目	架体稳定	架体垂直度超过说明书规定的扣7～10分； 架体与建筑结构附着不符合要求的扣7～10分； 架体附着装置与脚手架连接的扣10分	10		
8		联络信号	无联络信号扣10分； 信号不准确扣6分	10		
9		电气安全	电气安装不符合要求的扣10分； 电气控制无漏电保护装置的扣10分	10		
10		避　雷	在避雷保护范围外无避雷装置的扣10分； 避雷装置不符合要求的扣5分	10		
		小　计		40		
检查项目合计				100		

塔吊检查评分表 　　　　**表5-17**

序号	检查项目		扣分标准	应得分数	扣减分数	实得分数
1	保证项目	力矩限制器	无力矩限制器扣13分； 力矩限制器不灵敏扣13分	13		
2		限位器	无超高、变幅、行走限位的每项扣5分； 限位器不灵敏的每项扣5分	13		
3		保险装置	吊钩无保险装置扣5分； 卷扬机滚筒无保险装置扣5分； 上人爬梯无护圈或护圈不符合要求扣5分	7		
4		附墙装置与夹轨钳	塔吊高度超过规定不安装附墙装置的扣10分； 附墙装置安装不符合说明书要求的扣3～7分； 无夹轨钳扣10分； 有夹轨钳不用每一处扣3分	10		
5		安装与拆卸	未制定安装拆卸方案的扣10分； 作业队伍没有取得资格证的扣10分	10		

续表

序号	检查项目		扣分标准	应得分数	扣减分数	实得分数
6	保证项目	塔吊指挥	司机无证上岗扣7分； 指挥无证上岗扣4分； 高塔指挥不使用旗语或对讲机的扣7分	7		
		小　计		60		
7	一般项目	路基与轨　道	路基不坚实、不平整、无排水措施扣3分； 枕木铺设不符合要求扣3分； 道钉与接头螺栓数量不足扣3分； 轨距偏差超过规定的扣2分； 轨道无极限位置阻挡器扣5分； 高塔基础不符合设计要求扣10分	10		
8		电气安全	行走塔吊无卷线器或失灵扣6分； 塔吊与架空线路小于安全距离又无防护措施扣10分； 防护措施不符合要求扣2～5分； 道轨无接地、接零扣4分； 接地、接零不符合要求扣2分	10		
9		多塔作业	两台以上塔吊作业、无防碰撞措施扣10分； 措施不可靠扣3～7分	10		
10		安装验收	安装完毕无验收资料或责任人签字的扣10分； 验收单上无量化验收内容扣5分	10		
		小　计		40		
检查项目合计				100		

起重吊装安全检查评分表　　　　**表5-18**

序号	检查项目		扣分标准	应得分数	扣减分数	实得分数
1	保证项目	施工方案	起重吊装作业无方案扣10分； 作业方案未经上级审批或方案针对性不强扣5分	10		

续表

序号	检查项目			扣分标准	应得分数	扣减分数	实得分数
2	保证项目	起重机械	起重机	起重机无超高和力矩限制器扣10分； 吊钩无保险装置扣5分； 起重机未取得准用证扣20分； 起重机安装后未经验收扣15分	20		
			起重扒杆	起重扒杆无设计计算书或未经审批扣20分； 扒杆组装不符合设计要求扣17～20分； 扒杆使用前未经试吊扣10分			
3		钢丝绳与地锚		起重钢丝绳磨损、断丝超标的扣10分； 滑轮不符合规定的扣4分； 缆风绳安全系数小于3.5倍的扣8分； 地锚埋设不符合设计要求扣5分	10		
4		吊点		不符合设计规定位置的扣5～10分； 索具使用不合理、绳径倍数不够的扣5～10分	10		
5		司机与指挥		司机无证上岗的扣10分； 非本机型司机操作的扣5分； 指挥无证上岗的扣5分； 高处作业无信号传递的扣10分	10		
		小计			60		
6	一般项目	地耐力		起重机作业路面地耐力不符合说明书要求的扣5分； 地面铺垫措施达不到要求的扣3分	5		
7		起重作业		被吊物体重量不明就吊装的扣3～6分； 有超载作业情况的扣6分； 每次作业前未经试吊检验的扣3分	6		

续表

序号	检查项目		扣 分 标 准	应得分数	扣减分数	实得分数
8	一般项目	高处作业	结构吊装未设置防坠落措施的扣9分； 作业人员不系安全带或安全带无牢靠悬挂点的扣9分； 人员上下无专设爬梯、斜道的扣5分	9		
9		作业平台	起重吊装人员作业无可靠立足点的扣5分； 作业平台临边防护不符合规定的扣2分； 作业平台脚手板不满铺的扣3分	5		
10		构件堆放	楼板堆放超过1.6m高度的扣2分； 其他物件堆放高度不符合规定的扣2分； 大型构件堆放无稳定措施的扣3分	5		
11		警　戒	起重吊装作业无警戒标志扣3分； 未设专人警戒扣2分	5		
12		操作工	起重工、电焊工无安全操作证上岗的每一人扣2分	5		
		小　计		40		
检查项目合计				100		

施工机具检查评分表　　　　**表 5-19**

序号	检查项目	扣 分 标 准	应得分数	扣减分数	实得分数
1	平　刨	平刨安装后无验收合格手续扣5分； 无护手安全装置扣5分； 传动部位无防护罩扣5分； 未做保护接零、无漏电保护器的各扣5分； 无人操作时未切断电源的扣3分； 使用平刨和圆盘锯合用一台电机的多功能木工机具的，平刨和圆盘锯两项扣20分	10		

续表

序号	检查项目	扣分标准	应得分数	扣减分数	实得分数
2	圆盘锯	电锯安装后无验收合格手续扣5分； 无锯盘护罩、分料器、防护挡板安全装置和传动部位无防护每缺一项扣5分； 未做保护接零、无漏电保护器的各扣5分； 无人操作时未切断电源的扣3分	10		
3	手持电动工具	Ⅰ类手持电动工具无保护接零的扣10分； 使用Ⅰ类手持电动工具不按规定穿戴绝缘用品的扣5分； 使用手持电动工具随意接长电源线或更换插头的扣5分	10		
4	钢筋机械	机械安装后无验收合格手续的扣5分； 未做保护接零、无漏电保护器的各扣5分； 钢筋冷拉作业区及对焊作业区无防护措施的扣5分； 传动部位无防护的扣3分	10		
5	电焊机	电焊机安装后无验收合格手续的扣5分； 未做保护接零、无漏电保护器的各扣5分； 无二次空载降压保护器或无触电保护器的扣5分； 一次线长度超过规定或不穿管保护的扣5分； 电源不使用自动开关的扣3分； 焊把线接头超过3处或绝缘老化的扣5分； 电焊机无防雨罩的扣4分	10		
6	搅拌机	搅拌机安装后无验收合格手续的扣5分； 未做保护接零、无漏电保护器的各扣5分； 离合器、制动器、钢丝绳达不到要求的每项扣3分； 操作手柄无保险装置的扣3分； 搅拌机无防雨棚和作业平台不安全的扣4分； 料斗无保险挂钩或挂钩不使用的扣3分； 传动部位无防护罩的扣4分； 作业平台不平稳的扣3分	10		

续表

序号	检查项目	扣分标准	应得分数	扣减分数	实得分数
7	气瓶	各种气瓶无标准色标的扣5分； 气瓶间距小于5m、距明火小于10m又无隔离措施的各扣5分； 乙炔瓶使用或存放时平放的扣5分； 气瓶存放不符合要求的扣5分； 气瓶无防震圈和防护帽的每一个扣2分	10		
8	翻斗车	翻斗车未取得准用证的扣5分； 翻斗车制动装置不灵敏的扣5分； 无证司机驾车的扣5分； 行车载人或违章行车的每发现一次扣5分	10		
9	潜水泵	未做保护接零、无漏电保护器的各扣5分； 保护装置不灵敏、使用不合理的扣5分	10		
10	打桩机械	打桩机未取得准用证和安装后无验收合格手续的扣5分； 打桩机无超高限位装置的扣5分； 打桩机行走路线地耐力不符合说明书要求的扣5分； 打桩作业无方案的扣5分； 打桩操作违反操作规程的扣5分	10		
检查项目合计			100		

第三节　安全生产验收制度

(1) 必须坚持“验收合格才能使用”的原则。

(2) 验收范围：

1) 各类脚手架；

2) 市政工程临时设施及沟槽支撑与支护；

3) 支搭好的水平安全网和立网；

4) 暂设电气工程设施；

5) 各种起重机械、路基轨道、施工用电梯及其他中小型机械设备；

6) 安全帽、安全带和护目镜、防护面罩、绝缘手套、绝缘鞋等个人防护用品。

（3）验收程序：

1）脚手架杆件、扣件、安全网、安全帽、安全带以及其他个人防护用品，必须有出厂证明或验收合格的单据，由项目经理、工长、技术人员共同审验。

2）各类脚手架、堆料架、井字架、龙门架和支搭的安全网、立网由项目经理或技术负责人申报支搭方案并牵头，会同工程部和安全主管进行检查验收。

3）暂设电气工程设施，由安全主管牵头，会同电气工程师、项目经理、方案制订人、工长进行检查验收。

4）起重机械、施工用电梯由安装单位和使用工地的负责人牵头，会同有关部门检查验收。

5）路基轨道由工地申报铺设方案，工程部和安全主管共同验收。

6）工地使用的中小型机械设备，由工地技术负责人和工长牵头，会同工程部检查验收。

7）所有验收，必须办理书面验收手续，否则无效。

第六章　安全生产教育管理制度

第一节　教育对象和培训时间

建设部建教［1997］83号《关于印发〈建筑业企业职工安全培训教育暂行规定〉的通知》中要求建筑业企业职工每年必须接受一次专门的安全生产培训。

（1）企业法定代表人、项目经理每年接受安全生产培训的时间不得少于30学时。

（2）企业专职安全生产管理人员除按照建教［1991］522号文《建设企事业单位关键岗位持证上岗管理规定》的要求，取得岗位合格证书并持证上岗外，每年还必须接受安全专业技术培训，时间不得少于40学时。

（3）企业其他管理人员和技术人员每年接受安全生产培训的时间不得少于20学时。

（4）企业特殊工种（包括电工、焊工、架子工、司炉工、爆破工、机械操作工、起重工、塔吊司机及指挥人员、人货两用电梯司机等）在通过专业技术培训并取得岗位操作证后，每年仍须接受有针对性的安全生产培训，时间不得少于20学时。

（5）企业其他职工每年接受安全生产培训的时间不得少于15学时。

（6）企业待岗、转岗、换岗的职工，在重新上岗前，必须接受一次安全生产培训，时间不得少于20学时。

（7）建筑业企业新进场的工人，必须接受公司、项目（或工程处、工区、施工队）、班组的三级安全生产培训教育，经考核合格后，方能上岗。

第二节　教育内容及形式

一、教育内容

（1）三级教育内容

1）公司级教育内容：

①各级政府部门颁布的安全生产法律、法规；

②事故发生的一般规律及典型事故案例；

③预防事故的基本知识，急救措施。

2）工程项目（施工队）级教育内容：

①各级管理部门有关安全生产的标准；

②在建工程基本情况和必须遵守的安全事项；

③施工用化工产品的用途、防毒知识、防火及防煤气中毒知识。

3）班组级教育内容：

①本班组生产工作概况，工作性质及范围；

②新工人个人从事生产工作的性质，必要的安全知识，各种机具设备及其安全防护设施的性能和作用；

③本工种的安全操作规程；

④本工程容易发生事故的部位及劳动防护用品的使用要求；

⑤工程项目中工人的安全生产责任制。

(2) 转场及变换工种安全教育

1) 施工人员转入另一个工程项目时必须进行转场安全教育。

2) 转场教育内容：

①本工程项目安全生产状况及施工条件；

②施工现场中危险部位的防护措施及典型事故案例；

③本工程项目的安全管理体系、规定及制度。

(3) 变换工种安全教育

1) 凡改变工种或调换工作岗位的工人必须进行变换工种安全教育。

2) 变换工种安全教育时间不得少于4学时，教育考核合格后方准上岗。

3) 教育内容：

①新工作岗位或生产班组安全生产概况、工作性质和职责；

②新工作岗位必要的安全知识，各种机具设备及安全防护设施的性能和作用；

③新工作岗位、新工种的安全技术操作规程；

④新工作岗位容易发生事故及有毒有害的地方；

⑤新工作岗位个人防护用品的使用和保管。

(4) 特种作业安全教育内容

电工、焊工、架工、司炉工、爆破工、机操工及起重工、打桩机和各种机动车辆司机等特殊工种工人，除进行一般安全教育外，还要经过本工种的安全技术教育，经考试合格发证后，方准独立操作，每年还要进行一次复审。对从事有尘毒危害作业的工作，要进行尘毒危害和防治知识教育。

(5) 外施队安全生产教育内容

1) 各用工单位使用的外施队，必须接受三级安全教育，经考试合格后方可上岗作业，未经安全教育或考试不合格者，严禁上岗作业。

2) 外施队上岗作业前的三级安全教育，分别由用工单位（公司、厂或分公司）、项目经理部（现场）、班组（外施队）负责组织实施，总学时不得少于24学时。

3) 外施队上岗前须由用工单位劳务部门负责将外施队人员名单提供给安全部门，由用工单位（公司、厂或分公司）安全部门负责组织安全生产教育，授课时间不得少于8学时，具体内容是：

①安全生产的方针、政策和法规制度；

②安全生产的重要意义和必要性；

③建筑安装工程施工中安全生产的特点；

④建筑施工中因工伤亡事故的典型案例和控制事故发生的措施。

4) 项目经理部（现场）必须在外施队进场后，由负责劳务的人员组织并及时将注册名单提交给现场安全管理人员，由安全管理人员负责对外施队进行安全生产教育，时间不得少于8学时，具体内容是：

①介绍项目工程施工现场的概况；

②讲解项目工程施工现场安全生产和文明施工的制度、规定；

③讲解建筑施工中高处坠落、触电、物体打击、机械（起重）伤害、坍塌五大伤害事故的控制预防措施；

④讲解建筑施工中常用的有毒有害化学材料的用途和预防中毒的知识。

5）外施队上岗作业前，必须由外施队长（或班组长）负责组织学习本工种的安全操作和一般安全生产知识。

6）对外施队进行三级安全教育时，必须分级进行考试。经考试不合者，允许补考一次，仍不合格者，必须清退，严禁使用。

7）外施队中的特种作业人员，如电工、起重工（塔式起重机、外用电梯、龙门吊、桥吊、履带吊、汽车吊、卷扬机司机和信号指挥）、锅炉压力容器工、电焊工、气焊工、场内机动车司机、架子工等，必须持有原所在地地（市）级以上劳动保护监察机关核发的特种作业证，并换领工程所在地临时特种作业操作证，方准从事特种作业。

8）换岗作业必须进行安全生产教育，凡采用新技术、新工艺、新材料和从事非本工种的操作岗位作业前，必须认真进行面对面的、详细的新岗位安全技术教育。

9）在向外施队（班组）下达生产任务的时候，必须向全体作业人员进行详细的书面安全技术交底并讲解，凡没有安全技术交底或未向全体作业人员进行讲解的，外施队（班组）有权拒绝接受任务。

10）每日上班前，外施队（班组）负责人必须召集所辖全体人员，针对当天任务结合安全技术交底内容和作业环境、设施、设备状况及本队人员技术素质、安全意识、自我保护意识以及思想状态，有针对性地进行班前安全活动，提出具体注意事项，跟踪落实并做好活动记录。

二、安全教育的形式

安全教育形式可分为以下几种：

（1）广告宣传式：包括安全广告、标语、宣传画、标志、展览、黑板报等形式。

（2）演讲式：包括教学、讲座、讲演、经验介绍、现身说法、演讲比赛等形式。

（3）会议讨论式：包括事故现场分析会、班前班后会、专题座谈会等。

（4）竞赛式：包括口头、笔头知识竞赛，安全、消防技能竞赛，其他各种安全教育活动评比等。

（5）声像式：用电影、录像等现代手段，使安全教育寓教于乐。主要有安全方面的广播、电影、电视、录像等。

（6）文艺演出式：以安全为题材编写和演出的相声、小品、话剧等文艺演出的教育形式。

三、安全教育计划

安全教育计划可分为以下几种：

（1）结合企业实际情况，编制企业年度安全教育计划，每个季度应有教育重点，每月要有教育内容。

(2) 严格按制度进行教育对象的登记、培训、考核、发证、资料存档等工作。考试不合格者不准上岗工作。

(3) 要有相对稳定的教育培训大纲、培训教材和培训师资，确保教育时间和质量。

(4) 经常监督检查，认真查处未经培训就上岗操作和特种作业人员无证操作的责任单位和责任人员。

第三节　安全教育档案管理

一、建立《职工安全教育卡》

职工的安全教育档案管理应由企业安全管理部门统一规范，为每位在职员工建立《职工安全教育卡》，见表 6-1。

二、教育卡的管理

(1) 分级管理

《职工安全教育卡》由职工所属的安全管理部门负责保存和管理。班组人员的《职工安全教育卡》由所属项目负责保存和管理。机关人员的《职工安全教育卡》由企业安全管理部门负责保存和管理。

(2) 跟踪管理

《职工安全教育卡》实行跟踪管理，职工调动单位或变换工种时，交由职工本人带到新单位，由新单位的安全管理人员保存和管理。

(3) 职工日常安全教育

职工的日常安全教育由公司安全管理部门负责组织实施，日常安全教育结束后，安全管理部门负责在职工的《职工安全教育卡》中做出相应的记录。

(4) 新入厂职工安全教育规定

新入厂职工必须按规定经公司、项目部、班组三级安全教育，分别由公司安全部门、项目安全部门、班组安全员在《职工安全教育卡》中做出相应的记录，并签名。

三、考核规定

(1) 公司安全管理部门每月抽查《职工安全教育卡》一次。

(2) 对丢失《职工安全教育卡》的部门进行相应考核。

(3) 对未按规定对本部门职工进行安全教育的进行相应考核。

(4) 对未按规定对本部门职工的安全教育情况进行登记的部门进行相应考核。

职工安全教育卡 **表 6-1**

教育日期		三级安全教育内容	教育者	受教育者
公司教育	年 月 日	1. 企业情况，本行业生产特点及安全生产的意义； 2. 党和政府的安全生产方针、企业安全生产、劳动保护方面规章制度； 3. 企业内外典型事故教训； 4. 事故急救防护知识		
项目部教育	年 月 日	1. 本工程概况，生产特点； 2. 本工程生产中的主要危险因素、安全消防方面注意事项； 3. 具体讲解本单位有关安全生产的规章制度和当地政府的有关规定； 4. 历年来本单位发生的重大事故和事故教训及防范措施		
班组教育	年 月 日	1. 根据岗位工作进行安全操作规程和正确使用劳动保护用品的教育； 2. 现场讲解岗位施工、机械工具结构性能、操作要领； 3. 可能出现的不正常情况的判断和处理，发生事故的应急处理方法； 4. 本岗位曾发生事故的教育和分析，本工地的安全生产制度教育		

照片

工程名称：________

姓　　名：________

出生年月：________

文化程度：________

班组工种：________

第七章　施工现场消防管理

第一节　消防管理责任制

一、项目经理责任

(1) 对项目工程生产经营过程中的消防工作负全面领导责任。

(2) 贯彻落实消防保卫方针、政策、法规和各项规章制度，结合项目工程特点及施工全过程的情况，制定本项目各消防保卫管理办法或提出要求，并监督实施。

(3) 根据工程特点确定消防工作的管理体制和人员，并明确各业务承包人的消防保卫责任和考核指标，支持、指导消防人员的工作。

(4) 组织落实施工组织设计中消防措施，组织并监督项目施工中消防技术交底制度和设备、设施验收制度的实施。

(5) 领导、组织施工现场定期的消防检查，发现消防工作中的问题，制定措施，及时解决。对上级提出的消防与管理方面的问题，要定时、定人、定措施予以整改。

(6) 发生事故，要做好现场保护与抢救工作，及时上报，组织、配合事故的调查，认真落实制定的整改措施，吸取事故教训。

(7) 对外包队伍加强消防安全管理，并对其进行评定。

(8) 参加消防检查，对施工中存在的不安全因素，从技术方面提出整改意见和方法予以消除。

(9) 参加、配合火灾及重大未遂事故的调查，从技术上分析事故原因，提出防范措施、意见。

二、工长责任

(1) 认真执行上级有关消防安全生产规定，对所管辖班组的消防安全生产负直接领导责任。

(2) 认真执行消防安全技术措施及安全操作规程，针对生产任务的特点，向班组进行书面消防保卫安全技术交底，履行签字手续，并对规程、措施、交底的执行情况实施经常检查，随时纠正现场及作业中违章、违规行为。

(3) 经常检查所管辖班组作业环境及各种设备、实施的消防安全状况，发现问题及时纠正、解决。对重点、特殊部位施工，必须检查作业人员及设备、设施技术状况是否符合消防保卫安全要求，严格执行消防保卫安全技术交底，落实安全技术措施，并监督其认真执行，做到不违章指挥。

(4) 定期组织所管辖班组学习消防规章制度，开展消防安全教育活动，接受安全部门的消防安全监督检查，及时解决查出的不安全问题。

(5) 对分管工程项目应用的符合审批手续的新材料、新工艺、新技术，要组织作业工人进行消防安全技术培训，若在施工中发现问题，必须立即停止使用，并上报有关部门或领导。

(6) 发生火灾或未遂事故要保护现场，立即上报。

三、班组长责任

(1) 认真执行消防保卫规章制度及安全操作规程，合理安排班组人员工作。

(2) 经常组织班组人员学习消防知识，监督班组人员正确使用个人劳动保护用品。

(3) 认真落实消防安全技术交底。

(4) 定期检查班组作业现场消防状况，发现问题及时解决。

(5) 发现火灾苗头，保护好现场，立即上报有关领导。

四、班组工人责任

(1) 认真学习、严格执行消防保卫制度。

(2) 认真执行消防保卫安全交底，不违章作业，服从指导管理。

(3) 发扬团结友爱精神，在消防保卫安全生产方面做到相互帮助、互相监督，对新工人要积极传授消防保卫知识，维护一切消防设施和防护用具，做到正确使用，不私自拆改、挪用。

(4) 对不利于消防安全的作业要积极提出意见，并有权拒绝违章指令。

(5) 发生火灾、失窃和未遂事故，保护现场并立即上报。

(6) 有权拒绝违章指挥。

第二节　消防综合管理制度

一、"三级"动火审批制度

(1) 一级动火：即可能发生一般火灾事故的（没有明显危险因素的场所），由本单位技安部门和保卫部门提出意见，经本单位的防火责任人审批。

(2) 二级动火：即可能发生重大火灾事故的，由动火单位技安部门和保卫部门提出意见，防火责任人加具意见，报公司技安科会同保卫科共同审核，经公司防火责任人审批。

(3) 三级动火：即可能发生特大火灾事故的，由技安科和保卫科提出意见，防火责任人加具意见，经上级技安部门会同保卫部门共同审核，报上级防火责任人审批，并报市消防部门备案。如有疑难问题，还须邀请市劳动、公安、消防等有关部门的专业人员共同研究审批。

二、临时设施防火管理制度

(1) 临时建筑的围蔽和骨架必须使用不燃材料搭建（门、窗除外），厨房、茶水房、易燃易爆物品仓必须单独设置，用砖墙围蔽。施工现场材料仓宜搭建在保卫值班室旁。

(2) 临时建筑必须整齐划一、牢固，远离火灾危险性大的场所，每栋临时建筑占地面积不宜大于 $200m^2$，室内地面要平整，其四周应当修建排水明渠。

（3）每栋临时建筑的居住人数不准超过50人，每25人要有一个可以直接出入的门口，门的宽度不得小于1.2m，高度不应低于2m，室内的通道宽不得小于1.2m，床架搭建不得超过2层，床位不准围蔽，临时建筑的高度不小于3m，门窗要往外开。

（4）临时建筑一般不宜搭建两层，如确因施工用地所限，需搭建两层的宿舍，其围蔽必须用砖砌，楼面应使用不燃材料铺设，二层住人应按每50人有一疏散楼梯，楼梯的宽度不小于1.2m，坡度不大于45°，栏杆扶手的高度不应小于1m。

（5）搭建两栋以上（含两栋）临时宿舍共用同一疏散通道，其通道净宽不小于5m，临时建筑与厨房、变电房之间防火距离不小于3m。

（6）储存、使用易燃易爆物品的设施要独立搭建，并远离其他临时建筑。

（7）临时建筑不要修建在高压架空电线下面，并距离高压架空电线的水平距离不小于6m。

三、消防器材配置标准

（1）厨房：面积在100m^2以内，配备泡沫灭火器2具，1211灭火器1具，每增50m^2增配泡沫灭火器1具。

（2）材料仓：面积在50m^2以内，配备泡沫灭火器不少于1具，每增50m^2增配泡沫灭火器不少于1具（如仓内存放可燃材料较多，要相应增加）。

（3）施工办公室、水泥仓：面积在100m^2以内，配备泡沫灭火器不少于1具，每增50m^2增配泡沫灭火器不少于1具。

（4）可燃物品堆放场：面积在50m^2以内，配备泡沫灭火器不少于2具。

（5）电机房：配备1211灭火器不少于1具。

（6）电工房、配电房：配备1211灭火器不少于1具。

（7）垂直运输设备（包括施工电梯、塔吊）机驾室：配备1211灭火器不少于1具。

（8）油料仓：面积在50m^2以内，配备1211灭火器不少于2具，每增50m^2增配1211灭火器不少于1具。

（9）临时易燃易爆物品仓：面积在50m^2以内，配备1211灭火器不少于2具。

（10）木制作场：面积在50m^2以内，配备泡沫灭火器不少于2具，每增50m^2增配泡沫灭火器1具。

（11）值班室：配备泡沫灭火器1具、1211灭火器1具及1条直径为65mm、长度为20m的消防水带。

（12）集体宿舍：每25m^2配备泡沫灭火器1具，如占地面积超过1 000m^2，应按每500m^2设立一个2m^3的消防水池。

（13）临时动火作业场所：配备泡沫灭火器不少于1具和其他消防辅助器材。

（14）在建建筑物：施工层面积在500m^2以内，配备泡沫灭火器不少于2具，每增500m^2增配泡沫灭火器1具，非施工层必须视具体情况适当配置灭火器材。

四、日常防火教育制度

（1）新职工、外来工上岗前必须进行防火知识、防火安全教育，并做好签证登记。

（2）每周根据生产特点对职工进行不少于一次的防火教育。

（3）每半年组织一次义务消防队培训、演练。

（4）施工现场要设立防火宣传栏和防火标语。

五、防火检查登记制度

（1）班组实行班前班后检查。

（2）每月由现场防火责任人带队，组织有关部门人员，对施工现场进行全面检查，公司每季进行抽查。

（3）认真做好动火后的安全检查。

（4）认真落实整改隐患的跟踪、复查。

六、宿舍防火管理制度

（1）严禁携带易燃易爆物品进入宿舍及在宿舍内存放摩托车。

（2）宿舍内严禁生火和使用电炉、汽化炉具，不准使用电热器具，不得烧香拜神。

（3）严禁乱拉乱接电线，不准在电线上晾挂衣物和使用超过60W以上的灯泡。

（4）烟头、火种、纸屑等杂物不准随地乱丢，严禁躺在床上吸烟。

（5）要保持宿舍道路畅通，不准在宿舍通道、门口堆放物品和作业。

七、易燃易爆物品管理制度

（1）易燃易爆物品存放量不准超过3天的使用量。

（2）易燃易爆物品必须设专人看管，严格收发、回仓登记手续。

（3）易燃易爆物品使用时应做好防火措施。

（4）易燃易爆物品严禁露天存放。

（5）易燃易爆物品仓照明必须使用防火、防爆装置的电气设备。

（6）使用液化石油气做焊、割作业，必须经施工现场防火责任人批准。

（7）严禁携带火种、手机、对讲机及非防爆装置的照明灯具进入易燃易爆物品仓。

八、安全用电管理制度

（1）施工现场一切电气安装必须按照中华人民共和国国家标准《建设工程施工现场供电安全规范》和建设部《施工现场临时用电安全技术规范》要求执行。

（2）施工现场一切电气设备必须由有上岗操作证的电工进行安装管理，认真做好班前班后检查，及时消除不安全因素，并做好每日检查登记。

（3）电线残旧要及时更换，电气设备和电线不准超过安全负荷。

（4）不准使用铜丝和其他不合规范的金属丝做照明电路保险丝。

（5）照明必须做到一灯一制一保险。

（6）加强对碘钨灯、卤化物灯的使用管理。

（7）室内、外电线架设应有瓷管或瓷瓶与其他物体隔离，室内电线不得直接敷设在可燃物、金属物上，要套防火绝缘线管。

九、值班巡逻制度

（1）节假日期间施工现场必须安排好有关人员值班。

(2) 值班人员必须坚守岗位，按时值勤，不得迟到、早退，不得搞私人事务，不准打瞌睡和擅离职守。

(3) 值班人员要敢于履行职责，纠正违章行为，发现情况及时汇报，值班人员要做好交接班登记。

(4) 防火检查员每天班后必须巡查，发现不安全因素要及时消除和汇报。

十、动火作业制度

(1) 焊、割作业必须由有证焊工操作。

(2) 严格执行临时动火作业“三级”审批制度，领取动火作业许可证后方能动火。

(3) 高处动火作业要专人监焊，落实防止焊渣、切割物下跌的安全措施。

(4) 动火作业后要立即告知防火检查员或值班人员。

十一、易燃杂物清理制度

(1) 班组每天班后要及时清理可燃杂物。

(2) 宿舍（生活区）每天要有人清扫可燃杂物。

(3) 可燃杂物要集中堆放，不宜堆放在建筑物内和宿舍附近。

(4) 施工现场要设专人清理外脚手架上和现场内的可燃杂物，并及时进行清运。

十二、消防档案管理制度

(1) 消防安全基本情况资料

1) 单位基本概况和消防安全重点部位情况。

2) 建筑物或者场所施工、使用或者开业前的消防设计审核、消防验收以及消防安全检查的文件、资料。

3) 消防管理组织机构和各级消防安全责任人。

4) 消防安全制度。

5) 消防设施、灭火器材情况。

6) 专职消防队、义务消防队人员及其消防装备配备情况。

7) 与消防安全有关的重点工种人员情况。

8) 新增消防产品、防火材料的合格证明材料。

9) 灭火和应急疏散预案。

(2) 消防安全管理资料

1) 公安消防机构填发的各种法律文书。

2) 消防设施定期检查记录、自动消防设施全面检查测试的报告以及维修保养的记录。

3) 整改情况记录。

4) 防火检查、巡查记录。

5) 有关燃气、电气设备检测（包括防雷、防静电）等记录资料。

6) 消防安全培训记录。

7) 灭火和应急疏散预案的演练记录。

8) 火灾情况记录。

9）消防奖惩情况记录。

十三、灭火器日常管理制度

灭火器日常管理制度如表7-1所示。

灭火器日常管理制度表　　表7-1

序号	灭火器种类	放置环境要求	日常管理内容	使用年限/a	
				手提	推车
1	清水灭火器	①环境温度应为4～45℃； ②通风、干燥地点	①定期检查储气瓶，如发现动力气体的重量减少10%时，应重新充气，并查明泄漏原因及部位，予以修复； ②使用2年后，应进行水压试验，并在试验后标明试验日期	6	—
2	泡沫灭火器	环境温度为4～45℃	①每次使用后应及时打开桶盖，将筒体和瓶胆清洗干净，并充装新的灭火药液； ②使用2年后，进行水压试验，并在试验后标明试验日期	5	8
3	二氧化碳灭火器	环境温度不大于55℃，不能接近火源	①每年用称重法检查一次重量，泄漏量不大于充装量的5%，否则，重新灌装； ②每5年进行一次水压试验，并标明试验日期	12	12
4	卤代烷灭火器	①环境温度为－10～45℃； ②通风、干燥，远离火源和采暖设备，避免日光直射	①每隔半年检查一次灭火器上的压力表，如压力表的指针指示在红色区域内，应立即补足灭火剂和氮气； ②每隔5年或再次充装灭火剂前应进行水压试验，并标明试验日期	—	—
5	干粉灭火器	①环境温度为－10～55℃； ②通风、干燥地点	①定期检查干粉是否结块和动力气压力是否不足； ②一经打开使用，不论是否用完，都必须进行再充装，充装时不得变换品种； ③动力气瓶充装二氧化碳气体前，应进行水压试验，并标明试验日期	8(储气瓶) 10(储压)	10(储气瓶) 12(储压)

第三节　消防管理要点

一、基本要求

（1）施工现场的消防工作，应遵照国家有关法律、法规开展消防安全工作。

（2）施工现场要有明显的防火宣传标志。施工现场的义务消防人员，要定期组织教育培训，并将培训资料存入内业档案中。

（3）施工现场必须设置临时消防车道。其宽度不得小于3.5m，并保证临时消防车道的畅通，禁止在临时消防车道上堆物、堆料或挤占临时消防车道。

（4）施工现场必须配备消防器材，做到布局合理。要害部位应配备不少于4具的灭火器，要有明显的防火标志，并经常检查、维护、保养，保证灭火器材灵敏有效。

（5）施工现场消火栓应布局合理。消防干管直径不小于100mm。消火栓处昼夜要设有明显标志，配备足够的水龙带，周围3m内不准存放物品。地下消火栓必须符合防火规范。

（6）高度超过24m的建筑工程，应安装临时消防竖管。管径不得小于75mm，每层设消火栓口，配备足够的水龙带。消防供水要保证足够的水源和水压，严禁消防竖管作为施工用水管线。消防泵房应使用非燃材料建造，位置设置合理，便于操作，并设专人管理，保证消防供水。消防泵的专用配电线路，应引自施工现场总断路器的上端，要保证连续不间断供电。

（7）电焊工、气焊工从事电气设备安装和电、气焊切割作业，要有操作证和用火证。用火前，要对易燃、可燃物清除，采取隔离等措施，配备看火人员和灭火器具，作业后必须确认无火源隐患后方可离去。用火证当日有效，用火地点变换，要重新办理用火证手续。

（8）氧气瓶、乙炔瓶工作间距不小于5m，两瓶与明火作业距离不小于10m。建筑工程内禁止氧气瓶、乙炔瓶存放，禁止使用液化石油气“钢瓶”。

（9）施工现场使用的电气设备必须符合防火要求。临时用电必须安装过载保护装置，电闸箱内不准使用易燃、可燃材料。严禁超负荷使用电气设备。施工现场存放易燃、可燃材料的库房、木工加工场所、油漆配料房及防水作业场所不得使用明露高热强光源灯具。

（10）易燃易爆物品，必须有严格的防火措施，指定防火负责人，配备灭火器材，确保施工安全。

（11）施工材料的存放、使用应符合防火要求。库房应采用非燃材料支搭，易燃易爆物品应专库储存，分类单独存放，保持通风，用电符合防火规定。不准在工程内、库房内调配油漆、稀料。

（12）工程内不准作为仓库使用，不准存放易燃、可燃材料，因施工需要进入工程内的可燃材料，要根据工程计划限量进入并采取可靠的防火措施。废弃材料应及时清除。

（13）施工现场使用的安全网、密目式安全网、密目式防尘网、保温材料，必须符合消防安全规定，不得使用易燃、可燃材料。使用时，施工企业保卫部门必须严格审核，凡是不符合规定的材料，不得进入施工现场使用。

（14）施工现场严禁吸烟。不得在建设工程内设置宿舍。

（15）施工现场和生活区，未经保卫部门批准不得使用电热器具。严禁工程中明火保温、施工及宿舍内明火取暖。

（16）从事油漆粉刷或防水等危险作业时，要有具体的防火要求，必要时派专人看护。

（17）生活区的设置必须符合消防管理规定。严禁使用可燃材料搭设，宿舍内不得卧床吸烟，房间内住20人以上必须设置不少于两处的安全门。居住100人以上时，要有消防安全通道及人员疏散预案。

（18）生活区的用电要符合防火规定。用火要经保卫部门审批，食堂使用的燃料必须符合使用规定，用火点和燃料不能在同一房间内，使用时要有专人管理，停火时要将总开关关闭，经常检查有无泄漏。

二、“三级”动火审批手续

（1）禁火区域划分

1）凡属下列情况之一的属一级动火：

①禁火区域内；

②油罐、油箱、油槽车和储存过可燃气体、易燃气体的容器以及连接在一起的辅助设备；

③各种受压设备；

④危险性较大的登高焊、割作业；

⑤比较密封的室内、容器内、地下室等场所；

⑥堆有大量可燃和易燃物质的场所。

2）凡属下列情况之一的属二级动火：

①在具有一定危险因素的非禁火区域内进行临时焊、割等作业；

②小型油箱等容器；

③登高焊、割作业。

3）在非固定的、无明显危险因素的场所进行用火作业，均属三级动火作业。

（2）施工现场的防火要求

1）施工现场的平面布置、施工方法和施工技术，均应符合消防安全要求。

2）施工现场应明确划分用火作业、易燃可燃材料堆放、仓库、废品集中站和生活等的区域。

3）施工现场的道路应畅通无阻，夜间应设照明，并加强值班巡逻。

4）不准在高压架空线下面搭设临时性建筑物或堆放可燃物品。

5）开工前应将消防器材和设施配备好，并应敷设好室外消防水管、消防栓、砂箱、铁锹等。

6）施工现场的动火作业，必须执行审批制度。

①一级动火作业应由所在单位行政负责人填写动火申请表和编制安全技术措施方案，报公司安全部门审查批准后，方可动火；

②二级动火作业由所在工地负责人填写动火申请表和编制安全技术措施方案，报本单位主管部门审查批准后，方可动火；

③三级动火作业由所在班组填写动火申请表，经工地负责人审查批准后，方可动火。

（3）特殊施工现场的防火要求

1）24m 以上的高层建筑施工现场，应设置具有足够扬程的高压水泵或其他防火设备和设施。

2）增设临时消防水箱，必须保证有足够的消防水源。

3）进入内装饰阶段，要明确规定吸烟点。

4）严禁在屋顶用明火熔化柏油。

5）高层建筑和地下工程施工现场应备有通信报警装置，以便于及时报告险情。

三、重点部位的防火要求

（1）易燃仓库的防火要求

1）易着火的仓库应设在水源充足、消防车能驶到的地方，并应设在下风方向。

2）易燃露天仓库四周内，应有宽度不小于6m的平坦空地作为消防通道，通道上禁止堆放障碍物。

3）储量大的易燃仓库，应设两个以上的大门，并应将生活区、生活辅助区和堆场分开布置。

4）有明火的生产辅助区和生活用房与易燃堆垛之间，至少应保持30m的防火间距。有飞火的烟囱应布置在仓库的下风地带。

5）易燃仓库堆料场与其他建筑物、铁路、道路、架高电线的防火间距，应按《建筑设计防火规范》的有关规定执行。

6）易燃仓库堆料场应分堆垛和分组设置，每个堆垛面积为：木材（板材）不得大于$300m^2$；稻草不得大于$150m^2$；锯末不得大于$200m^2$；堆垛与堆垛之间应留3m宽的消防通道。

7）对易引起火灾的仓库，应将库房内、外按每$500m^2$的区域分段设立防火墙，把建筑平面划分为若干个防火单元。

8）对储存的易燃货物应经常进行防火安全检查，应保持良好通风。

9）在仓库或堆料场内进行吊装作业时，其机械设备必须符合防火要求，严防产生火星，引起火灾。

10）装过化学危险物品的车，必须在清洗干净后方准装运易燃和可燃物。

11）仓库或堆料场内一般应使用地下电缆，若有困难需设置架空电力线时，架空电力线与露天易燃物堆垛的最小水平距离，不应小于电杆高度的1.5倍。

12）仓库或堆料场所使用的照明灯与易燃堆垛间至少应保持1m的距离。

13）安装的开关箱、接线盒，应距离堆垛外缘不小于1.5m，不准乱拉临时电气线路。

14）仓库或堆料场严禁使用碘钨灯，以防电气设备起火。

15）对仓库或堆料场内的电气设备，应经常检查维修和管理，储存大量易燃品的仓库场地应设置独立的避雷装置。

(2) 电焊、气割场所的防火要求

1）一般要求：

①焊、割作业点与氧气瓶、电石桶和乙炔发生器等危险物品的距离不得小于10m，与易燃易爆物品的距离不得小于30m。

②乙炔发生器和氧气瓶之间的存放距离不得小于2m，使用时两者的距离不得小于5m。

③氧气瓶、乙炔发生器等焊割设备上的安全附件应完整而有效，否则严禁使用。

④施工现场的焊、割作业，必须符合防火要求，严格执行“十不烧”规定：

a. 焊工必须持证上岗，无证者不准进行焊、割作业；

b. 属一、二、三级动火范围的焊、割作业，未经办理动火审批手续，不准进行焊割；

c. 焊工不了解焊、割现场的周围情况，不得进行焊、割；

d. 焊工不了解焊件内部是否有易燃、易爆物品时，不得进行焊、割；

e. 各种装过可燃气体、易燃液体和有毒物质的容器，未经彻底清洗，或未排除危险之前，不准进行焊、割；

f. 用可燃材料保温层、冷却层、隔音、隔热设备的部位，或火星能飞溅到的地方，在未采取切实可靠的安全措施之前，不准焊、割；

g. 有压力或密闭的管道、容器，不准焊、割；

h. 焊、割部位附近有易燃易爆物品，在未作清理或未采取有效的安全防护措施前，不准焊、割；

i. 附近有与明火作业相抵触的工种在作业时，不准焊、割；

j. 与外单位相连的部位，在没有弄清有无险情，或明知存在危险而未采取有效的措施之前，不准焊、割。

2）乙炔站的防火要求：

①乙炔属于甲类易燃易爆物品，乙炔站的建筑物应采用一、二级耐火等级，一般应为单层建筑，与有明火的操作场所应保持 30～50m 的间距；

②乙炔站泄压面积与乙炔站容积的比值应采用 0.05～0.22m^2/m^3，房间和乙炔发生器操作平台应有安全出口，应安装百叶窗和出气口，门应向外开启；

③乙炔房与其他建筑物和临时设施的防火间距，应符合《建筑设计防火规范》的要求；

④乙炔房宜采用不发生火花的地面，金属平台应铺设橡皮垫层；

⑤有乙炔爆炸危险的房间与无爆炸危险的房间（更衣室、值班室），不能直通；

⑥乙炔生产厂房应采用防爆型的电气设备，并在顶部开自然通风窗口；

⑦操作人员不应穿着带铁钉的鞋及易产生静电的服装。

3）电石库的防火要求：

①电石库属于甲类物品储存仓库，电石库的建筑应采用一、二级耐火等级；

②电石库应建在长年风向的下风方向，与其他建筑及临时设施的防火间距，应符合《建筑设计防火规范》的要求；

③电石库不应建在低洼处，库内地面应高于库外地面 20cm，同时不能采用易发火花的地面，可用木板或橡胶等铺垫；

④电石库应保持干燥、通风，不漏雨水；

⑤电石库的照明设备应采用防爆型，应使用不发火花型的开启工具；

⑥电石渣及粉末应随时进行清扫。

（3）油漆料库与调料间的防火要求

1）油漆料库与调料间应分开设置，油漆料库和调料间应与散发火花的场所保持一定的防火间距。

2）性质相抵触、灭火方法不同的品种，应分库存放。

3）涂料和稀释剂的存放和管理，应符合《仓库防火安全管理规则》的要求。

4）调料间应有良好的通风，并应采用防爆电气设备，室内禁止一切火源，调料间不能兼做更衣室和休息室。

5）调料人员应穿不易产生静电的工作服，不带钉子的鞋。使用开启涂料和稀释剂包装的工具，应采用不易产生火花型的工具。

6）调料人员应严格遵守操作规程，调料间内不应存放超过当日加工所用的原料。

（4）木工操作间的防火要求

1）操作间建筑应采用阻燃材料搭建。

2）操作间冬季宜采用暖气（水暖）供暖，如用火炉取暖时，必须在四周采取挡火措施，不应用燃烧劈柴、刨花代煤取暖。每个火炉都要有专人负责，下班时要将余火彻底熄灭。

3）电气设备的安装要符合要求。抛光、电锯等部位的电气设备应采用密封式或防爆式。刨花、锯末较多部位的电动机，应安装防尘罩。

4）操作间内严禁吸烟和用明火作业。

5）操作间只能存放当班的用料，成品及半成品要及时运走。木工应做到活完场地清，刨花、锯末每班都应打扫干净，倒在指定地点。

6）严格遵守操作规程，对旧木料一定要经过检查，起出铁钉等金属后，方可上锯锯料。

7）配电盘、刀闸下方不能堆放成品、半成品及废料。

8）工作完毕应拉闸断电，并经检查确无火险后方可离开。

（5）地下工程的防火要求

1）施工现场的临时电源线不宜直接敷设在墙壁或土墙上，应用绝缘材料架空安装。配电箱应采取防水措施，潮湿地段或渗水部位照明灯具应采取相应措施或安装防潮灯具。

2）施工现场应有不少于两个出入口或坡道，如果施工距离长应适当增加出入口的数量。施工区面积不超过 $50m^2$，且施工人员不超过 20 人时，可只设一个直通地面的安全出口。

3）安全出入口、疏散走道和楼梯的宽度应按其通过人数每 100 人不小于 1m 的净宽计算。每个出入口的疏散人数不宜超过 250 人。安全出入口、疏散走道、楼梯的净宽不应小于 1m。

4）疏散走道、楼梯及坡道内，不宜设置突出物或堆放施工材料和机具。

5）疏散走道、安全出入口、疏散马道（楼梯）、操作区域等部位，应设置火灾事故照明灯。火灾事故照明灯在上述部位的最低照度应不低于 5lx（勒克斯）。

6）疏散走道及其交叉口、拐弯处、安全出口处应设置疏散指示标志灯。疏散指示标志灯的间距不易过大，距地面高度应为 1 ~ 1.2m，标志灯正前方 0.5m 处的地面照度不应低于 1lx。

7）火灾事故照明灯和疏散指示灯工作电源断电后，应能自动投合。

8）地下工程施工区域应设置消防给水管道和消火栓，消防给水管道可以与施工用水管道合用。特殊地下工程不能设置消防用水时，应配备足够数量的轻便消防器材。

9）大面积油漆粉刷和喷漆应在地面施工，局部的粉刷可在地下工程内部进行，但一次粉刷的量不宜过多，同时在粉刷区域内禁止一切火源，加强通风。

10）禁止中压式乙炔发生器在地下工程内部使用及存放。

11）制订应急的疏散计划。

四、重点工种的防火要求

（1）电气焊工的防火要求

1）基本要求：

①从事电焊、气割操作人员，必须进行专门培训，应持证上岗；

②严格执行用火审批程序和制度；

③进行电焊、气割前，应由施工员或班组长向操作、看火人员进行消防安全技术措施交底；

④装过或有易燃、可燃液体、气体及化学危险物品的容器、管道和设备，在未彻底清洗干净前，不得进行焊割；

⑤严禁在有可燃蒸气、气体、粉尘或禁止明火的危险性场所焊割，在这些场所附近进行焊割时，应按有关规定保持一定的防火距离；

⑥遇有5级以上大风时，施工现场的高空和露天焊割作业应停止；

⑦在有可燃材料保温的部位，不准进行焊割作业，必要时应在工艺安排和施工方法上采取严格的防火措施，焊割作业不准与油漆、喷漆、脱漆、木工等易燃操作同时间、同部位上下交叉作业；

⑧焊割结束或离开操作现场时，必须切断电源、气源，赤热的焊嘴、焊钳以及焊条头等，禁止放在易燃、易爆物品和可燃物上；

⑨禁止使用不合格的焊割工具和设备，电焊的导线不能与装有气体的气瓶接触，也不能与气焊的软管或气体的导管放在一起，焊线和气焊的软管不得从生产、使用、储存易燃、易爆物品的场所或部位穿过；

⑩焊割现场必须配备灭火器材，危险性较大的应有专人现场监护。

2）电焊工的防火要求：

①电焊工在操作前，要严格检查所用工具（包括电焊机设备、线路敷设、电缆线的接点等），使用的工具均应符合标准，保持完好状态；

②电焊机应有单独开关，装在防火、防雨的闸箱内，电焊机应设防雨棚（罩），开关的保险丝容量应为该机最大电流的1.5倍，保险丝不准用铜丝或铁丝代替；

③焊割部位必须与氧气瓶、乙炔瓶、乙炔发生器及各种易燃、可燃材料隔离，两瓶之间不得小于5m，与明火之间不得小于10m；

④电焊机必须设有专用接地线，直接放在焊件上，接地线不准接在建筑物、机械设备、各种管道、避雷引下线和金属架上借路使用，防止接触火花，造成起火事故；

⑤电焊机一、二次线应用线鼻子压接牢固，同时应加装防护罩，防止松动、短路放弧，引燃可燃物；

⑥严格执行防火规定和操作规程，操作时采取相应的防火措施，与看火人员密切配合，防止引起火灾。

3）气焊工的防火要求：

①乙炔发生器、乙炔瓶、氧气瓶和焊割具的安全设备必须齐全有效；

②乙炔发生器、乙炔瓶、液化石油气罐和氧气瓶在新建、维修工程内存放，应设置专用房间单独分开存放并有专人管理，要有灭火器材和防火标志；

③乙炔发生器和乙炔瓶等与氧气瓶应保持距离，在乙炔发生器旁严禁一切火源，夜间添加电石时应使用防爆手电筒照明，禁止用明火照明；

④乙炔发生器、乙炔瓶和氧气瓶不准放在高低压架空线路下方或变压器旁，在高空焊割的也不要放在焊割部位的下方，应保持一定的水平距离；

⑤乙炔瓶、氧气瓶应直立使用，禁止平放卧倒使用以防止油类落在氧气瓶上，油脂或

沾油的物品，不要接触氧气瓶、导管及其零部件；

⑥氧气瓶、乙炔瓶严禁暴晒、撞击，防止受热膨胀，开启阀门时要缓慢开启，防止升压过速产生高温、火花引起爆炸和火灾；

⑦乙炔发生器、回火阻止器及导管发生冻结时只能用蒸汽、热水等解冻，严禁使用火烤或金属敲打，测定气体导管及其分配装置有无漏气现象时，应用气体探测仪或用肥皂水等简单方法测试，严禁用明火测试；

⑧操作乙炔发生器和电石桶时应使用不产生火花的工具，在乙炔发生器上不能装有纯铜的配件，加入乙炔发生器的水不能含油脂，以免油脂与氧气接触发生反应，引起燃烧或爆炸；

⑨防爆膜失去作用后要按照规定规格、型号进行更换，严禁任意更换防爆膜规格、型号，禁止使用胶皮等代替防爆膜，浮桶式乙炔发生器上面不准堆压其他物品；

⑩电石应存放在电石库内，不准在潮湿场所和露天存放；

⑪焊割时要严格执行操作规程和程序，焊割操作时先开乙炔气点燃，然后再开氧气进行调火，操作完毕时按相反程序关闭，瓶内气体不能用尽，必须留有余气；

⑫工作完毕，应将乙炔发生器内电石、污水及其残渣清除干净，倒在指定的安全地点并要排除内腔和其他部分的气体，禁止电石、污水到处乱放乱排。

4）看火（监护）人员职责：

①清理焊割部位附近的易燃、可燃物品，对不能清除的易燃、可燃物品要用水浇湿或盖上石棉布等非燃材料，以隔绝火星；

②要坚守岗位，不能兼顾其他工作，要与电、气焊工密切配合，随时注意焊割周围的情况，一旦起火及时扑救；

③在高空焊割时，要用非燃材料做成接火盘和风挡，以接住和控制火花的溅落；

④在焊割过程中要随时进行检查，操作结束后要对焊割地点进行仔细检查确认无危险后方可离开，在隐蔽场所或部位焊、割操作完毕后 0.5 ~ 4h 内要反复检查，以防自燃起火；

⑤要根据情况备好适用的灭火器材和防火设备（石棉布、接火盘、风挡等），做好灭火准备；

⑥发现电、气焊操作人员违反电、气焊防火管理规定、操作规程或动火部位有火灾、爆炸危险时有权责令停止操作，并及时向领导或保卫部门汇报。

（2）涂漆、喷漆和油漆工的防火要求

1）喷漆、涂漆的场所应有良好的通风，防止形成爆炸极限浓度引起火灾或爆炸。

2）喷漆、涂漆的场所内禁止一切火源，应采用防爆的电气设备。

3）禁止与焊工同时间、同部位的上下交叉作业。

4）油漆工不能穿易产生静电的工作服。接触涂料、稀释剂的工具应采用防火型的。

5）浸有涂料、稀释剂的破布、纱团、手套和工作服等应及时清理，不能随意堆放，防止因化学反应而生热发生自燃。

6）在施工中必须严格遵守操作规程和程序。

7）在维修工程施工中使用脱漆剂时，应采用不燃性脱漆剂。若因工艺或技术上的要求使用易燃性脱漆剂时，一次涂刷脱漆剂量不宜过多，控制在能使漆膜起皱膨胀为宜，清除掉的漆膜要及时妥善处理。

8）对使用中能分解、发热自燃的物料，要妥善管理。

（3）电工的防火要求

1）电工应经过专门培训，掌握安装与维修的安全技术，并经过考试合格后，方准独立操作。

2）施工现场暂设线路、电气设备的安装与维修应严格执行规范。

3）新增设的电气设备，必须由主管部门或人员检查合格后，方可通电使用。

4）各种电气设备或线路不应超过安全负荷，并要有牢靠、绝缘良好和安装合格的保险设备，严禁用铜丝、铁丝等代替保险丝。

5）放置及使用易燃液体、气体的场所，应采用防爆型电气设备及照明灯具。

6）定期检查电气设备的绝缘电阻是否符合“不低于1kΩ/V（如对地220V绝缘电阻应不低于0.22MΩ）”的规定，发现隐患应及时排除。

7）不可用纸、布或其他可燃材料做无骨架的灯罩，灯泡距可燃物应保持一定距离。

8）变（配）电室应保持清洁、干燥，变电室要有良好的通风。配电室内禁止吸烟、生火及保存与配电无关的物品（如食物等）。

9）施工现场严禁私自使用电炉、电热器具。

10）当电线穿过墙壁或与其他物体接触时，应当在电线上套有磁管等非燃材料加以隔绝。

11）电气设备和线路应经常检查，发现可能引起火花、短路、发热和绝缘损坏等情况时，必须立即修理。

12）各种机械设备的电闸箱内，必须保持清洁，不得存放其他物品，电闸箱应配插销。

13）电气设备应安装在干燥处，各种电气设备应有妥善的防雨、防潮设施。

14）每年雨季前要检查避雷装置，避雷针接点要牢固，电阻不应大于10Ω。

（4）仓库保管员的防火要求

1）仓库保管员要牢记《仓库防火安全管理规则》。

2）熟悉存放物品的性质，储存中的防火要求及灭火方法，要严格按照其性质、包装、灭火方法、储存防火要求和密封条件等分别存放。性质相抵触的物品不得混存在一起。

3）严格按照“五距”储存物资。即垛与垛间距不小于1m，垛与墙间距不小于0.5m，垛与梁、柱的间距不小于0.3m，垛与散热器、供暖管道的间距不小于0.3m，照明灯具垂直下方与垛的水平间距不得小于0.5m。

4）库存物品应分类、分垛储存，主要通道的宽度不小于2m。

5）露天存放物品应当分类、分堆、分组和分垛，并留出必要的防火间距。甲类、乙类桶装液体，不宜露天存放。

6）物品入库前应当进行检查，确定无火种等隐患后，方准入库。

7）库房门窗等应当严密，物资不能储存在预留孔洞的下方。

8）库房内照明灯具不准超过60W，并做到人走断电、锁门。

9）库房内严禁吸烟和使用明火。

10）库房管理人员在每日下班前，应对经管的库房巡查一遍，确认无火灾隐患后关好门窗，切断电源后方准离开。

11）随时清扫库房内的可燃材料，保持地面清洁。

12）严禁在仓库内兼设办公室、休息室或更衣室、值班室以及各种加工作业等。

（5）仓库的防火要求

1）仓库的室外消防用水量，应按照《建筑设计防火规范》的有关规定执行。

2）应有足够的消防水源，其进水口一般不应少于两处。

3）室外消火栓应沿消防车道或堆料场内交通道路的边缘设置，消火栓之间的距离不应大于50m。

4）采用低压给水系统，管道内的压力在消防用水量达到最大时，不低于0.1MPa；采用高压给水系统，管道内的压力应保证两支水枪同时布置在堆场内最远和最高处的要求，水枪充实水柱不小于13m，每支水枪的流量不应小于5L/s。

5）仓库或堆料场内应分组布置酸碱、泡沫、二氧化碳等灭火器，每组灭火器不应少于4具，每组灭火器之间的距离不应大于30m。

6）一般临时设施区，每100m^2配备两个10L灭火机，大型临时设施总面积超过1 200m^2的，应备有专供消防用的太平桶、积水桶（池）、黄沙池等器材设施，上述设施周围不得堆放物品。

7）临时木工间，油漆间，木、机具间等，每25m^2应配置一个种类合适的灭火机。油库、危险品仓库应配备足够数量、种类的灭火机。

（6）灭火器的设置

1）灭火器应设置在明显的地点，如房间出入口、通道、走廊、门厅及楼梯等部位。

2）灭火器的铭牌必须朝外，以方便人们直接看到灭火器的主要性能指标。

3）手提式灭火器设置在挂钩、托架上或灭火器箱内，其顶部离地面高度应小于1.50m，底部离地面高度不宜小于0.15m。这一要求的目的是：

①便于人们对灭火器进行保管和维护；

②让扑救人能安全方便取用；

③防止潮湿的地面对灭火器的影响和便于平时打扫卫生。

设置的挂钩、托架上或灭火器箱内的手提式灭火器要竖直向上设置。

对于那些环境条件较好的场所，手提式灭火器可直接放在地面上。

对于设置在灭火器箱内的手提式灭火器，可直接放在灭火器箱的底面上，但灭火器箱离地面高度不宜小于0.15m。

五、季节性防火要求

（1）冬季防火要求

1）炉火安装与使用的防火要求：

①冬季施工的加热采暖方法应尽量使用暖气，如果用火炉，必须事先提出方案和防火措施，经消防保卫部门同意后方能开火；

②在油漆、喷漆、油漆调料间、木工房、料库及使用高分子装修材料的装修阶段，禁止用火炉采暖；

③各种金属火炉与可燃物和易燃保温材料的距离不得小于1m，已做保护层的火炉距

可燃物的距离不得小于70cm，各种砖砌火炉壁厚不得小于30cm；

④各种火炉的炉身、烟囱和烟囱出口等部分与电源线和电气设备应保持50cm以上的距离。

2）易燃、可燃材料的防火要求：

①冬季施工应尽量采用不燃或难燃材料进行保温；

②使用可燃材料进行保温的工程，必须设专人进行监护、检查；

③保温材料定位以后，禁止一切用火、用电作业，特别是下层进行保温作业，上层进行用火、用电作业；

④照明线路、照明灯具应远离可燃的保温材料；

⑤保温材料使用完以后，要随时进行清理，集中进行存放保管。

3）冬季消防器材的保温防冻要求：

①应尽量安装地下消火栓，在入冬前应进行一次试水，用草帘、锯末等覆盖，以防冻结，冬天下雪时应及时扫除消火栓上的积雪，以免雪化后将消火栓井盖冻住；

②高层临时消防竖管应进行保温或将水放空，消防水泵内应考虑采暖措施，以免冻结；

③入冬前应将灭火器等放入有采暖措施的地方。

（2）雨季和夏季施工的防火要求

1）雨季施工到来之前，应对每个配电箱、用电设备进行一次检查，必须采取相应的防雨措施，防止因短路造成起火事故。

2）油库、易燃易爆物品库房、塔吊、卷扬机架、脚手架、在施工的高层建筑工程等部位及设施都应安装避雷装置。

3）每年雨季之前，应对避雷装置进行一次全面检查。

4）电石、乙炔气瓶、氧气瓶、易燃液体等应在库内或棚内存放，禁止露天存放，以防止因受雷雨、日晒发生起火事故。生石灰、石灰粉的堆放应远离可燃材料，防止因受潮或雨淋产生高热引起周围可燃材料起火。

六、防火检查

（1）检查用火、用电和易燃易爆物品及其他重点部位生产储存、运输过程中的防火安全情况和建筑结构、平面布局、水源、道路等是否符合防火要求。

（2）检查火险隐患整改情况。

（3）检查义务和专职消防队组织及活动情况。

（4）检查各级防火责任制、岗位责任制、各项防火安全制度的执行情况。

（5）检查三级动火审批及动火证、操作证、消防设施、器材管理及使用情况。

（6）检查防火安全宣传教育，外包工管理等情况。

（7）检查10项标准是否落实，基础管理是否健全，防火档案资料是否齐全。

第八章　环境保护与卫生防疫管理制度

第一节　环境保护管理制度

一、基本规定

（1）工程的施工组织设计中应有防治扬尘、噪声、固体废弃物和废水等污染环境的有效措施，并在施工作业中认真组织实施。

（2）施工现场应建立环境保护管理体系，责任落实到人，并保证有效运行。

（3）对施工现场防治扬尘、噪声、水污染及环境保护管理工作进行检查。

（4）定期对职工进行环保法规知识培训考核。

二、防治大气污染管理制度

（1）施工现场主要道路必须进行硬化处理。施工现场应采取覆盖、固化、绿化、洒水等有效措施，做到不泥泞、不扬尘。施工现场的材料存放区、大模板存放区等场地必须平整夯实。

（2）遇有4级风以上天气不得进行土方回填、转运以及其他可能产生扬尘污染的施工。

（3）施工现场应有专人负责环保工作，配备相应的洒水设备，及时洒水，减少扬尘污染。

（4）建筑物内的施工垃圾清运必须采用封闭式专用垃圾道或封闭式容器吊运，严禁凌空抛撒。施工现场应设密闭式垃圾站，施工垃圾、生活垃圾分类存放。施工垃圾清运时应提前适量洒水，并按规定及时清运。

（5）水泥和其他易飞扬的细颗粒建筑材料应密闭存放，使用过程中应采取有效措施防止扬尘。施工现场土方应集中堆放，采取覆盖或固化等措施。

（6）从事土方、渣土和施工垃圾的运输，必须使用密闭式运输车辆。施工现场出入口处设置冲洗车辆的设施，出场时必须将车辆清理干净，不得将泥沙带出现场。

（7）市政道路施工铣刨作业时，应采用冲洗等措施，控制扬尘污染，灰土和无机料拌和，应采用预拌进场，碾压过程中要洒水降尘。

（8）规划市区内的施工现场，混凝土浇注量超过100m^3以上的工程，应当使用预拌混凝土，施工现场设置搅拌机的机棚必须封闭，并配备有效的降尘防尘装置。

（9）施工现场使用的热水锅炉、炊事炉灶及冬季采暖锅炉等必须使用清洁燃料。施工机械、车辆尾气排放应符合环保要求。

（10）拆除旧有建筑时应随时洒水，减少扬尘污染。渣土要在拆除施工完成之日起3日内清运完毕，并应遵守拆除工程的有关规定。

三、防治水污染管理制度

（1）搅拌机前台、混凝土输送泵及运输车辆清洗处应当设置沉淀池，废水不得直接排入市政污水管网，经二次沉淀后循环使用或用于洒水降尘。

（2）现场存放油料，必须对库房进行防渗漏处理，储存和使用都要采取措施，防止油料泄漏污染土壤水体。

（3）施工现场设置的食堂，用餐人数在100人以上的，应设置简易有效的隔油池，加强管理，专人负责定期掏油，防止污染。

四、防治施工噪声污染管理制度

（1）施工现场应遵照《中华人民共和国建筑施工场界噪声限值》制定降噪措施。在城市市区范围内，建筑施工过程中使用的设备可能产生噪声污染的，施工单位应按有关规定向工程所在地的环保部门申报。

（2）施工现场的电锯、电刨、搅拌机、固定式混凝土输送泵、大型空气压缩机等强噪声设备应搭设封闭式机棚，并尽可能设置在远离居民区的一侧，以减少噪声污染。

（3）因生产工艺上要求必须连续作业或者特殊需要，确需在22时至次日6时期间进行施工的，建设单位和施工单位应当在施工前到工程所在地的区、县建设行政主管部门提出申请，经批准后方可进行夜间施工。

建设单位应当会同施工单位做好周边居民工作，并公布施工期限。

（4）进行夜间施工作业的，应采取措施，最大限度地减少施工噪声。可采用隔音布、低噪声振捣棒等方法。

（5）对人为的施工噪声应有管理制度和降噪措施，并进行严格控制。承担夜间材料运输的车辆，进入施工现场严禁鸣笛，装卸材料应做到轻拿轻放，最大限度地减少噪声扰民。

（6）施工现场应进行噪声值监测，监测方法执行《建筑施工场界噪声测量方法》，噪声值不应超过国家或地方噪声排放标准。

（7）不同施工阶段作业噪声限值如表8-1所示。

等效声级（L_{Aeq}） **表8-1**

施工阶段	主要噪声源	噪声限值/dB	
		昼间	夜间
土石方	推土机、挖掘机、装载机等	75	55
打桩	各种打桩机等	85	禁止施工
结构	混凝土搅拌机、振捣棒、电锯等	70	55
装修	吊车、升降机等	65	55

注：表中噪声值是指与敏感区域相应的建筑施工场地边界线处的限值，在建筑施工场地边界线处进行。

五、废弃物的管理制度

（1）废弃物分类放置

各产生废弃物的单位、部门均设置废弃物临时置放点，并在临时存放场地配备有标志的废弃物容器并分类放置废弃物。有毒有害废弃物要单独封闭放在一个地方，防止再次污染，对于废电池还要与其他有毒有害废弃物分开单独放在密闭的容器内。

（2）废弃物的运输

场内废弃物的临时存放点指定专人管理，并负责将废弃物运输到场内废弃物指定堆放点并分类放置。废弃物外运必须由有准运证、合法的单位进行，在运输出场前必须覆盖，严防遗洒，对于有毒有害废弃物必须遵循国家有关法规，利用密闭容器装存。

(3) 废弃物的处理

1）分包方的施工、生活垃圾由分包方自行处理，项目部检查其执行情况。

2）有毒有害废弃物委托外单位处理，要求接纳处置单位出示资质证明和经营许可证。

3）与废弃物单位签订《废弃物清运协议书》。

4）项目部对废弃物的处置要进行检查，确保废弃物按协议要求得到处理。

六、施工现场环境保护管理网控制图

施工现场环境保护管理网控制图（图 8-1）。

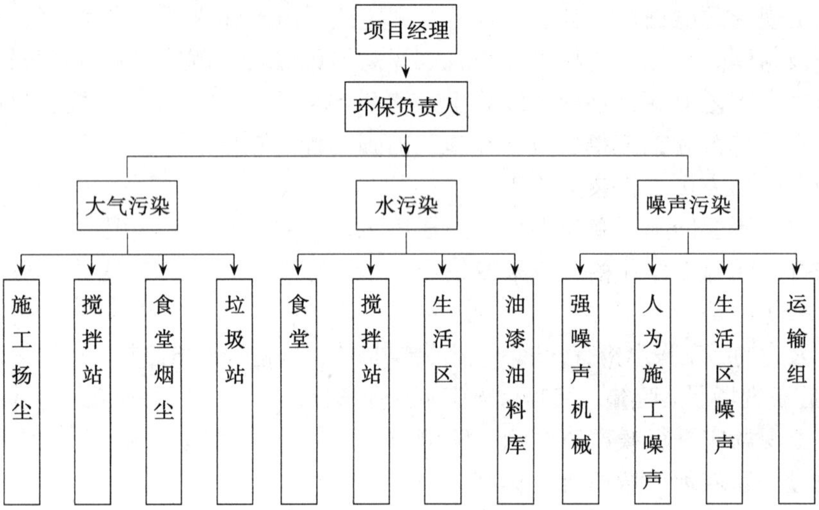

图 8-1　施工现场环境保护管理网控制图

七、重大环境因素控制

重大环境因素控制如表 8-2 所示。

重大环境因素控制　　**表 8-2**

环境因素	活动点/工序/部位	环境影响	控制方式
噪声的排放	施工机械：推土机、挖掘机、装载机、钻孔桩机、打夯机、混凝土输送泵；运输设备：翻斗车；电动工具：电锯、压刨、空压机、切割机、混凝土振捣棒、冲击钻	影响人体健康、社区居民休息	执行《环境管理方案》
	脚手架装卸、安装与拆除	影响人体健康、社区居民休息	
	模板支拆、清理与修复	影响人体健康、社区居民休息	
粉尘的排放	施工场地平整作业、土堆、砂堆、石灰、现场路面、进出车辆车轮带泥砂、水泥搬运、混凝土搅拌、木工房锯末、拆除作业	污染大气、影响居民身体健康	

续表

环境因素	活动点/工序/部位	环境影响	控制方式
甲醛、氨、放射性核素及各种有害物质的超量排放	各种室内建筑装饰材料、混凝土外加剂（氨）、建筑材料作业和使用	影响用户健康	执行《环境管理方案》
化学危险品的使用排放	装饰、防水、焊接作业现场	大气、土地、光污染	
运输的遗洒	运输渣土、商品混凝土、生活垃圾	污染路面、影响居民生活	
有毒有害废弃物的排放	施工现场（废化工材料及其包装物、容器等，废玻璃丝布，废铝箔纸，工业棉布，油手套，含油棉纱、棉布，漆刷，废旧测温计）	污染土地、水体	
	中心试验室有毒有害容器清洗液及废试液瓶、油布及油手套	污染土地、水体	
	现场清洗工具废渣、机械维修保养废渣	污染土地、水体	
	办公区废复写纸、复印机废墨盒和废粉、打印机废硒鼓、废色带、废电池、废磁盘、废计算器、废日光灯、废涂改液瓶	污染土地、水体	
火灾、爆炸的发生	油漆、易燃材料库房及作业面、木工房、电气焊作业点、氧气瓶（库）、乙炔气瓶（库）、液化气瓶、油库、建筑垃圾、冬季混凝土养护作业、施工现场配电室、试验室使用的乙醇、松节油、燃煤取暖	污染大气	
污水的排放	食堂、现场搅拌站、厕所、现场洗车处	污染水体	

第二节　卫生防疫管理制度

（1）施工现场办公区、生活区卫生工作应由专人负责，明确责任。

（2）办公区、生活区应保持整洁卫生，垃圾应存放在密闭式容器中，定期灭蝇，及时清运。

（3）生活垃圾与施工垃圾不得混放。

（4）生活区宿舍内夏季应采取消暑和灭蚊蝇措施，冬季应有采暖和防煤气中毒措施，并建立验收制度。宿舍内应有必要的生活设施及保证必要的生活空间，宿舍内高度不得低于2.5m，通道的宽度不得小于1m，应有高于地面300cm的床铺，每人床铺占有面积不小于$2m^2$，床铺被褥干净整洁，生活用品摆放整齐，室内保持通风。

（5）生活区内必须有盥洗设施和洗浴间，应设阅览室、娱乐场所。

（6）施工现场应设水冲式厕所，厕所墙壁、屋顶严密，门窗齐全，要有灭蝇措施，设专人负责定期保洁。

（7）严禁随地大小便。

（8）施工现场设置的临时食堂必须具备食堂卫生许可证、炊事人员身体健康证、卫生知识培训证。建立食品卫生管理制度，严格执行食品卫生法和有关管理规定。施工现场的食堂和操作间相对固定、封闭，并且具备清洗消毒的条件和杜绝传染疾病的措施。

（9）食堂和操作间内墙应抹灰，屋顶不得吸附灰尘，应有水泥抹面锅台、地面，必须设排风设施。操作间必须有生熟分开的刀、盆、案板等炊具及存放柜橱。库房内应有存放各种作料和副食的密闭器皿，有距墙距地面大于200cm的粮食存放台。不得使用石棉制品的建筑材料装修食堂。

（10）食堂内外整洁卫生，炊具干净，无腐烂变质食品，生熟食品分开加工保管，食品有遮盖，应有灭蝇灭鼠灭蟑措施。

（11）食堂操作间和仓库不得兼作宿舍使用。

（12）食堂炊事员上岗必须穿戴洁净的工作服帽，并保持个人卫生。

（13）严禁购买无证、无照商贩食品，严禁食用变质食物。

（14）施工现场应保证供应卫生饮水，有固定的盛水容器和有专人管理，并定期清洗消毒。

（15）施工现场应制定卫生急救措施，配备保健药箱、一般常用药品及急救器材。为从事有毒有害作业人员配备有效的防护用品。

（16）施工现场发生法定传染病和食物中毒、急性职业中毒时，应立即向上级主管部门及有关部门报告，同时要积极配合卫生防疫部门进行调查处理。

（17）现场工人患有法定传染病或是病源携带者，应予以及时必要的隔离治疗，直至卫生防疫部门证明不具有传染性时方可恢复工作。

（18）对从事有毒有害作业人员应按照《职业病防治法》做职业健康检查。

（19）施工现场应制定暑期防暑降温措施。

第九章　特种作业工种安全管理

第一节　电　工

一、应掌握的基本知识和操作能力

（1）基本知识

1）电气安全基本知识：

①电流对人体的危害；

②触电方式、触电事故发生的规律及典型事故的案例解析；

③触电急救及现场救护知识；

④保护接零及保护接地；

⑤电气安全用具的分类、性能、使用及管理；

⑥漏电保护装置的类型、原理、选择及使用；

⑦我国安全电压的等级、选用及使用条件；

⑧电气绝缘、屏护、安全间距和安全标志；

⑨电气防火与灭火；

⑩防雷保护；

⑪静电的危害及防护；

⑫高频辐射的危害及防护；

⑬与电工作业有关的登高、机械、起重、搬运、挖掘、爆破等作业的安全技术；

⑭电气安全管理的有关措施与规定。

2）电气运行安全：

①低压变、配电装置的控制电器、保护电器的运行安全技术；

②户内外线路、低压电缆线路及临时供电线路的安装、维护安全技术及有关安全规定；

③电气设备的过载、短路、欠压、失压、缺相等保护原理，常用电气设备保护方式的选择和保护装置的安装、调试技术；

④照明装置、家用电器、移动式电器、手持式电动工具的安装、使用、检修和维护的安全技术要求；

⑤本岗位电气设备的性能、主要技术参数及其安装、运行、维护、测试等项工作的技术标准和安全要求；

⑥本岗位电力系统的结构图、设备编号、运行方式、操作步骤和事故处理程序。

3）爆炸危险场所的电气安全：

①爆炸性物质和爆炸危险场所的等级划分；

②爆炸危险场所电气线路的一般规定；

③爆炸危险场所电气设备的一般规定和各种类型防爆电气设备的基本要求；

④爆炸危险场所保护接地和防雷接地的基本要求；

⑤防爆电气设备的运行、维护和检修的有关规定。

（2）操作能力

1）触电急救。

2）识别导线和电缆的规格、型号。

3）导线的选择和连接。

4）正确布线。

5）电气安全用具的正确使用。

6）电气器材及仪表的识别、安装和使用。

7）保护电器、保护装置的选用与安装。

8）接地电阻的测量。

9）灭火器材的选择与使用。

10）各种防爆电器接线盒、隔离盒的安装接线。

11）登高作业。

二、安全操作规定

（1）电工作业必须经专业安全技术培训且考试合格，非电工严禁进行电气作业。

（2）电工接受施工现场暂设电气安装任务后，必须认真领会落实临时用电安全施工组织设计和安全技术措施交底的内容，施工用电线路架设必须按施工图规定进行，凡临时用电使用超过6个月（含6个月）以上的，应按正式线路架设。改变安全施工组织设计规定，必须经原审批单位领导同意签字，未经同意不得改变。

（3）电工作业时，必须穿绝缘鞋、戴绝缘手套，酒后不准操作。

（4）所有绝缘、检测工具应妥善保管，严禁他用，并应定期检查、校验。保证正确可靠接地或接零。所有接地或接零处，必须保证可靠电气连接。保护线PE必须采用绿、黄双色线，严格与相线、工作零线相区别，不得混用。

（5）在施工现场专用的中性点直接接地的电力系统中，必须采用TN-S接零保护。

（6）电气设备不带电的金属外壳、框架、部件、管道、金属操作台和移动式碘钨灯的金属柱等，均应做保护接零。

（7）定期和不定期地对临时用电工程的接地、设备绝缘和漏电保护开关进行检测、维修，发现隐患及时消除，并建立检测维修记录。

（8）建筑工程竣工后，临时用电工程拆除，应按顺序先断电源，后拆除。

（9）露天使用的电气设备，应有良好的防雨性能或有可靠的防雨设施。配电箱必须牢固、完整、严密，使用中的配电箱内禁止放置杂物。

（10）安装照明线路时，不得直接在板条顶棚或隔声板上行走或堆放材料，因作业需要行走时，必须在大楞上铺设脚手板，顶棚内照明应采用36V低压电源。

（11）在脚手架上作业，脚手板必须满铺，不得有空隙和探头板。使用的料具，应放入工具袋随身携带，不得投掷。

（12）在变配电室内，外高压部分及线路工作时，应按顺序进行。停电、验电悬挂地线，操作手柄应上锁或挂标示牌。

（13）验电时必须戴绝缘手套，按电压等级检验电器。在设备两侧各相或线路各相分别验电。验明设备或线路确实无电后，即将检修设备或线路做短路接地。

（14）电气设备的金属外壳必须接地或接零。同一设备可做接地和接零。同一供电系统不允许一部分设备采用接零，另一部分采用接地保护。

（15）照明线路不得拴在金属脚手架、龙门架上，严禁在金属脚手架、龙门架上乱拉、乱施。灯具需要安装在金属脚手架、龙门架上时，线路和灯具必须用绝缘物与其隔离开，且距离工作面高度在3m以上。控制刀闸应配有熔断器和防雨措施。

第二节　电　焊　工

一、应掌握的基本知识和操作能力

（1）基本知识

1）常用焊接与切割方法的基本原理与安全。

2）焊接（气割）防火与防爆：

①常用焊接（气割）气体的性质和安全要求；

②电石的保管与使用安全规则；

③乙炔发生站（器）的安全技术要求；

④气瓶安全要求；

⑤管理安全措施；

⑥气焊与气割工具的安全要求；

⑦防火、防爆与灭火技术。

3）焊接安全用电：

①常用电焊设备的结构和安全要求；

②电焊工具及其安全要求；

③焊接触电事故原因及安全措施；

④触电急救。

4）特殊焊接、切割作业安全技术：

①密闭空间焊接、切割作业安全技术要求；

②盛装、输送易燃易爆物品的常压容器、管道的补焊安全技术；

③登高焊接、切割安全技术；

④水下焊接、切割安全技术。

5）焊接、切割作业劳动卫生与防护：

①作业环境有害因素的来源与危害；

②劳动卫生与防护措施；

③化工设备焊接、切割作业防毒。

6）安全操作规程。

7）安全防火制度。

（2）操作能力

1）现场安全检查及不安全因素的排除。

2）工件安全检查及不安全因素的排除。

3）防护用品与工作用具的安全检查。

4）按二级焊工技术标准进行实际考核。

5）触电急救。

6）消防器材的选择与作用。

二、安全操作规定

（1）金属焊接作业人员必须经专业安全技术培训，持证上岗。非电焊工严禁进行电焊作业。

（2）操作时应穿电焊工作服、绝缘鞋和戴电焊手套、防护面罩等安全防护用品，高处作业时系安全带。

（3）电焊作业现场周围10m范围内不得堆放易燃易爆物品。

（4）雨、雪、风力6级以上（含6级）天气不得露天作业。雨、雪后应清除积水、积雪后方可作业。

（5）操作前应首先检查焊机和工具，如焊钳和焊接电缆的绝缘、焊机外壳保护接地和焊机的各接线点等，确认安全合格方可作业。

（6）严禁在易燃易爆气体或液体扩散区域内、运行中的压力管道和装有易燃易爆物品的容器内以及受力构件上焊接和切割。

（7）焊接曾储存易燃易爆物品的容器时，应根据介质进行多次置换及清洗，并打开所有孔口，经检测确认安全后方可施焊。

（8）在密封容器内施焊时，应采取通风措施。间歇作业时焊工应到外面休息，容器内照明电压不得超过12V，焊工身体应用绝缘材料与焊件隔离，焊接时必须设专人监护，监护人应熟知焊接操作规程和抢救方法。

（9）焊接铜、铝、铅、锌合金金属时必须穿戴防护用品，在通风良好的地方作业。在有害介质场所进行焊接时应采取防毒措施，必要时进行强制通风。

（10）施焊地点潮湿或焊工身体出汗后而使衣服潮湿时，严禁靠在带电钢板或工件上，焊工应在干燥的绝缘板或胶垫上作业，配合人员应穿绝缘鞋或站在绝缘板上。

（11）焊接时临时接地线头严禁浮搭，必须固定、压紧，用胶布包严。

（12）操作时遇下列情况必须切断电源：

1）改变电焊机接头。

2）更换焊件需要改接二次回路。

3）转移工作地点搬动焊机。

4）焊机发生故障需进行检修。

5）更换保险装置。

6）工作完毕或临时离开操作现场。

（13）高处作业必须遵守下列规定：

1）必须使用标准的防火安全带，并系在可靠的构架上。

2）必须在作业点正下方5m外设置护栏并设专人监护，必须清除作业点下方区域易燃、易爆物品。

3）必须戴盔式面罩，焊接电缆应绑紧在固定处，严禁绕在身上或搭在背上作业。

4）焊工必须站在稳固的操作平台上作业，焊机必须放置平稳、牢固，设有良好的接地保护装置。

(14) 操作时严禁焊钳夹在腋下去搬被焊工件或将焊接电缆挂在脖颈上。

(15) 焊接时二次线必须双线到位，严禁借用金属管道、金属脚手架、轨道及结构钢筋做回路地线。焊把线无破损，绝缘良好。焊把线必须加装电焊机触电保护器。

(16) 焊接电缆通过道路时，必须架高或采取其他保护措施。

(17) 焊把线不得放在电弧附近或炽热的焊缝旁，不得碾轧焊把线，应采取防止焊把线被尖利器物损伤的措施。

(18) 清除焊渣时应佩戴防护眼镜或面罩，焊条头应集中堆放。

(19) 下班后必须拉闸断电，必须将地线和把线分开，并确认火已熄灭后方可离开现场。

第三节　气焊、气割工

一、应掌握的基本知识和操作能力

本节内容与前述电焊工相应要求一致，在此不再赘述。

二、安全操作规定

(1) 点燃焊（割）炬时，应先开乙炔阀点火，然后开氧气阀调整火焰。关闭时应先关闭乙炔阀，再关氧气阀。

(2) 点火时，焊炬口不得对着人，不得将正在燃烧的焊炬放在工件或地面上。焊炬带有乙炔和氧气时，不得放在金属容器内。

(3) 作业中发现气路或气阀漏气时，必须立即停止作业。

(4) 作业中若氧气管着火应立即关闭氧气阀门，不得折弯胶管断气；若乙炔管着火，应先关熄炬火，可用弯折前面一段软管的办法止火。

(5) 高处作业时，氧气瓶、乙炔瓶、液化气瓶不得放在作业区域正下方，应与作业点正下方保持在10m以上的距离。必须清除作业区域下方的易燃物品。

(6) 不得将橡胶软管背在背上操作。

(7) 作业后应卸下减压器，拧上气瓶安全帽，将软管盘起捆好，挂在室内干燥处。检查操作场地，确认无着火危险后方可离开。

(8) 冬天露天作业时，如减压阀软管和流量计冻结，应使用热水（热水袋）、蒸汽或暖气设备化冻，严禁用火烘烤。

(9) 使用氧气瓶应遵守下列规定：

1）氧气瓶应与其他易燃气瓶、油脂和易燃易爆物品分别存放。

2）存储高压气瓶时应旋紧瓶帽，放置整齐，留有通道，加以固定。

3）气瓶库房应与高温、明火地点保持10m以上的距离。

4）氧气瓶在运输时应平放，并加以固定，其高度不得超过车厢槽帮。

5）严禁用自行车、叉车或起重设备吊运高压钢瓶。

6）氧气瓶应设有防震圈和安全帽，搬运和使用时严禁撞击。

7）氧气瓶阀不得沾有油脂、灰土，不得用带油脂的工具、手套或工作服接触氧气瓶阀。

8）氧气瓶不得在强烈日光下暴晒，夏季露天工作时应搭设防晒罩、防晒棚。

9）氧气瓶与焊炬、割炬、炉子和其他明火的距离应不小于10m，与乙炔瓶的距离不得小于5m。

10）开启氧气瓶阀门时，应采用专用工具。操作人员不得面对减压器，开启动作要缓慢，压力表指针应灵敏、正常。氧气瓶中的氧气不得全部用尽，必须保持不小于49kPa的压强。

11）严禁使用无减压器的氧气瓶作业。

12）安装减压器时，应首先检查氧气瓶阀门，接头不得有油脂，并略开阀门清除油垢，然后安装减压器。作业人员不得正对氧气瓶阀门出气口。关闭氧气瓶阀门时，必须先松开减压器的活门螺栓。

13）作业中，如发现氧气瓶阀门失灵或损坏不能关闭时，应待瓶内的氧气自动逸尽后，再行拆卸修理。

14）检查瓶口是否漏气时，应使用肥皂水涂在瓶口上观察，不得用明火试。冬季氧气瓶阀门被冻结时，可用温水或蒸汽加热，严禁用火烤。

（10）使用乙炔瓶应遵守下列规定：

1）现场乙炔瓶储存量不得超过5瓶，5瓶以上时应放在储存间。储存间与明火的距离不得小于15m并应通风良好，设有降温设施、消防设施和通道，避免阳光直射。

2）储存乙炔瓶时，乙炔瓶应直立并必须采取防止倾斜的措施。严禁与氯气瓶、氧气瓶及其他易燃易爆物品同间储存。

3）储存间必须设专人管理，应在醒目的地方设安全标志。

4）应使用专用小车运送乙炔瓶。装卸乙炔瓶的动作应轻，不得抛、滑、滚、碰。严禁剧烈震动和撞击。

5）汽车运输乙炔瓶时，乙炔瓶应妥善固定。气瓶宜横向放置，头向一方。直立放置时，车厢高度不得低于瓶高的2/3。

6）乙炔瓶在使用时必须直立放置。

7）乙炔瓶与热源的距离不得小于10m。乙炔瓶表面温度不得超过40℃。

8）乙炔瓶使用时必须装设专用减压器，减压器与瓶阀的连接应可靠，不得漏气。

9）乙炔瓶内气体不得用尽，必须保留不小于98kPa的压强。

10）严禁铜、银、汞等及其制品与乙炔接触。

（11）使用液化石油气瓶应遵守下列规定：

1）液化石油气瓶必须放置在室内通风良好处，室内严禁烟火，并按规定配备消防器材。

2）气瓶冬季加温时，可使用40℃以下温水，严禁火烤或用沸水加温。

3）气瓶在运输、存储时必须直立放置并加以固定，搬运时不得碰撞。

4）气瓶不得倒置，严禁倒出残液。
5）瓶阀管子不得漏气，丝堵、角阀丝扣不得锈蚀。
6）气瓶不得充满液体，应留出10%～15%的气化空间。
7）胶管和衬垫材料应采用耐油性材料。
8）使用时应先点火后开气，使用后关闭全部阀门。
（12）使用减压器应遵守下列规定：
1）不同气体的减压器严禁混用。
2）减压器出口接头与胶管应扎紧。
3）减压器冻结时应采用热水或蒸汽加热解冻，严禁用火烤。
4）安装减压器前应略开氧气阀门，吹除污物。
5）安装减压器前应进行检查，减压器不得沾有油脂。
6）打开氧气阀门时，必须慢慢开启，不得用力过猛。
7）减压器发生自流现象或漏气时，必须迅速关闭氧气瓶气阀，卸下减压器进行修理。
（13）使用焊炬和割炬应遵守下列规定：
1）使用焊炬和割炬前必须检查射吸情况，射吸不正常时必须修理，正常后方可使用。
2）焊炬和割炬点火前，应检查连接处和各气阀的严密性，连接处和气阀不得漏气。焊嘴、割嘴不得漏气、堵塞。使用过程中，如发现焊炬、割炬气体通路和气阀有漏气现象，应立即停止作业，修好后再使用。
3）严禁在氧气阀门和乙炔阀门同时开启时，用手或其他物体堵住焊嘴或割嘴。
4）焊嘴或割嘴不得过分受热，温度过高时，应放入水中冷却。
5）焊炬、割炬的气体通路均不得沾有油脂。
（14）橡胶软管应遵守下列规定：
1）橡胶软管必须能承受气体压力，各种气体的软管不得混用。
2）胶管的长度不得小于5m，以10～15m为宜，氧气软管接头必须扎紧。
3）使用中，氧气软管和乙炔软管不得沾有油脂，不得触及灼热金属或尖刃物体。

第四节　起　重　工

一、应掌握的基本知识和操作能力

（1）基本知识
1）起重机的构造、性能和工作原理。
2）起重机电气、液压和原动机的基本知识。
3）起重机主要部件的安全技术要求及易损件的报废标准。
4）起重机钢丝绳的安全负荷、使用、保养及报废标准。
5）起重机安全装置、制动装置和操作系统的构造、工作原理及调整方法。
6）起重机一般维护保养知识。
7）起重机常见故障的判断与排除。
8）一般物件的重量计算和绑挂知识。

9）有关电气安全、登高作业安全、防火及救护常识。

10）《起重吊运指挥信号》（GB 5082—85）和有关安全标志。

11）《起重机械安全规程》（GB 6067—85）和起重机安全规程等有关规定。

12）安全操作技术。

（2）操作能力

《起重机司机安全技术考核标准》（GB 6720—86）所规定的内容。

二、安全操作规定

（1）起重工必须经专门安全技术培训，考试合格持证上岗。严禁酒后作业。

（2）起重工应健康，两眼视力均不得低于1.0，无色盲、听力障碍、高血压、心脏病、癫痫病、眩晕、突发性昏厥及其他影响起重吊装作业的疾病与生理缺陷。

（3）作业前必须检查作业环境、吊索具、防护用品。吊装区域无闲散人员，障碍已排除。吊索具无缺陷，捆绑正确牢固，被吊物与其他物件无连接。确认安全后方可作业。

（4）轮式或履带式起重机作业时必须确定吊装区域，并设警戒标志，必要时派人监护。

（5）大雨、大雪、大雾及风力6级以上（含6级）等恶劣天气，必须停止露天起重吊装作业。严禁在带电的高压线下或一侧作业。

（6）在高压线垂直或水平方向作业时，必须保持表9-1所列的最小安全距离。

起重机与架空输电导线的最小安全距离 **表9-1**

输电导线电压/kV	1以下	1～15	20～40	60～110	220
允许沿输电导线垂直方向最近距离/m	1.5	3	4	5	6
允许沿输电导线水平方向最近距离/m	1	1.5	2	4	6

（7）作业时必须执行安全技术交底，听从统一指挥。

（8）使用起重机作业时必须正确选择吊点的位置，合理穿挂索具，试吊。除指挥及挂钩人员外，严禁其他人员进入吊装作业区。

（9）使用两台吊车抬吊大型构件时，吊车性能应一致，单机荷载应合理分配，且不得超过额定荷载的80%。作业时必须统一指挥，动作一致。

第五节　架　子　工

一、应掌握的基本知识和操作能力

（1）基本知识

1）脚手架的基本要求。

2）脚手架材料的种类、规格及材质要求。

3）绑扎材料和连接件的规格、型号、强度要求、报废标准及使用时的注意事项。

4）地锚和缆绳的规格、形式及允许载荷。

5）安全网的选择、搭设、拆除和管理。

6）各类脚手架的适用范围、构造、架设、拆除及安全措施。
7）脚手架的检查、验收、维护和管理。
（2）操作能力
1）各类脚手架及防护装置的搭设和拆除。
2）脚手架材料、绑扎材料及连接件的规格、型号和辨识。
3）常用绑扎、连接的操作。

二、安全操作规定

（1）建筑登高作业（架子工）必须经专业安全技术培训，考试合格，持特种作业操作证上岗作业。架子工的徒工必须办理学习证，在技工带领、指导下操作，非架子工未经同意不得单独进行作业。

（2）架子工必须经过体检，凡患有高血压、心脏病、癫痫病、晕高或视力不够以及不适合于登高作业的，不得从事登高架设作业。

（3）正确使用个人安全防护用品，必须着装灵便在高处（2m 以上）作业时，必须系安全带与已搭好的立杆、横杆挂牢，穿防滑鞋。

（4）风力 6 级以上（含 6 级）强风和高温、大雨、大雪、大雾等恶劣天气，应停止高处露天作业。风、雨、雪过后要进行检查，发现倾斜下沉、松扣、崩扣要及时修复，合格后方可使用。

（5）脚手架要结合工程进度搭设，搭设未完的脚手架，在离开作业岗位时，不得留有未固定构件和安全隐患，确保架子稳定。

（6）在带电设备附近搭、拆脚手架时，宜停电作业。在外电架空线路附近作业时，脚手架外侧边缘与外电架空线路的边线之间的最小安全操作距离不得小于表 9-2 的数值。

在建筑工程（含脚手架具）的外侧边缘与外电架空线路的边缘之间的最小安全操作距离　　表 9-2

外电线路电压/kV	1 以下	1 ~ 10	35 ~ 110	154 ~ 220	330 ~ 500
最小安全操作距离/m	4	6	8	10	12

注：上下脚手架斜道严禁搭设在有外电线路的一侧。

（7）各种非标准的脚手架，跨度过大、负载超重等特殊脚手架或其他新型脚手架，按专项安全施工组织设计批准的意见进行作业。

（8）脚手架搭设到高于在建建筑物顶部时，里排立杆要低于檐口 40 ~ 50mm，外排立杆高出檐口 1 ~ 1.5m，搭设两道护身栏，并挂密目安全网。

（9）脚手架搭设、拆除、维修和升降必须由架子工负责，非架子工不准从事脚手架操作。

第六节　信号指挥（挂钩）工

一、应掌握的基本知识和操作能力

（1）基本知识

1）起重作业所需的基本力学知识。

2）《起重吊运指挥信号》（GB 5082—85）所规定的内容。

3）索具和吊具的性能、使用方法、维护保养及报废标准。

4）一般物件的重量计算。

5）一般物件的绑、挂技术。

6）一般物件的起重吊点的选择原则。

7）起重作业的安全规程。

8）通用起重机的基本构造与性能。

9）起重指挥人员的安全要求。

10）起重作业各岗位职责及要求。

（2）操作能力

1）选择索具、吊具，打结与绑扎。

2）起升前检查，挂钩。

3）牵引绳索，起升初始检查和就位。

4）场地准备与检查。

5）指挥起重机就位。

6）起升前检查。

7）指挥起升、就位、松钩、收钩回车。

8）信号运用。

二、安全操作规定

（1）信号指挥工操作要点

1）应掌握所指挥的起重机的技术性能和起重工作性能，能定期配合司机进行检查。能熟练地运用手势、旗语、哨声和通信设备。

2）掌握常用材料的重量和吊运就位方法及构件重心位置，并能计算非标准构件和材料的重量。

3）正确地使用吊具、索具，编插各种规格的钢丝绳。有防止构件装卸、运输、堆放过程中变形的知识。掌握起重机最大起重量和各种高度、幅度时的起重量，熟知吊装、起重有关知识。

4）具备指挥单机、双机或多机作业的指挥能力。

5）严格执行“十不吊”的原则。即被吊物重量超过机械性能允许范围；信号不清；吊物下方有人；吊物上站人；埋在地下物；斜拉斜牵物；散物捆绑不牢；立式构件、大模板等不用卡环；零碎物无容器；吊装物重量不明。

6）起吊离地20～30cm，应停钩检查。检查内容包括起重机的制动、稳定性，吊物捆绑的可靠性，吊索具受力后的状态等。发现异常应立即落钩，处理彻底后再起吊。

7）吊物悬空后出现异常，指挥人员要迅速判断、紧急通告危险部位人员迅速撤离。指挥吊物慢慢下落，排除险情后才可再起吊。

8）吊运中突然停电或机械发生故障，重物不准长时间悬空。要指挥将重物缓慢落在适当的稳定位置并垫好。

（2）挂钩工安全操作要点

1）必须服从指挥信号的指挥。

2）熟练运用手势、旗语、哨声的使用。

3）熟悉起重机的技术性能和工作性能。

4）熟悉常用材料重量、构件的重心位置及就位方法。

5）熟悉构件的装卸、运输、堆放的有关知识。

6）能正确使用吊、索具和各种构件的拴挂方法。

第七节　一般工种危险预知训练

一、进入现场危险常识预知训练

（1）进入施工区域的人员必须戴好安全帽，并且要系好安全帽的带子，防止高处坠落物体砸在头部或其他物体碰触头部造成伤害。

（2）施工区禁止光脚，穿拖鞋、高跟鞋或带钉易滑鞋。

（3）施工现场一切安全设施不得擅自拆改。防止因没有安全设施而发生伤亡事故。

（4）非本工种职工禁止乱摸、乱动各类机械电气设备，不要在起重机械吊物下停留，以防止机械伤害、触电事故及物体打击事故。在楼层卸料平台上，禁止把头伸入井架内或在外用电梯楼层平台处张望，防止吊笼切入事故。

（5）施工现场要注意车辆，不要钻到车辆下休息，防止车辆轧入。

（6）注意楼内各种孔洞，上脚手架注意探头板、孔洞及周边防护，防止高处坠落。

（7）高处作业时严禁向下扔任何物体，防止砸伤下方人员。

（8）进入现场禁止打闹，严禁酒后操作，防止意外事故。

二、壮工工种危险预知训练

（1）挖土

1）防止工具伤害：

①开始挖土前，要检查所使用的工具，铁锹把、铁镐把安装是否牢固，是否有劈裂现象，以防在挖土时铁锹头、镐头脱落或因锹、镐把折断飞出伤人。

②挖土时，人与人的距离要保持2～3m，避免在挥动工具时伤人。

2）防止土方塌落：

①挖槽、挖坑达到一定深度时，小心土方塌落，如发现土质松软，坑槽边有裂缝、下沉现象，应立即停止挖土，找工长报告。在放坡时，要根据工长交底放坡，千万不要图省

事，擅自缩小放坡坡度。

②雨天干活时，应先查看坑、槽边坡有无裂纹塌陷现象，不要在坑、槽边设置的挡水埝，防止雨水倒灌。坑、槽内存有积水应及时排干净，以免影响施工及引起坑壁塌方。

③挖土时要由上向下挖，严禁掏挖，防止形成空洞，造成上面的土方坍塌砸伤人或将人埋在土里。

④挖土的土方要放在坑、槽边 1.5m 以外，高度不要超过 1.5m，大量土方堆集在坑、槽边会造成坑壁承侧压力大，产生坍塌；堆积的土方本身很松软容易坍塌，塌落的土方落入坑内会将坑下挖土的人掩埋。因此，要指定专人将坑边堆土不断向外倒出 1.5m 以外。

3）防止触电事故：

①使用蛙式打夯机要固定专人负责，使用前先检查电闸箱是否安装漏电保护装置，电源线外皮是否破损，没有安装漏电保护装置和电源线裸露的均不得使用；

②使用夯机拍槽底时，由两人操作，操作时要戴上绝缘手套扶夯，由一人拉电源线，防止电源线将夯机缠绕或防止夯机拍打电源线，致使电源线外皮破损，造成触电伤害；

③发现夯机有漏电现象，应立即拉闸断电向工长报告，同时要指定专人看护夯机，防止其他人动用夯机；

④使用夯机时发现有问题要先拉闸断电，要找机工修理，挪动夯机前也应先拉断电源，因雨雪停工，夯机要停放到沟槽上，盖好或苫好，防止电机被雨雪浸湿后，发生触电事故。

4）防止其他事故：

①挖坑、槽时，发现地下有电缆、弹药，各种管道及不明物体时，应立即停止挖土，并向工长报告，采取措施后再进行挖土；

②坑、槽挖到一定深度，挖出的土方需要用简单的吊具垂直运输时吊具所使用的绳索、滑轮、吊钩箩筐等要完好牢固，起吊时吊物垂直下方不准站人，防止吊物坠落伤人；

③人工挖土需要打钎时，锤把安装要结实不得劈裂，扶钎人不能用手扶，要用长把工具夹住钎杆，防止打锤人失误，大锤砸偏伤人，打锤人与扶钎人不要对面站立，防止锤头脱落伤人；

④清理槽底的工人在配合机械挖土时，要躲开挖土斗 4m 以外，并注意挖土斗移动的方向，如果离挖土斗过近容易发生误伤；

⑤配合各工种在高处操作时，要预防从高处坠落，在脚手架上作业时，要先查看有没有探头板和孔洞、护身栏、挡脚板齐不齐，如存在安全隐患，应找工长及时解决。

（2）运输

1）用手推车运料时，装料不得装偏、超载，否则容易翻车。推车时，要注意前方，禁止推车急跑、猛拐。避免因不能及时停车而发生事故，更不要撒把溜车。卸料时，严禁猛推撒把卸料，防止手推车翻过去碰伤对面的人员，或翻回来砸伤自己。

2）用井架（高车架）垂直运输时，零散材料码放不得超出车厢，以防滑落伤人。所运材料要码放整齐平稳，小推车车轮要打好掩，关好吊笼门，防止手推车震动而滑动、溜车造成事故。

3）由人工运送各种物件时，会有砸、扭、撞击的危险。由多人抬同一重物时，要统一指挥，同起同落，步调一致，做到互相照应，注意脚下障碍物，随时提醒后面人员，所抬重物不要离地太高，最好不超过 30cm。

4）运送长料时应注意周围环境，防止长料碰伤人和触电。

5）人工搬运搅拌机时，首先要拉闸断电，防止发生触电事故。上料斗要挂好、绑牢，防止在搬运过程中挂钩脱落，料斗落下砸伤人。遇到上下坡时，搅拌机可能发生倾倒，因此，在搅拌机倾倒方向不要站人，防止搅拌机倾倒砸人。同时，应有临时别杆和挡木制动措施，防止溜车碾轧伤人。

6）跟随翻斗车、汽车、拖拉机运料的人员，在车辆未停稳前不要急忙上下，以防或让车辆剐倒轧伤。

7）车上装载的物料要放稳绑牢，随车运料人员不准坐在物料前方，以防急刹车时物料突然向前滑动造成伤人事故。另外，也不要坐在物料上，防止车辆刹车或拐弯时将人甩出车外。

8）装卸物料时禁止野蛮装卸，装卸时要轻拿轻放。汽车槽帮放下时要由两人同时操作，并且要站在槽帮的侧面，防止沉重的槽帮下落伤人。

9）车辆要倒退时，应设一名指挥人员，指挥人员应站在槽帮的侧面，并且与车辆保持一定距离。车辆行程范围内的砖垛、门垛下不得站人，防止车辆意外撞倒砖垛、门垛砸伤人。

10）休息时不要钻到车辆下面休息，防止车辆启动时伤人。

（3）清理

1）清理垃圾时不得将施工垃圾从高处向下扔。由于楼层里的施工垃圾，内有许多砖头、混凝土块、废扣件、碎钢筋头等物体，如果从高处向下乱扔乱倒，容易发生砸伤人的事故。

2）清理楼层时千万要注意孔洞，遇有地面上铺有盖板时，要注意检查盖板下面是否有孔洞。挪动盖板时要格外小心不要猛掀，可采用两人抬的方法挪开盖板，严禁一边掀一边往前走，以防误入孔洞发生坠落事故。

3）对现场的各类电器、机械设备严禁乱动，不要随便拆解安全网、护身栏及其他安全防护设施。

三、混凝土工、灰土工工种危险预知训练

（1）防止倒塌砸伤

1）搬运袋装水泥时应逐层从上往下阶梯式搬运，严禁从下抽拿，防止水泥倒垛伤人。存放水泥时应压碴码放，并且不要堆放过高，防止散垛倒塌。水泥袋码垛不要紧靠墙壁，防止挤塌墙壁伤人。

2）冬季挖运砂子，严禁掏挖，防止砂堆坍塌伤人。

（2）防止机械伤害

1）向搅拌机料斗倒料时，脚不要蹬在料斗上，防止滑倒伤人。料斗起斗时，操作人员要闪开，防止料斗伤人。清理料斗坑前，要先与机工联系好，拉闸断电并把料斗两个保险钩挂好再进行清理，防止料斗下落伤人。

2）搅拌机运转中不要用工具伸进搅拌筒内扒料，更不准伸入筒内查看，防止机械伤人。发现故障时，要拉闸停机，再请机工修理。

(3) 防止高处坠落

1）浇灌混凝土柱子、大梁时，不要站在模板边缘或支撑上，防止从高处坠落。浇注楼板混凝土时注意脚下钢筋，防止绊倒摔伤及钢筋轧伤。禁止攀登模板上下、防止摔伤。

2）冬季施工打完混凝土楼板后，各类孔洞要有牢固的盖板，然后再盖上其他保温设施，不能用草帘子等覆盖孔洞，防止其他人误入洞口从高处坠落。

3）浇水养护和冬季施工测温时，注意脚下及附近有无孔洞、磕绊物和周边防护。

(4) 防止触电事故

振捣混凝土时，周围环境潮湿、水多，容易发生触电事故，所以使用振捣棒必须要配有漏电保护装置，否则不准使用。操作前，应检查电源线是否有破损。振捣混凝土时，操作人员要穿胶靴、戴绝缘手套。

(5) 防止其他伤害

1）用塔吊运送混凝土时，起吊物下方不得站人，防止料斗突然下降砸伤人。

2）闷灰要佩戴必要的防护用品，如长统胶靴、口罩等。站在灰堆上操作时，脚下要垫木板，不得直接站在石灰里。由于石灰腐蚀性强、温度也高，容易发生烫人事故。插放水管化灰时，脸部不要正对水眼，防止灰中压力较大，灰块从水眼中爆发出来伤人。

3）混凝土工不准代替机工、电工操作或维修机电设备，防止触电伤人。

四、瓦工工种危险预知训练

(1) 防止倒塌

1）在深度超过 1.5m 的基础内砌砖，应检查槽帮有无裂缝、水浸或坍塌现象。如有问题应立即找工长，采取安全措施后再进行施工。运送砖、砂浆要设有溜槽，不准向下猛倒和抛掷。各类工具也不准抛掷，以防止砸伤人。

2）架子上堆砖不得超过三码，防止码砖过重压垮架子或砖垛过高散垛砸伤人。

3）屋面上瓦时应从两坡对称同时进行，以保持屋面受力均衡，否则容易产生屋面倒塌伤人。

4）砌 12m 墙，当高度超过 1.8m 时，要根据情况加固，以防止倒塌。

5）拆除砖墙时不许用人推，防止砖墙倒塌而发生砸伤事故。

(2) 防止高处坠落

1）蹬上脚手架工作前，应先查看脚手板铺得是否严密，探头板、护身栏和挡脚板是否齐全，如有问题应找工长解决后再开始工作。

2）休息时不准坐在护身栏杆上，防止人的重心不稳或栏杆断裂摔伤人。

3）严禁在新砌的砖墙上行走，由于新砌的砖墙砂浆未干还不结实，容易将砖蹬翻，使人体失稳摔下致伤。

4）砌砖时不要站在墙体上掏灰、划线、查看大脚垂直度和清扫墙面，防止发生人员坠落事故。

5）屋面坡度大于 25°时，除外脚手架、脚手板必须铺严绑牢以外，防护栏杆不得低于上沿口 1.5m。由于屋面坡度在大于 25°时，人站在上面处于不平稳状态，容易坠落。

(3) 防止物体打击

1）操作人员打砖时要面向墙里，把砖头打在脚手板上，防止砖头飞出伤人。不得将脚手板上的废砖头向下扔，以免砸伤人。

2）安置过梁时脚要站稳。几个人一起操作时动作要一致，轻起轻放防止砸手。放混凝土过梁时，下方不准有人。

五、木工工种危险预知训练

（1）防止倒塌

1）在坑槽内支模时，先查看槽帮有没有要塌方的现象，防止在支模时塌方伤人。

2）支模应按工序操作，模板没有固定好之前不得进行下道工序，否则模板受外界影响容易倒塌伤人。

（2）防止高处坠落

1）在高处作业支模时，支模人员要做到以下几点：①上下要走梯道，严禁利用模板栏杆、支撑上下；②站在活动平台上支模；③系好安全带；④工具要随手放入工具袋内，禁止抛掷任何物体。

2）安装二层楼以上外墙窗扇时应系好安全带，防止高处坠落，工具要随手放进工具袋内，严禁向窗外抛掷物体，防止砸伤其他人。

3）板条天棚及隔音板容易踩断、踏碎。因此施工人员不得在上面行走，防止踩断人摔下来。必须通行时，应在大楞上铺脚手板。

4）钉屋檐板时应站在脚手架上操作，不准在屋面上探下身体操作，防止摔伤。

5）严禁在石棉瓦上行走，防止因为踩碎石棉瓦而造成高处坠落事故。屋架下没有水平安全网或其他安全设施，不得进行施工。

（3）防止物体打击和机械伤害

1）拆模前应先制定出拆模顺序，每段模板应拆除彻底，不得留有零星模板并应随拆随清，保持道路畅通。拆模时不要猛撬、硬砸模板，防止模板突然下落倒塌砸伤人。更不要为了快拆采取大面积撬落拉倒，造成大面积模板倒塌下落，人员未及时躲闪造成砸伤事故。拆模板时，要防止钉子扎脚。

2）电刨、电锯安全防护装置要完整有效，使用时禁止用手清理刀具，送料要缓慢均匀，防止刀具伤手。电锯锯料时，为了防止木料反弹伤人，应安装分料器。

（4）防止触电事故

动用手持电动工具时，要配有漏电保护装置，操作时要戴绝缘手套。

（5）其他伤害

木工房内刨花、锯末要及时清理，木工房内严禁吸烟，防止引燃刨花、锯末。木工房内空气要畅通，防止锯末粉尘爆炸，并应设消防器具和消防水桶。

六、钢筋工工种危险预知训练

（1）拉直盘条钢筋应单根拉，盘条钢筋拉断将会产生很大的反弹力，容易伤人。几根一起拉时，容易产生一根已被拉断，而其他根尚未拉直的问题。拉钢筋时要用卡头把钢筋卡牢，地锚要牢固，否则在拉钢筋当中，钢筋从卡头脱出或地锚被拉出，也将产生很大的反弹力，容易发生伤人事故。拉筋沿线应设禁区，防止意外伤人。

（2）人工绞磨拉直盘条，要用手推，动作要协调一致，注意脚下磕绊物。松解时要缓慢，不准突然撒手，防止推杆突然快速倒转打伤人。绞磨要设有防回转安全装置，否则不准使用。

(3) 切断圆盘钢筋时要先固定住钢筋，防止钢筋回弹伤人。

(4) 绑扎钢筋应站在操作架上，不要站在钢筋柱下绑扎。在建筑物上运送钢筋时，防止钢筋碰触电线造成触电事故。同时，还要注意防止钢筋打伤人。

(5) 用切断机断料时，手与刀口距离应不少于15cm。操作时要集中注意力，切断钢筋长度最短不应小于40cm。送料时不要用手直接送料，应用套管或钳子夹料，以防伤手。另外，要随时清除切掉的短小钢筋头，防止伤人。

七、抹灰工工种危险预知训练

(1) 抹灰工上架子操作前，应检查脚手板铺得是否严密，探头板、护身栏、挡脚板是否齐全。发现有问题时应找工长解决，自己不得拆改架子。严禁拆除架子与建筑物之间的拉接，防止架子倒塌造成大的事故。

(2) 架子上放料严禁超重，灰桶和其他材料应分散放置，不要集中放置，防止压断脚手板。

(3) 室内抹灰使用的木凳或金属支架应支搭平稳，跨度不得大于2m，防止木凳或金属支架倒塌摔人。在高大窗口前工作时应将窗子关好，加插销或在窗外设置防护措施，以免操作人员从窗口摔出去造成高处坠落事故。

(4) 在阳台部位抹灰时不得踩踏护身栏杆和阳台栏杆，防止踩断护身栏杆和阳台栏杆或由于脚下打滑自失身稳造成坠落。

(5) 在屋面上抹灰时要注意脚下及周围环境，防止从檐口掉下去。周边要设护身栏杆。

八、油漆玻璃工工种危险预知训练

(1) 防止爆燃

1) 汽油、漆料、稀料均是易燃易挥发物质，遇明火或温度过高时会瞬间爆炸燃烧。因此，要单独存放在专用库房内不得与其他材料混放，库房要通风良好。防止库房内易燃易爆气体浓度过高，引起爆炸燃烧易挥发的汽油、稀料应装入密闭容器中，严禁在库房内吸烟。库房内不得住人，严禁使用任何明火。

2) 严禁配料间与库房设置在一起。配料时严禁吸烟，防止易燃物遇明火发生事故。

(2) 防止高处坠落

1) 高处作业时（如刷外开窗扇）应将安全带系在牢固的部位，刷封檐板、漏水管时要站在脚手架或吊架中，安全防护要齐全完好。

2) 使用的人字梯应设有保险链，梯脚底部要有防滑措施，防止人字梯从中间劈开或梯子滑倒造成摔人事故。梯子需要挪动时，人应下来搬动梯子，严禁人站在梯子上挪动梯子，否则容易造成梯倒人摔。

(3) 防止其他伤害

1) 搬运玻璃时应戴手套或用布及厚纸垫好边口，防止玻璃割手。行走时注意脚下障碍物，防止摔伤或玻璃扎手。

2) 安装玻璃时严禁交叉作业，防止上方物体坠落伤及下方作业人员。

3）使用各类型电动工具时，要有漏电保护装置，操作人员要戴绝缘手套。

九、油毡工工种危险预知训练

（1）防止火灾

1）熬制沥青的炉灶位置不应选择在电线的垂直下方，防止烧着电线引起火灾及其他意外事故。灶口与锅台应有 70cm 以上距离，防止从灶口冒出来的火焰点燃锅中的沥青。炉灶旁不得堆放易燃物。临时堆放沥青、燃料的场地离灶口距离不应小于 5m。防止灶口点燃周围易燃物，点火前要经消防部门批准，开具用火证。

2）熬制沥青时，装料不得超过容器容量的 3/4，由于熬油量过多沥青会溢出造成火灾事故。下料可采用顺锅边溜放，防止溅出热沥青烫伤人。

3）熬制沥青应设专人看守，看守人员不要擅离职守。

4）万一锅内沥青油着火千万不能用水浇，这样会使火势扩大。应事先准备好铁板，用铁板盖住锅口并停止鼓风，封闭炉门或用干沙、湿麻袋灭火。

（2）防止烫伤

1）运输热沥青时所用容器盛油量不要超过容器 3/4，防止途中溢出烫伤人。操作人员要戴鞋盖、长袖手套、口罩等防护用品。

2）用肩抬或手推车运输热沥青，应先清理好道路，途中要注意前方，防止撞入或翻车。向上方吊运热沥青时，盛油的容器应加盖封闭，吊运所用绳具一定要结实，吊物垂直下方不得站人。

3）铺贴卷材时，油壶不要距卷材过高，防止热沥青四溅烫伤人。铺贴立面时，不应先封口，防止在压平油毡时热油从两旁溢出烫伤操作人员。

4）配制冷底子油时，要缓慢加放。沥青温度不宜过高，室内通风要好。操作时严禁吸烟，严禁在明火上作业，要远离火源防止发生爆炸事故。

5）下班前应熄灭灶中火，关闭灶门盖好锅盖后方可离开。防止余火引起火灾。

（3）防止中毒

在密闭或半密闭场所进行沥青油毡作业时要防止烟尘中毒，操作地点要保持通风良好。在通风不好的地方（如地下室、管沟等），作业时间不宜过长，应轮换进行操作。

第二部分　施工安全技术管理

第十章　基础工程安全技术措施

第一节　基　础　工　程

一、挖方工程

（1）挖土前根据安全技术交底了解地下管线、人防及其他构筑物情况和具体位置。地下构筑物外露时，必须进行加固保护。作业过程中应避开管线和构筑物。在现场电力、通信电缆2m范围内和现场燃气、热力、给排水等管道1m范围内挖土时，必须在主管单位人员的监护下采取人工开挖。

（2）开挖槽、坑、沟深度超过1.5m，必须根据土质和深度情况按安全技术交底放坡或加可靠支撑，遇边坡不稳、有坍塌危险征兆时必须立即撤离现场并及时报告施工负责人，采取安全可靠排险措施后方可继续挖土。

（3）槽、坑、沟必须设置人员上下坡道或安全梯。严禁攀登固壁支撑上下或直接从沟、坑边壁上挖洞攀登爬上或跳下。间歇时不得在槽、坑坡脚下休息。

（4）挖土过程中遇有古墓、地下管道、电缆或其他不能辨认的异物和液体、气体时，应立即停止作业并报告施工负责人，待查明处理后，再继续挖土。

（5）槽、坑、沟边1m以内不得堆土、堆料、停置机具，堆土高度不得超过1.5m，槽、坑、沟与建筑物、构筑物的距离不得小于1.5m。开挖深度超过2m时必须在周边设两道牢固护身栏杆，并立挂密目安全网。

（6）人工开挖土方，两人横向间距不得小于2m，纵向间距不得小于3m。严禁掏洞挖土，搜底挖槽。

（7）钢钎破冻土、坚硬土时，扶钎人应站在打锤人侧面用长把夹具扶钎，打锤范围内不得有其他人停留。锤顶应平整，锤头应安装牢固。钎子应直且不得有飞刺，打锤人不得戴手套。

（8）从槽、坑、沟中吊运送土至地面时，绳索、滑轮、钩子、箩筐等垂直运输设备、工具应完好牢固。起吊、垂直运送时下方不得站人。

（9）配合机械挖土清理槽底作业时严禁进入铲斗回转半径范围。必须待挖掘机停止作业后，方准进入铲斗回转半径范围内清土。

（10）夜间施工时，应合理安排施工项目，防止挖方超挖或铺填超厚。施工现场应根据需要安装照明设施，在危险地段应设置红灯警示。

（11）挖土方前对周围环境要认真检查，不能在危险岩石或建筑物下面进行作业。

（12）用挖土机施工时，挖土机的工作范围内不得有人进行其他工作，多台机械开挖，挖土机间距应大于10m。挖土要自上而下，逐层进行，严禁先挖坡脚的危险作业。

（13）基坑开挖应严格按要求放坡，操作时应随时注意边坡的稳定情况，如发现有裂纹或部分塌落现象，要及时进行支撑或改缓放坡，并注意支撑的稳固和边坡的变化。

二、回填土工程

（1）装载机作业范围不得有人平土。

（2）打夯机工作前，应检查电源线是否有缺陷和漏电，机械运转是否正常，机械是否装置电开关保护、按“一机一开关”安装，机械不准带病运转，操作人员应戴绝缘手套。

（3）基坑（槽）的支撑，应按回填的速度、施工组织设计及要求依次拆除，即填土时应从深到浅分层进行，填好一层拆除一层，不能事先将支撑拆掉。

三、基坑支护技术

（1）基坑开挖遇有下列情况之一时，应设置坑壁支护结构：

1）因放坡开挖工程量过大而不符合技术经济要求；

2）因附近有建（构）筑物而不能放坡开挖；

3）边坡处于容易丧失稳定的松散土或饱和软土；

4）地下水丰富而又不宜采用井点降水的场地；

5）地下结构的外墙为承重的钢筋混凝土地下连续墙。

（2）基坑支护结构，应根据开挖深度、土质条件、地下水位、邻近建（构）筑物、施工环境和方法等情况进行选择和设计。大型深基坑可选用钢木支撑、钢板桩围堰、地下连续墙、排桩式挡土墙、旋喷墙等作结构支护，必要时应设置支撑或拉锚系统予以加强。在地下水丰富的场地宜优先选用钢板桩围堰、地下连续墙等防水较好的支护结构。

（3）采用钢（木）坑壁支撑时应随挖随撑，且加以撑牢。坑壁支撑宜选用正规材料，木支撑应采用松木或杉木，不宜采用杂木。随着土压力的增加，支撑结构将发生变形，故应经常注意检查，如有松动、变形现象时应及时进行加固或更换。加固方法可用三角木楔打紧受力较小的横撑或增加立木及横撑等。在雨季或化冻期更应加强检查。

（4）钢（木）支撑的拆除，应按回填次序进行。多层支撑应自下而上逐层拆除，随拆随填。拆除支撑时，应防止附近建筑物和构筑物等产生下沉和破坏，必要时采取加固措施。

（5）采用钢（木）板桩、钢筋混凝土预制桩或灌注桩作坑壁支撑时，应符合下列要求：

1）应尽量减少打桩时产生的振动和噪声对邻近建筑物、构筑物、仪器设备和城市环境的影响。

2）桩的制作、运输、打桩或灌注桩的施工安全要求应按相关规范的有关要求执行。

3）当土质较差，开挖后土可能从桩间挤出时，宜采用啮合式板桩。

4）在桩附近挖土时，应防止桩身受到损伤。

5）采用钢筋混凝土灌注桩时，应在桩的混凝土强度达到设计强度等级后方可挖土。

6）拔除桩后的孔穴应及时回填和夯实。

（6）采用钢（木）板桩、钢筋混凝土桩做坑壁支撑并加设锚杆时，应符合下列要求：

1）锚杆宜选用螺纹钢筋，使用前应清除油污和浮锈，以便增强黏结的握裹力和防止发生意外。

2）锚固段应设置在稳定性较好的土层或岩层中，长度应大于或等于计算规定。

3）钻孔时不得损坏已有的管沟、电缆等地下埋设物。

4）施工前应做抗拔试验，测定锚杆的抗拔拉力，验证可靠后方可施工。

5）锚固段应用水泥砂浆灌注密实。

6）应经常检查锚头紧固和锚杆周围的土质情况。

（7）采用旋喷或定喷的防渗墙作基坑开挖的支护时，应事先提出施工方案，旋喷注浆的施工安全应符合下列要求：

1）施钻前应对地下埋设的管线调查清楚，以防地下管线受损发生事故。

2）高压液体和压缩机管道的耐久性应符合要求，管道连接应牢固可靠，防止软管破裂、接头断开，导致浆液飞溅和软管甩出伤人。

3）操作人员必须戴防护眼镜，防止浆液射入眼睛内。如有浆液射入眼睛时，必须用清水进行充分冲洗并及时到医院治疗。

4）使用高压泵前，应对安全阀进行检查和测定，其运行必须安全可靠。

5）电动机运转正常后，方可开动钻机，钻机操作必须专人负责。

6）应有防止高压水或高压浆液从风管中倒流进入储气罐的安全措施。

7）施工完毕或下班后，必须将机具、管道冲洗干净。

（8）采用锚杆喷射混凝土做深基坑开挖的支护结构时，其施工安全和防尘措施应符合下列要求：

1）施工前应认真进行技术交底，应认真检查和处理锚喷支护作业区的危石。施工中应明确分工，统一指挥。

2）施工机具应设置在安全地带，各种设备应处于完好状态，张拉设备应牢靠，张拉时应采取防范措施防止夹具飞出伤人。机械设备的运转部位应有安全防护装置。

3）在第Ⅳ、Ⅴ类围岩中进行锚喷支护施工时，应遵守下列要求：

①锚喷支护必须紧跟工作面；

②应先喷后锚，喷射混凝土厚度不应小于50mm，喷射作业中应有专人随时观察围岩变化情况；

③锚杆施工宜在喷射混凝土终凝3h后进行。

4）施工中应定期检查电源电路和设备的电气部件，电气设备应设接地、接零，并由持证人员安装、操作，电缆、电线必须架空，严格遵守《施工现场临时用电安全技术规范》（JGJ 46—88）中的有关规定，确保用电安全。

5）锚杆钻机应安设安全可靠的反力装置。在有地下承压水地层中钻进，孔口必须安设可靠的防喷装置，一旦发生漏水、涌砂时能及时堵住孔口。

6）喷射机、水箱、风包、注浆罐等应进行密封性能和耐压试验，合格后方可使用。喷射混凝土施工作业中，要经常检查出料弯头、输料管、注浆管和管路接头等有无磨薄、击穿或松脱现象，发现问题应及时处理。

7）处理机械故障时，必须使设备断电、停风。向施工设备送电、送风前应通知有关人员。

8）喷射作业中处理堵管时应将输料管顺直，必须紧按喷头防止摆动伤人，疏通管路的工作风压不得超过0.4MPa。

9）喷射混凝土施工用的工作台应牢固可靠，并应设置安全护栏。

10）向锚杆孔注浆时，注浆罐内应保持一定数量的砂浆以防罐体放空，砂浆喷出伤人。

11）非操作人员不得进入正在进行施工的作业区。施工中，喷头和注浆管前方严禁站人。

12）施工前操作人员的皮肤应避免与速凝剂、树脂胶泥直接接触，严禁树脂胶接触明火。

13）钢钎喷射混凝土施工中应采取措施，防止钢钎扎伤操作人员。

四、降低地下水位的安全技术要求

（1）开挖低于地下水位的基坑（槽）、管沟和其他挖方时，应根据施工区域内的工程地质、水文地质资料、开挖范围和深度，以及防塌陷防流砂的要求，分别选用集水坑降水、井点降水或两者结合降水等措施降低地下水位，施工期间应保证地下水位经常低于开挖底面0.5m以上。

（2）基坑顶四周地面应设置截水沟。坑壁（边坡）处如有阴沟或局部渗漏水时，应设法堵截或引出坡外，防止边坡受冲刷而坍塌。

（3）采用集水坑降水时，应符合下列要求：

1）根据现场地质条件，应能保持开挖边坡的稳定。

2）集水坑和集水沟一般应设在基础范围以外，防止地基土结构遭受破坏，大型基坑可在中间加设小支沟与边沟连通。

3）集水坑应比集水沟、基坑底面深一些，以利于集排水。

4）集水坑深度以便于水泵抽水为宜，坑壁可用竹筐、钢筋网外加碎石过滤层等方法加以围护，防止堵塞抽水泵。

5）排泄从集水坑抽出的泥水时，应符合环境保护要求。

6）边坡坡面上如有局部渗出地下水时，应在渗水处设置过滤层，防止土粒流失并应设置排水沟，将水引出坡面。

7）土层中如有局部流砂现象，应采取防止措施。

（4）采用井点降水时，应根据含水层土的类别及其渗透系数、要求降水深度、工程特点、施工设备条件和施工期限等因素进行技术经济比较，选择适当的井点装置。

（5）降水前，应考虑在降水影响范围内的已有建筑物和构筑物可能产生的附加沉降、位移或供水井水位下降，以及在岩溶土洞发育地区可能引起的地面塌陷，必要时应采取防护措施。在降水期间，应定期进行沉降和水位观测并做出记录。

（6）在第一个管井井点或第一组轻型井点安装完毕后，应立即进行抽水试验，如不符合要求时，应根据试验结果对设计参数做适当调整。

（7）采用真空泵抽水时管路系统应严密，确保无漏水或漏气现象，经试运转后方可正式使用。

(8) 降水期间应经常观测并记录水位，以便发现问题及时处理。

(9) 井点降水工作结束后所留的井孔，必须用砂砾或黏土填实。如井孔位于建筑物或构筑物基础以下，且设计对地基有特殊要求时，应按设计要求回填。

(10) 在地下水位高而采用板桩作支护结构的基坑内抽水时，应注意因板桩的变形、接缝不密或桩端处渗水等原因而造成渗水量大的情况，必要时应采取有效措施堵截板桩的渗漏水，防止因抽水过多使板桩外的土随水流入板桩内，从而掏空板桩外原有建（构）筑物的地基，危及建（构）筑物的安全。

第二节　桩　基　工　程

一、基本安全要求

(1) 进入施工现场的人员应戴好安全帽，施工操作人员应穿戴好必要的劳动防护用品。

(2) 凡患有高血压及视力不佳等症的人员，不得进行机上作业。

(3) 施工现场应全面规划，并有施工现场平面布置图。其现场道路应平坦、坚实、畅通，交叉点及危险地区，应设置明显标志。打桩场地必须平整、坚实，以利于桩机运行。

(4) 各种机电设备的操作人员都必须经过专业培训，懂得本机械的构造、性能、操作规程，能维护保养和排除一般故障。

(5) 驾驶人员及操作者，须领取经有关部门批准的驾驶证或操作证后方可开车。禁止其他人员擅自开车或开机。

(6) 电气设备的电源应按有关规定架设安装。电气设备均须有良好的接地接零，接地电阻不大于4Ω，并装有可靠的触电保护装置。

(7) 机械司机在施工操作时应集中思想，服从指挥信号，不得随意离开岗位并经常注意机械运转是否正常，发现异常应立即纠正。

(8) 打桩前邻近施工范围内的已有建筑物、构筑物等必须经过检查，必要时应采取加固措施，以确保施工安全。

二、钢筋混凝土预制桩

(1) 打桩前，桩头的衬垫严禁用手拨正，不得在桩锤未落到桩顶就起锤，或过早刹车。

(2) 登上机架高空作业时应有防护措施，工具、零件严禁下抛。

(3) 硫磺胶泥的原料及制品在运输、储存和使用时应注意防火，熬制胶泥时操作人员应穿戴防护用品，熬制场地应通风良好，胶泥浇注后，上节柱应缓缓下放防止胶泥飞溅。

(4) 定期检查钢丝绳的磨损情况和其他易损部件，如发现问题及时更换。

(5) 每天下班后，应有专人负责关闭、切断电源。

(6) 施工时应遵守施工现场的常规建筑安装工程安全操作规程和国家有关安全法规、规则、条例等。

三、锚杆静压桩

（1）锚杆静压桩施工前应对有关人员进行技术培训和安全教育。

（2）机械设备必须实行专机专人持证操作，严格执行交接班制度和机具保养制度。

（3）熬制硫磺胶泥的操作人员必须穿戴好必要的防护用品，不准赤膊和光脚，防止胶泥溅伤。半成品胶泥的运输和储存，应做到单独存放，防湿、避高温，熬胶工棚应做到防火、防漏和通风良好。

（4）锚杆静压桩施工用电，应认真执行施工现场用电安全规定。电动葫芦的电线应安置在桩架以外，严禁与电动葫芦的铁链相互摩擦，以致损坏伤人。电动葫芦、油压泵的用电应配备专用电箱，并应配备漏电保护器。专用电箱应防漏、防潮，夜间施工应有足够照明。

（5）应经常检查和维修压桩机具，并建立安全员负责制。对设备、电路等进行全面检查，对压力表应定期检查、标定，合格后方可使用。

（6）安装锚杆静压桩桩架时，应首先固定桩架与锚杆的连接螺栓。桩架顶端连接板安装应两人同时操作（一人扶正连接板，一人安装连接板与桩架的螺栓）。安装连接板及电动葫芦应搭设简易脚手架，铺好脚手板，电动葫芦的吊钩与桩架连接板上的挂钩要有保险装置。

（7）桩段搬运起吊时，起桩架安装应稳妥，吊索与桩段应保持垂直，操作人员应扶住桩段两头，使桩段保持平稳。拉动葫芦的操作人员站立位置应与桩段离开一段距离，以防桩段坠落伤人。

（8）压桩时千斤顶位置应置于钢梁中心，钢梁应置于钢销子中心，钢销子后跟应顶紧桩架孔，防止钢销子脱孔造成事故。

（9）每天下班后，应有专人负责关闭、切断电源。

四、人工挖孔灌注桩

（1）每日开工前应检测井下有无危害气体和不安全因素，孔深大于 10m 以及腐质土层较厚时，应有专门送风设备，风量不应小于 25L /s，向桩孔内作业面送入新鲜空气。桩孔下爆破后，必须向桩孔内送风，或向桩孔内均匀喷水，使炮烟全部排除或凝聚沉落后，才能下桩孔内作业。当桩孔内土层中含有害气体及有机物质较多时除加强通风处，还应对有害气体加强监测。

（2）桩孔口应严格管理。桩孔口应设置高于地面 200mm 的护板，防止地面石子或其他杂物等被踢入桩孔中。地面孔口四周必须有护栏，高度不低于 800mm。无关人员不得靠近桩孔口，桩孔口机械操作人员不准离开岗位。口袋内不得放置物品（如钥匙、钢笔、怀表、打火机、小型工具、玩物等），以防坠入桩孔中。

（3）桩孔下作业人员必须戴好安全帽、穿好绝缘胶鞋。桩孔口与下部作业人员应有可靠的联络设施。如桩孔口管理混乱，桩孔内应立即停止作业回到地面上。地面孔口作业人员需待井下作业人员上来后方可离岗。

（4）用常规法（包括先封底法）浇灌桩身混凝土，桩孔上口必须密封（仅留漏斗口），其最大间隙不得超过 3m，密封板及方木应有足够的强度，以确保下部作业人员安全。串筒应用 8 号镀锌铁丝加固扎牢，串筒下口应临时拉牢防止串筒摆动伤人。密封后应加强向桩孔内送风，或在桩孔口密封平台上预设高度大于1m的通风。

(5) 桩孔洞口上应设置悬挂软梯，并随桩孔深度放长，以备意外情况时有关人员能顺利上下。正常情况下，操作人员上下应乘坐吊篮或专用吊桶。开机人员应专机专人并持证上岗，集中思想认真注意桩孔内一切动态，电器开关不得离手。吊钩应有弹簧式脱钩装置，防止翻桶、翻篮、脱钩等恶性事故发生。严禁站在装渣桶边缘口上下。垂直运输机具和装置，必须配有自动卡紧保险装置。

(6) 装渣桶、吊篮、吊桶上下用电动葫芦提放，上下应对准桩孔中心。

(7) 在任何情况下严禁提升设备超载运行，上、下班前应对提升架及轨道进行检查，工作时发现异常情况应立即停止工作，找出原因，认真检修，不准带病运转。

(8) 吊放钢筋入桩孔时，应绑紧系牢（下口宜用铁盘兜住），确保不溜脱坠落。应待钢筋吊入桩孔底后，才能下人进入桩孔解钩。

(9) 在桩孔内绑扎钢筋骨架时，操作平台方木必须放在实处（可放在混凝土护壁突出面上或钢筋骨架加强环筋上），并与平台木板钉牢，防止方木滑动位移、平台坠落。

(10) 桩孔下照明应采用安全矿灯或12V低压电源。进入桩孔内的所有电器及用电设备均应接零接地，电线必须绝缘。拉动电线时禁止与一切硬物产生摩擦。电器开关应集中在桩孔口，并应装置漏电保护器防止漏电触电事故。一旦发现漏电，必须迅速拉闸断电，值班电工必须对所有电气设备及线路加强检查维修，及时发现问题、妥善处理。

(11) 桩孔内的抽水管、通风管、电线等应妥善处理并临时固定，一般应沿壁敷设以防装渣桶及吊篮（吊桶）上下时挂住或撞断，引起事故。

(12) 由桩孔中排出的土渣应及时运走，不得堆在孔口周围，如需临时堆放应距孔口5m以外，且不得堆积过多，以防塌孔。

(13) 桩孔内爆破处理孤石或基岩时，应由取得爆破操作证的技术工人操作。爆破后间歇时间不得小于45min，经检查确认桩孔壁无松动石块、土块，护壁完好后方可下桩孔作业。

(14) 成孔间隙期及混凝土浇灌完成后孔口应加盖。

第十一章　钢筋、混凝土及模板工程安全技术措施

第一节　钢　筋　工　程

一、钢筋存放与加工

(1) 钢筋运输与堆放安全要求

1) 人工搬运钢筋时步伐要一致。当上下坡（桥）或转弯时要前后呼应，步伐稳慢。注意钢筋头尾摆动，防止碰撞物体或打击人身，特别防止碰挂周围和上下的电线。上肩或卸料时要互相打招呼，注意安全。

2) 人工垂直传递钢筋时，送料人应站立在牢固平整的地面或临时构筑物上，接料人应有护身栏杆或防止前倾的牢固物体，必要时系好安全带。

3) 机械垂直吊运钢筋时应捆扎牢固，吊点应设在钢筋束的两端。有困难时才在该束钢筋的重心处设吊点，钢筋要平稳上升，不得超重起吊。

4) 起吊钢筋或钢筋骨架时下方禁止站人，待钢筋骨架降落至离楼地面或安装标高 1m 以内，人员方准靠近操作。待就位放稳或支撑好后，方可摘钩。

5) 临时堆放钢筋不得过分集中，应考虑模板或桥道的承载能力。在新浇注楼板混凝土凝固强度尚未达到 1.2MPa 以前，严禁堆放钢筋。

6) 钢筋在运输和储存时，必须保留标牌，并按批分别堆放整齐，避免锈蚀和污染。

7) 钢筋切勿碰触电源，严禁钢筋靠近高压线路，钢筋与电源线路应保持安全距离。

(2) 钢筋加工安全要求

1) 作业前必须检查机械设备、作业环境、照明设施等，并且试运行符合安全要求。

2) 脚手架上不得集中码放钢筋，应随使用随运送。

3) 操作人员必须熟悉钢筋机械的构造性能和用途。并应按照清洁、调整、紧固、防腐、润滑的要求，维修保养机械。

4) 机械运行中停电时应立即切断电源。收工时应按顺序停机、拉闸，锁好闸箱门，清理作业场所。电路故障必须由专业电工排除，严禁非电工接、拆、修电气设备。

5) 操作人员作业时必须扎紧袖口，理好衣角，扣好衣扣，严禁戴手套。女职工应戴工作帽，将头发挽入帽内不得外露。

6) 机械明齿轮、皮带轮等高速运转部分，必须安装防护罩或防护板。

7) 电动机械的电闸箱必须按规定安装漏电保护器，并应灵敏有效。

8) 工作完毕后，应用工具将铁屑、钢筋头清除，严禁用手擦抹或嘴吹。切好的钢材、半成品必须按规格码放整齐。

二、钢筋绑扎与安装

（1）基本安全要求

1）在高处（2m 或 2m 以上）、深坑绑扎钢筋和安装钢筋骨架时，必须搭设脚手架或操作平台，临边应搭设防护栏杆。

2）绑扎立柱和墙体钢筋时，不得站在钢筋骨架上或攀登骨架上下。

3）绑扎在建施工工程的圈梁、挑梁、挑檐、外墙和边柱等钢筋时，应站在脚手架或操作平台上作业。无脚手架必须搭设水平安全网。悬空大梁钢筋的绑扎，必须站在满铺脚手板或操作平台上操作。

4）绑扎基础钢筋，应设钢筋支架或马凳，深基础或夜间施工应使用低压照明灯具。

5）钢筋骨架安装，下方严禁站人，必须待骨架降落至楼、地面 1m 以内方准靠近，就位支撑好，方可摘钩。

6）绑扎和安装钢筋，不得将工具、箍筋或短钢筋随意放在脚手架或模板上。

7）在高处楼层上拉钢筋或钢筋调向时，必须事先观察运行上方或周围附近是否有高压线，严防碰触。

（2）钢筋绑扎高处作业安全技术措施

1）悬空作业处应有牢靠的立足处，并必须视具体情况，配置防护网、栏杆或其他安全设施。悬空作业所用的索具、脚手板、吊篮、吊笼、平台等设备，均需经过技术鉴定或检证后方可使用。

2）钢筋断料、配料、弯料等工作应在地面进行，不准在高空操作。

3）搬运钢筋要注意附近有无障碍物、架空电线和其他临时电气设备，防止钢筋在回转时碰撞电线或发生触电事故。

4）起吊钢筋骨架下方禁止站人，必须待骨架降到距模板 1m 以下时才准靠近，就位支撑好方可摘钩。

5）不得将钢筋集中堆在模板和脚手板上，也不要把工具、钢箍、短钢筋随意放在脚手板上，以免滑下伤人。

6）绑扎钢筋和安装钢筋骨架时，必须搭设脚手架和马道。

7）绑扎圈梁、挑梁、挑檐、外墙和边柱等钢筋时，应搭设操作台架和张挂安全网。

8）悬空大梁钢筋的绑扎，必须在满铺脚手板的支架或操作平台上操作。

9）绑扎立柱和墙体钢筋时，不得站在钢筋骨架上或攀登骨架上下。3m 以内的柱钢筋，可在地面或楼面上绑扎，整体竖立。绑扎 3m 以上的柱钢筋，必须搭设操作平台。

10）雷雨时必须停止露天操作，预防雷击钢筋伤人。

（3）钢筋冷拉安全技术措施

1）根据冷拉钢筋的直径，合理选用卷扬机，卷扬钢丝绳应经封闭式导向滑轮并和被拉钢筋方向成直角。卷扬机的位置必须使操作人员能见到全部冷拉场地，距离冷拉中线不小于 5m。

2）作业前应检查冷拉夹具，夹齿必须完好，滑轮、拖拉小车应润滑灵活，拉钩、地锚及防护装置均应齐全牢固，确认良好后方可作业。

3）卷扬机操作人员必须看到指挥人员发出信号，并待所有人员离开危险区后方可作业。冷拉应缓慢、均匀地进行，随时注意停车信号或见到有人进入危险区时，应立即停拉，并稍稍放松卷扬钢丝绳。

4）作业后，应放松卷扬钢丝绳，堆放好成品，清理场地，切断电源，锁好电闸箱。

第二节　混凝土工程

一、基本要求

（1）脚手架、工作平台和斜道应绑扎牢固。若有探头板应及时绑扎搭好，脚手架上的钉子等障碍物应清除干净。高处作业或较深的地下作业，必须设有供操作人员上下的走道。

（2）浇注地下工程的混凝土前，应检查土边坡有无裂缝、坍塌等现象。

（3）夜间施工应有足够的照明，临时电线必须架空在2.5m以上。在深坑和潮湿地点施工必须使用低压安全照明。

（4）所有电气设备的修理拆换工作应由电工进行，严禁混凝土操作工自行拆动。

（5）材料及混凝土的运输机具应坚实牢固，轴承应经常加油。

二、自拌混凝土浇捣作业措施

（1）混凝土搅拌站后台的装置及龙门吊等应安设牢固，搅拌前应经试运转证明机械各部位工作正常，方可正式搅拌。

（2）临时跳板和走道应搭设牢固。运输道的宽度，单行道应比手推车及机动翻斗车的宽度宽400mm以上，双行道应比两辆车的宽度宽700mm以上。

（3）用手推车运料应依次行走，不得拥挤、抢先。向搅拌机或料斗内倒料时，不得用力过猛和将车辆脱把。

（4）用手推车运输混凝土在下坡道、天桥上或跨越坑槽的走道上时必须缓慢，防止碰撞伤人和翻车。空车返回时不得将车拖在身后奔跑，以防滑倒和翻车。用翻斗车运输时，应由专业驾驶人员驾驶。

（5）自卸车卸混凝土或砂、石时，应在现场有关人员指定的地点卸料，开倒车时应有专人指挥。起落自卸车斗时，应有专人指挥。

（6）在上料平台上的卸料人员不得将头、手、脚伸入井架内，严禁在拔杆下站人。运行中途若发生故障，必须停车修理。

（7）浇注离地2m以上的框架、过梁、雨篷和小平台时，应设操作平台，不得直接站在模板或支撑件上操作。

（8）浇注拱形结构，应自两边拱脚对称地相向进行。浇注储仓下口应先行封闭，并搭设脚手架以防人员坠落。

（9）特殊情况下如无可靠的安全设施，必须系好安全带并扣好保险钩，或架设安全网。

（10）地下工程深度超过3m时，应设混凝土溜槽。滑放混凝土时应上下配合。

（11）浇注无板框架的梁、柱混凝土时应搭设脚手架，并应附设防护栏杆，不得站在模板上操作。

（12）浇捣圈梁、挑檐、阳台、雨篷混凝土时，外脚手架上应加设护身栏杆。

（13）使用振动机前应检查电源电压，输电必须安装漏电开关，保护电源线路是否良好，电源线不得有接头，机械运转是否正常。振动机移动时不能硬拉电线，更不能在钢筋和其他锐利物上拖拉，防止割破拉断电线而造成触电伤亡事故。

（14）用草帘或草袋覆盖混凝土时，构件表面的孔洞部位应有封堵措施并设置明显标志，以防操作人员跌落受伤。草帘和草袋等用完后应随时清理，堆放到指定地点，并应在堆置地点设置消防设施。

（15）在大风雪或暴风、雷雨的情况下（6级风以上），不得在露天进行高空作业。气温较低（-15℃左右），又在高空或迎风方向连续作业时应加强保暖，必要时休息取暖。

（16）应经常检查脚手架的接头处是否牢固，检查安全防护设置是否齐全，是否因冰、雪、风、雨的影响而松动下沉。走道及跳板通道，应经常清扫或进行防滑处理。

（17）酒后及患有高血压、心脏病、癫痫症的人员，严禁参加高空作业。

三、商品混凝土浇捣作业安全技术措施

（1）泵送设备放置应离基坑边缘保持一定距离。在布料杆动作范围内无障碍物，无高压线。

（2）水平泵送的管道敷设线路应接近直线、少弯曲，管道与管道支撑必须紧固可靠，管道接头处应密封可靠。“Y”形管道应装接锥形管。

（3）严禁将垂直管道直接装接在泵的输出口上，应在垂直管架设的前端装接长度不小于10m的水平管，水平管近泵处应装逆止阀。敷设向下倾斜的管道时，下端应装接一段水平管，其长度至少为倾斜管高低差的5倍，否则应采用弯管等办法，增大阻力。如倾斜度较大，必要时应在坡度上端装置排气活阀，以利排气。

（4）支腿应全部伸出并支固，未支固前不得启动布料杆。布料杆升离支架后方可回转。布料杆伸出时应按顺序进行。严禁用布料杆起吊或拖拉物件。

（5）当布料杆处于全伸状态时，严禁移动车身。作业中需要移动时，应将上段布料杆折叠固定，移动速度不超过10km/h。布料杆不得使用超过规定直径的配管，装接的软管应系防脱安全绳带。

（6）应随时监视各种仪表和指示灯，发现不正常应及时调整或处理。如出现输送管道堵塞时，应进行逆向运转使混凝土返回料斗，必要时应拆管排除堵塞。

（7）泵送工作应连续作业，必须暂停时应每隔5~10min（冬季3~5min）泵送一次。若停止较长时间后泵送时，应逆向运输1~2个行程，然后顺向泵送。泵送时料斗内应保持一定量的混凝土，不得吸空。

（8）应保持水箱内储满清水，发现水质混浊并有较多砂粒时应及时检查处理。

（9）泵送系统受压力时，不得开启任何输送管道和液压管道。液压系统的安全阀不得任意调整，蓄能器只能充入氮气。

（10）其他各项要求参见本节“二”部分（7）~（17）内容。

四、混凝土养护安全要求

（1）使用覆盖物养护混凝土时，预留孔洞必须按规定设牢固盖板或围栏，并设安全

标志。

(2) 使用电热法养护应设警示牌、围栏，无关人员不得进入养护区域。

(3) 用软管浇水养护时，应将水管接头连接牢固，移动皮管不得猛拽，不得倒行拉移皮管。

(4) 蒸汽养护、操作和冬施测温人员，不得在混凝土养护坑（池）边沿站立和行走。应注意脚下孔洞与磕绊物等。

(5) 覆盖物养护材料使用完毕后，必须及时清理并存放到指定的地点，码放整齐。

第三节 模 板 工 程

一、模板安装

(1) 进入施工现场的操作人员必须戴好安全帽，系好帽带。操作人员严禁穿硬底鞋及有跟鞋作业。

(2) 高处和临边洞口作业应设护栏，张安全网，如无可靠防护措施必须佩戴安全带，系好带扣。高空、复杂结构模板的安装与拆除，事先应有切实的安全措施。

(3) 工作前应先检查使用的工具是否牢固，扳手等工具必须用绳链系挂在身上，钉子必须放在工具袋内，以免掉落伤人。工作时要思想集中，防止钉子扎脚和空中滑落。

(4) 安装模板时操作人员应有可靠的落脚点，并应站在安全地点进行操作，避免上下在同一垂直面工作。操作人员要主动避让吊物，增强自我保护和相互保护的安全意识。

(5) 支模应按规定的作业程序进行，模板未固定前不得进行下一道工序。严禁在连接件和支撑件上攀登上下。

(6) 支模时，操作人员不得站在支撑上，而应设立人板，以便操作人员站立。立人板应用木质中板为宜，并适当绑扎固定。不得用钢模板或5cm×10cm的木板。

(7) 支模过程中，如需中途停歇，应将支撑、搭头、柱头板等钉牢。拆模间歇时，应将已活动的模板、牵杠、支撑等运走或妥善堆放，防止因踏空、扶空而坠落。模板上有预留洞者，应在安装后将洞口盖好，混凝土板上的预留洞，应在模板拆除后即将洞口盖好。

(8) 竖向模板和支架的支撑部分，当安装在基土上时应加设垫板，且基土必须坚实并有排水措施。对湿陷性黄土须有防水措施，对冻胀性土必须有防冻融措施。

(9) 模板及其支架在安装过程中，必须设置防倾覆的临时固定设施。

(10) 现浇多层房屋和构筑物，应采取分段支模的方法：

1) 下层楼板应具有承受上层荷载的承载能力或加设支架支撑。

2) 上层支架的立柱应对准下层支架的立柱，并铺设垫板。

3) 当采用悬吊模板、桁架支模方法时，其支撑结构的承载能力和刚度必须符合要求。

(11) 当层间高度大于5m时，宜选用桁架支模或多层支架支模。当采用多层支架支模时，支架的横垫板应平整，支柱应垂直，上下层支柱应在同一竖向中心线上。

(12) 支设高度在3m以上的柱模板，四周应设斜撑，并应设立操作平台，低于3m的可用马凳操作。

(13) 支撑、牵杠等不得搭在门窗框和脚手架上。通路中间的斜撑、拉杆等应设在

1.8m 高度以上。

(14) 两人抬运模板时要互相配合，协同工作。传递模板、工具应用索具系牢，采用垂直升降机械运输，不得乱抛，组合钢模板装拆时，上下有人接应。钢模板及配件应随装拆随运送，严禁从高处掷下。高空拆模时，应有专人指挥。地面应标出警戒区，用绳子和红白旗加以围栏，暂停人员过往。

(15) 模板上施工时，堆物（钢模板等）不宜过多，且不宜集中一处。

(16) 大模板施工时，存放大模板必须要有防倾措施。封柱子模板时，不准从顶部往下套。

(17) 地下室顶模板，支撑还另需考虑机械行走、材料运输、堆物等额外载荷的要求，顶撑及模板的排列必须考虑施工荷载的要求。

(18) 高空作业要搭设脚手架或操作台，上、下要使用梯子、不许站立在墙上工作，不准在大梁底膜上行走。

(19) 遇 6 级以上的大风时，应暂停室外的高空作业，雪、雷、雨后应先清扫施工现场，待地面路干不滑时再恢复工作。

二、滑模施工

(1) 滑模施工设计时，必须注意施工过程中结构的稳定和安全。

(2) 滑模施工工程操作人员的上下，应设置可靠楼梯或在建筑物内及时安装楼梯。

(3) 采用降模法施工现浇楼板时，各吊点应加设保险钢丝绳。

(4) 滑模施工中，应严格按施工组织设计要求分散堆载，平台不得超载且不应出现不均匀堆载的现象。

(5) 施工人员必须服从统一指挥，不得擅自操作液压设备和机械设备。

(6) 滑模施工场地应有足够的照明，操作平台上的照明采用 36V 低压电灯。

(7) 凡患有高血压、心脏病及医生认为不适于高空作业者，不得参加滑模施工。

(8) 应遵守施工安全操作规程有关规定。

(9) 滑模平台在提升前应对全部设备装置进行检查，调试妥善后方可使用，重点放在检查平台的装配、节点、电气及液压系统。

(10) 平台内、外吊脚手架使用前，应一律安装好轻质牢固的安全网，并将安全网靠紧筒壁，经验收后方可使用。

(11) 为了防止高空物体坠落伤人，筒身内底部，一般在 2.5m 处搭设保护棚，保护棚应坚固可靠，并在上部铺一层 6 ~ 8mm 钢板防护。

(12) 避雷设备应有接地线装置，平台上振动器、电机等应接地。

(13) 通风设备除电铃和信号灯外，还应装备 3 ~ 4 台步话机。

(14) 滑模在提升时，应统一指挥，并有专人负责量测千斤顶，滑升时出现不正常情况，应立即停止滑升，找出原因，并制定相应措施后方可继续滑升。

三、模板拆除

(1) 侧模，在混凝土强度能保证其表面及棱角不因拆除模板而受损坏后方可拆除。

(2) 底模，应在同一部位同条件养护的混凝土试块强度达到要求时方可拆除（见

表 11-1）。

（3）拆除高度在 5m 以上的模板时，应搭设脚手架，并设防护栏杆，防止上下在同一垂直面操作。

现浇结构拆模时所需混凝土强度 **表 11-1**

结构类型	结构跨度/m	按设计的混凝土强度标准值的百分率计/%
板	≤2	50
	>2，≤8	75
	>8	100
梁、拱、壳	≤8	75
	>8	100
悬臂构件	≤2	75
	>2	100

注：本表中“设计的混凝土强度标准值”系指与设计混凝土强度等级相应的混凝土立方体抗压强度标准值。

（4）模板支撑拆除前，混凝土强度必须达到设计要求，并经申报批准后才能进行。拆除模板一般用长撬棒，人不许站在正在拆除的模板上。在拆除楼板模板时，要注意整块模板掉下，尤其是用定型模板做平台模板时更要注意，防止模板突然全部掉落伤人。

（5）拆模时必须设置警戒区域，并派人监护。拆模必须拆除干净彻底，不得保留有悬空模板。拆下的模板要及时清理，堆放整齐。高处拆下的模板及支撑应用垂直升降设备运至地面，不得乱抛乱扔。

（6）拆模时临时脚手架必须牢固，不得用拆下的模板做脚手架。

（7）脚手板搁置必须牢固平整，不得有空头板，以防踏空坠落。

（8）拆除的钢模板做平台底模时，不得一次将顶撑全部拆除，应分批拆下顶撑，然后按顺序拆下搁栅、底模，以免发生钢模在自重荷载下一次性大面积脱落。

（9）预应力混凝土结构构件模板的拆除，除应符合规范 GB 50204—92 第 2.4.1 条或第 2.4.2 条的规定外，侧模应在预应力张拉前拆除，底模应在结构构件建立预应力后拆除。

（10）已拆除模板及其支架的结构，在混凝土强度符合设计混凝土强度等级的要求后，方可承受全部使用荷载。当施工荷载所产生的效应比使用荷载的效应更为不利时，必须经过核算，加设临时支撑。

（11）预制构件模板拆除时的混凝土强度，应符合设计要求。当设计无具体要求时，应符合下列规定：

1）侧模。在混凝土强度能保证构件不变形、棱角完整时，方可拆除。

2）芯模或预留孔洞的内膜。在混凝土强度能保证构件和孔洞表面不发生塌陷和裂缝后，方可拆除。

3）底模。当构件跨度不大于 4m 时，在混凝土强度符合设计的混凝土强度标准值的 50%的要求后方可拆除；当构件跨度大于 4m 时，在混凝土强度符合设计的混凝土强度标准值的 75%的要求后方可拆除。

四、大模板的堆放、安装和拆除

（1）平模存放时应满足地区条件要求的自稳角，两块大模板应采取板面对板面的存放方法，长期存放模板，并将模板换成整体。大模板存放在施工楼层上，必须有可靠的防倾倒措施。不得沿外墙围边放置，并垂直于外墙存放。没有支撑或自稳角不足的大模板，要存放在专用的堆放架上或者平堆放，不得靠在其他模板或物件上，严防下脚滑移倾倒。

（2）模板起吊前，应检查吊装用绳索、卡具及每块模板上的吊环是否完整有效，并应先拆除一切临时支撑，经检查无误后方可起吊。模板起吊前应将吊车的位置调整适当，做到稳起稳落，就位准确，禁止用人力搬动模板，严防模板大幅度摆动或碰倒其他模板。

（3）筒模可用拖车整体运输，也可拆成平模用拖车水平叠放运输。平模叠放时，垫木必须上下对齐，绑扎牢固。用拖车运输，车上严禁坐人。

（4）在大模板拆装区域周围应设置围栏，并挂明显的标志牌，禁止非作业人员入内。组装平模时，应及时用卡具或花篮螺钉将相邻模板连接好，防止倾倒。

（5）在现浇结构安装外模板时必须将悬挑担固定，位置调整准确后方可摘钩，外模安装后，要立即穿好销杆，紧固螺栓。安装外楼板的操作人员必须系好安全带。

（6）在模板组装或拆除时，指挥、拆除和挂钩人员，必须站在安全可靠的地方方可操作，严禁人员随大模板起吊。

（7）大模板必须有操作平台、上下梯道、走桥和防护栏杆等附属设施，如有损坏，应及时修理。

（8）拆模起吊前，应复查穿墙销杆是否拆净，在确定无遗漏且模板与墙体完全脱离后方可起吊。拆除外模板时应先挂好吊钩，紧绳索，再另行拆除销杆和担。吊钩应垂直模板，不得斜吊，以防碰撞相邻模板和墙体，摘钩时手不离钩，待吊钩吊起超过头部方可松手，超过障碍物以上的允许高度，才能行车或转臂。模板就位或拆除时，必须设置缆风绳以利模板吊装过程的稳定性。在大风情况下，根据安全规定不得作高空运输，以免在拆除过程中发生模板间或与其他障碍物之间的碰撞。

（9）模板安装就位后要采取防止触电的保护措施，要设专人将大模板串联起来，并同避雷网接通，防止漏电伤人。

（10）大模板拆除后应及时清除模板上的残留混凝土，并涂刷脱膜剂。在清扫和涂刷脱模剂时模板要临时固定好，板面相对停放的模板间，应留出宽 50～60cm 人行道，模板上方要用拉杆固定。

第十二章　脚 手 架 工 程

第一节　基　本　要　求

一、基本安全要求

（1）脚手架搭设前，必须制订施工方案和搭设的安全技术措施。

（2）脚手架搭设或拆除人员必须由符合劳动部颁发的《特种作业人员安全技术培训考核管理规定》，经考核合格、领取《特种作业人员操作证》的专业架子工进行。

（3）脚手架与高压线路的水平距离和垂直距离必须符合规范规定。

（4）大雾及雨、雪天气和6级以上大风时，不得进行脚手架上的高处作业。雨、雪天过后作业，必须采取安全防滑措施。

（5）脚手架搭设作业时，应按形成基本构架单元的要求逐排、逐跨和逐步地进行搭设，矩形周边脚手架宜从其中的一个角部开始向两个方向延伸搭设，确保已搭部分稳定。

（6）在架上作业人员应穿防滑鞋和佩戴好安全带，脚下应铺设必要数量的脚手板并应铺设平稳，且不得有探头板。

（7）架上作业人员应做好分工和配合，不要用力过猛，以免引起人身或杆件失衡。

（8）作业人员应佩戴工具袋，工具用后装于袋中不要放在架子上，以免掉落伤人。

（9）架设材料要随上随用，以免放置不当时掉落。

（10）在搭设作业进行中，地面上的配合人员应避开可能落物的区域。

（11）在脚手架上进行电气焊作业时，应有防火措施。

（12）除搭设过程中必要的1～2步架的上下外，作业人员不得攀缘脚手架上下，应走房屋楼梯或另设安全人梯。

（13）钢管脚手架的高度超过周围建筑物或在雷暴较多的地区施工时应安设防雷装置，其接地电阻应不大于4Ω。

（14）较重的施工设备（如电焊机等）不得放置在脚手架上。

二、材料要求

（1）钢管：应有产品质量合格证，必须涂有防锈漆并严禁打孔。

（2）扣件：采用可锻造铸铁制作的扣件，其材质应符合现行国家标准《钢管脚手架扣件》（GB 15831—1995）的规定。新扣件必须有产品合格证。旧扣件使用前应进行质量检查，有裂缝、变形的严禁使用，出现滑丝的螺栓必须更换。

（3）脚手板：脚手板可采用钢、木两种材料，每块重量不宜大于30kg。冲压新钢脚手板，必须有产品质量合格证。板长1.5～3.6m，厚2～3mm，肋高5cm，宽23～25cm，其表面锈蚀斑点直径不大于5mm，并沿横截面方向不得多于3处。脚手板一端应压连接卡口，以便铺设时扣住另一块的端部，板面应冲有防滑圆孔。木脚手板应采用杉木或松木制作，其长度2～6m，厚度不小于5cm，宽23～25cm，不得使用有腐朽、裂缝、斜纹及大横透节的板材。两端应设直径为4mm的镀锌钢丝箍两道。

(4) 安全网：宽度不得小于3m，长度不得大于6m，网眼不得大于10cm，必须使用维纶、棉纶、尼龙等材料，严禁使用损坏或腐朽的安全网和丙纶网。密目安全网只准做立网使用。

第二节　脚手架安全要求

一、扣件式钢管脚手架安全要求

(1) 脚手架应由立杆（冲天），纵向水平杆（大横杆、顺水杆），横向水平杆（小横杆），剪刀撑（十字盖），抛撑（压栏子），纵、横扫地杆和拉结点等组成，脚手架必须有足够的强度、刚度和稳定性，在允许施工荷载作用下，确保不变形、不倾斜、不摇晃。

(2) 脚手架搭设前应清除障碍物、平整场地、夯实基土、做好排水，根据脚手架专项安全施工组织设计（施工方案）和安全技术措施交底的要求，基础验收合格后，放线定位。

(3) 垫板宜采用长度不少于2跨，厚度不小于5cm的木板，也可采用槽钢，底座应准确放在定位位置上。

(4) 结构承重的单、双排脚手架搭设高度不得超过20m，构造主要参数见表12－1。

扣件式钢管脚手架构造参数　　**表12－1**

结构形式	用　途	宽度/m	立杆间距/m	步距/m	横向水平杆间距
单排架	承　重	1～1.2	1.5	1.2	1m，一端伸入墙体不少于240mm
	装　修	1～1.2	1.5	1.2	1m，同上
双排架	承　重	2～2.5	1.5	1.2	1m
	装　修	2～2.5	1.5	1.2	1m

立杆应纵成线、横成方，垂直偏差不得大于架高的1/200。立杆接长应使用对接扣件连接，相邻的两根立杆接头应错开500mm，不得在同一步架内。立杆下脚应设纵、横向扫地杆。

纵向水平杆在同一步架内纵向水平高差不得超过全长的1/300，局部高差不得超过50mm。纵向水平杆应使用对接扣件连接，相邻的两根纵向水平杆接头应错开500mm，不得在同一跨内。

横向水平杆应设在纵向水平杆与立杆的交点处，与纵向水平杆垂直。横向水平杆端头伸出外立杆应大于100mm，伸出立杆为450mm。

架高20m以上时，从两端每7根立杆（一组）从下到上设连续式的剪刀撑，架高20m以下可设间断式剪刀撑（斜支撑），即从架子两端转角处开始（每7根立杆为一组）从下到上连续设置。剪刀撑钢管接长应用两只旋转扣件搭接，接头长度不得小于500mm，剪刀撑与地面夹角为45°～60°。剪刀撑每节两端应用旋转扣件与立杆或横向水平杆扣牢。

（5）脚手架与在建建筑物拉结点必须用双股8号钢丝或ϕ6mm钢筋与结构拉结牢固，拉结点之间水平距离不得大于6m，垂直距离不得大于4m。高度超过20m的脚手架不得使用柔性材料进行拉结，在拉结点设可靠支顶。

（6）高层施工脚手架（高20m以上）在搭设过程中，必须以15～18m为一段，根据实际情况，采取撑、挑、吊等分阶段将荷载卸到建筑物的技术措施。

（7）铺、翻脚手板：脚手板铺设于架子的作业层上。脚手板有木、钢两种，不得使用竹编脚手板。脚手板必须铺满、铺严、铺稳，不得有探头板和飞跳板。铺脚手板可对头或搭接铺设，对头铺脚手板，搭接处必须是双横向水平杆，且两根间隙200～250mm，有门窗口的地方应设吊杆和支柱，吊杆间距超过1.5m时，必须增加支柱。

搭接铺脚手板时，两块板端头的搭接长度应不小于200mm，如有不平之处要用木块垫在纵、横水平杆相交处，不得用碎砖块塞垫。

翻脚手板应两人操作，配合要协调，要按每档由里逐块向外翻，到最外一块时，站到邻近的脚手板把外边一块翻上去。翻、铺脚手板时必须系好安全带。脚手板翻板后，下层必须留一层脚手板或兜一层水平安全网，作为防护层。不铺板时，横向水平杆间距不得大于3m。

二、工具式脚手架安全要求

（1）插口架允许负荷最大不得超过1 176N/m^2，脚手架上严禁堆放物料，人员不得集中停留。

（2）插口架提升或降落，应使用塔式起重机等起重机械，必须用卡环吊运，严禁任何人站在架子上随架子升降。

（3）插口架不得超过建筑物两个开间，最长不得超过8m，宽度不得超过1m。钢管组装的插口架，其立杆间距不得大于2m，大、小面均须设斜支撑；焊接的插口架，定型边框为立杆的，其立杆间距不得大于2.5m，大面要设剪刀撑。

（4）插口架上下两步脚手板，必须铺满、铺平、固定牢固。下步不铺板时要满挂水平安全网。上下两步都要设两道护身栏杆，立挂密目安全网，横向水平杆间距以0.5～1m为宜。

（5）插口架外侧要接高挂网，其高度应高出施工作业层1m，要设剪刀撑，并用密目安全网从上至下封严，安全网下脚要封死扎牢。相邻插口架应在同一平面，接口处应封闭严密。

（6）甲型插口架别杠应为大于10cm×10cm的优质木方。别杠要区别于窗口的上下口，每边长度要长出窗口200mm。上下别杠的立杆与横杆连接处应用双扣件；丙型插口架（挂架子）穿墙螺栓端部的螺纹应采用梯形螺纹扣，用双螺母锁牢。

（7）插口架安装操作顺序：甲型插口架应“先别后摘”，“先挂后拆”（即在安装时，应先别好别杠，后摘去卡环；在拆除时，应先挂好卡环，后拆掉别杠）。丙型插口架应在安装时先锁紧螺母，后摘去卡环；在拆除时应先挂好卡环，后拆掉螺母。

（8）结构外墙是现浇钢筋混凝土的，其强度应达到70%以上，才能安装插口架。

（9）插口架安装后必须经过检查验收，合格签字，才能使用。

三、吊篮式脚手架安全要求

(1) 吊篮搭设构造必须遵照专项安全施工组织设计规定，组装或拆除时，应3人配合操作，严格按搭设程序作业，任何人不允许改变方案。

(2) 吊篮的负载不得超过1 176N/m²（120kg/m²），吊篮上的作业人员和材料要对称分布，不得集中在一头，保持吊篮负载平衡。

(3) 升降吊篮的手扳葫芦应用3t以上的专用配套的钢丝绳。使用倒链应用2t以上的，承重的钢丝绳直径不小于12.5mm，吊篮两端应设保险绳，其直径与承重钢丝绳相同。绳卡不得少于3个，严禁使用有接头的钢丝绳。

(4) 承重钢丝绳与挑梁连接必须牢靠，并应有预防钢丝绳受剪的保护措施。

(5) 吊篮的位置和挑梁的设置应根据建筑物实际情况而定。挑梁挑出的长度与吊篮的吊点必须保持垂直，安装挑梁时，应使挑梁探出建筑物一端稍高于另一端。挑梁在建筑物内外的两端应用杉槁或钢管连接牢固，成为整体。阳台部位的挑梁在挑出部分的顶端要加斜撑抱桩，斜撑下要加垫板，并且将受力的阳台板和以下的两层阳台板设立柱加固。

(6) 吊篮可根据工程的需要组装单层或双层重复，双层吊篮要设爬梯，留出活动盖板，以便人员上下。

(7) 吊篮长度一般不得超过8m，宽度以0.8～1m为宜。单层吊篮高度以2m、双层吊篮高度以3.8m为宜。用钢管为立杆的吊篮，立杆间距不得超过2.5m，单层吊篮至少设3道横杆，双层吊篮至少设5道横杆。

(8) 以钢管组装的吊篮大小面均需设戗，以焊接预制框架组装的吊篮，长度超过3m的大面要设戗。

(9) 吊篮的脚手板必须铺平、铺严，并与横向水平杆固定牢，横向水平杆的间距可根据脚手板厚度而定，一般以0.5～1m为宜。吊篮作业层外排和两端小面均应设两道护身栏，并挂密目安全网封严，索死下角，里侧应设护身栏杆。

(10) 以手扳葫芦为吊具的吊篮，钢丝绳穿好后，必须将保险板把卸掉，系牢保险绳或安全销，并将吊篮与建筑物拉牢。

(11) 吊篮里侧距建筑物100mm为宜，两吊篮之间间距不得大于200mm。不得将两个或几个吊篮连在一起同时升降，两个吊篮接头处应与窗口、阳台作业面错开。

(12) 升降吊篮时，必须同时摇动所有手扳葫芦或拉动倒链，各吊点必须同时升降，保持吊篮平衡。吊篮升降时不要碰撞建筑物，特别是阳台、窗户等部位，应有专人负责推动吊篮，防止吊篮剐碰建筑物。

(13) 吊篮使用期间，应经常检查吊篮防护、保险、挑梁、手扳葫芦、倒链和吊索等，发现隐患，立即解决。

(14) 吊篮组装、升降、拆除、维修必须由专业架子工进行。

四、门式脚手架安全要求

(1) 脚手架搭设前必须对门架、配件、加固件应按规范进行检查验收，不合格的严禁使用。

(2) 脚手架搭设场地应进行清理、平整夯实，并做好排水。

(3) 地基基础施工应按门架专项安全施工组织设计（施工方案）和安全技术措施交底进行。基础上应先弹出门架立杆位置线，垫板、底座安放位置应准确。

(4) 不配套的门架与配件不得混合使用于同一脚手架。门架安装应自一端向另一端延伸，不得相对进行。搭完一步后，应检查、调整其水平度与垂直度。

(5) 交叉支撑、水平架和脚手板应紧随门架的安装及时设置。连接门架与配件的锁臂、搭钩必须锁住、锁牢。水平架和脚手板应在同一步内连续设置，脚手板必须铺满、铺严，不准有空隙。

(6) 底层钢梯的底部应加设钢管并用扣件扣紧在门架的立杆上，钢梯的两侧均应设置扶手，每段梯可跨越两步或三步门架再进行转折。

(7) 护身栏杆、立挂密目安全网应设置在脚手架作业层外侧，门架立杆的内侧。

(8) 加固杆、剪刀撑必须与脚手架同步搭设。水平加固杆应设于门架立杆内侧，剪刀撑应设于门架立杆外侧，并扣接牢固。

(9) 连墙件的搭设必须随脚手架搭设同步进行，严禁滞后设置或搭设完毕后补做。当脚手架作业层高出相邻连墙件两步的，应采取确保稳定的临时拉结措施，直到连墙件搭设完毕后方可拆除。

(10) 加固件、连墙件等与门架采用扣件连接，扣件规格必须与所连钢管外径相匹配，扣件螺栓拧紧，扭力矩宜为50～60N・m，并不得小于40N・m。

(11) 脚手架搭设完毕或分段搭设完毕必须进行验收检查，合格签字后，交付使用。

(12) 脚手架拆除必须按拆除方案和拆除安全技术措施交底规定进行。拆除前应清除架子上材料、工具和杂物，拆除时应设置警戒区和挂警戒标志，并派专人负责监护。

(13) 拆除的顺序应从一端向另一端，自上而下逐层地进行，同一层的构配件和加固件应按先上后下、先外后里的顺序进行，最后拆除连墙件。连墙件、通长水平杆和剪刀撑等必须在脚手架拆除到相关门架时方可拆除。

(14) 拆除的工人必须站在临时设置的脚手板上进行拆卸作业。拆除工作中严禁使用榔头等硬物击打、撬挖。拆卸连接部件时，应先将锁座上的锁板与卡钩上的锁片旋转至开启位置，然后拆除，不得硬拉、敲击。

(15) 拆下的门架、钢管与配件，应成捆用机械吊运或由井架传送至地面，防止碰撞，严禁抛掷。

五、坡道安全要求

(1) 脚手架运料坡道宽度不得小于1.5m，坡度以1:6（高:长）为宜。人行坡道，宽度不得小于1m，坡度不得大于1:3.5。

(2) 立杆、纵向水平杆间距应与结构脚手架相适应，单独坡道的立杆、纵向水平杆间距不得超过1.5m。横向水平杆间距不得大于1m，坡道宽度大于2m时，横向水平杆中间应加吊杆，并每隔1根立杆在吊杆下加绑托杆和八字戗。

(3) 脚手板应铺严、铺牢。对头搭接时板端部分应用双横向水平杆。搭接板的板端应搭过横向水平杆200mm，并用三角木填顺板头凸棱。斜坡坡道的脚手板应钉防滑条，防滑条厚度30mm，间距不得大于300mm。

(4) "之"字坡道的转弯处应搭设平台，平台面积应根据施工需要，但宽度不得小于

1.5m。平台应绑剪刀撑或八字戗。

（5）坡道及平台必须绑两道护身栏杆和180mm高度的挡脚板。

六、安全网

（1）搭设好的水平安全网在承受100kg重、表面积2 800cm^2的砂袋假人，从10m高处的冲击后，网绳、系绳、边绳不断。搭设安全网支撑杆间距不得大于4m。

（2）无外脚手架或采用单排外脚手架和工具式脚手架时，凡高度在4m以上的建筑物，首层四周必须支固定3m宽的水平安全网（20m以上的建筑物搭设6m宽双层安全网），网底距下方物体表面不得小于3m（20m以上的建筑物不得小于5m）。安全网下方不得堆放物品。

（3）在建工程20 m以上的建筑每隔4层（10m）要固定一道3m宽的水平安全网。安全网的外边沿要明显地高于内边沿50～60 cm。

（4）扣件式钢管外脚手架，必须立挂密目安全网，沿外架子内侧进行封闭，安全网之间必须连接牢固，并与架体固定。

（5）工具式脚手架必须立挂密目安全网，沿外排架子内侧进行封闭，并按标准搭设水平安全网防护。

（6）20m以上建筑施工的安全网一律用组合钢管角架挑支，用钢丝绳绷拉，其外沿要高于内口，并尽量绷直，内口要与建筑物锁牢。

（7）在建工程的电梯井、采光井、螺旋式楼梯口，除必须设金属可开启式安全防护门外，还应在井口内首层并每隔4层固定一道水平安全网。

（8）无法搭设水平安全网的，必须逐层立挂密目安全网全封闭。搭设的水平安全网，直至没有高处作业时方可拆除。

七、脚手架拆除安全要求

（1）脚手架拆除程序，应由上而下按层按步的拆除，先拆护身栏杆、脚手板和横向水平杆，再依次拆剪刀撑的上部扣件和接杆。拆除全部剪刀撑、抛撑以前必须搭设临时加固斜支撑，预防脚手架倾倒。

（2）拆脚手架杆件，必须由2～3人协同操作，拆纵向水平杆时，应由站在中间的人向下传递，严禁向下抛掷。

（3）拆除作业区的周围及进出口处，必须派专人瞭望，严禁非作业区人员进入危险区域，拆除大片架子应加临时围栏。作业区内电线及其他设备有妨碍时，应事先与有关部门联系拆除、转移或加以防护。

第十三章　砌筑工程安全技术措施

第一节　砌筑工程安全技术措施

(1) 悬空作业处应有牢靠的立足处，并必须视具体情况，配置防护网、栏杆或其他安全设施。

(2) 悬空作业所用的索具、脚手板、吊篮、吊笼、平台等设备，均需经过技术鉴定或验证方可使用。

(3) 在操作之前必须检查操作环境是否符合安全要求，道路是否畅通，机具是否完好牢固，安全设施和防护用品是否齐全，经检查符合要求后方可施工。

(4) 砌基坑时，应检查和经常注意基坑土质变化情况，有无崩裂现象，堆放砖块材料应离开坑边1m以上，当深基坑装设挡板支撑时，操作人员应设梯子上下，不得攀跳，运料不得碰撞支撑，也不得踩踏砌体和支撑上下。

(5) 墙身砌体高度超过地坪1.2m以上时，应搭设脚手架，在一层以上或高度超过4m时，采用里脚手架必须支搭安全网，采用外脚手架应设护身栏杆和挡脚板后方可砌筑。

(6) 脚手架上堆料量不得超过规定荷载，堆砖高度不得超过3皮侧砖，同一块脚手板上的操作人员不应超过2人。

(7) 在楼层（特别是预制板面）施工时，堆放机械、砖块等物品不得超过使用荷载，如超过荷载时，必须经过验算采取有效加固措施后方可进行堆放和施工。

(8) 不准站在墙顶上做划线、刮缝和清扫墙面或检查大角垂直等工作。

(9) 不准用不稳固的工具或物体在脚手板面垫高操作，更不准在未经过加固的情况下，在一层脚手架上随意再叠加一层，脚手板不允许有空头现象，不准用2″×4″木料或钢模板做立人板。

(10) 砍砖时应面向内操作，注意碎砖跳出伤人。

(11) 使用垂直运输的吊笼、绳索具等，必须满足负荷要求，牢固无损，吊运时不得超载，并须经常检查，发现问题及时修理。

(12) 用起重机吊砖要用砖笼，吊砂浆的料斗不能装得过满，吊件回转范围内不得有人停留。

(13) 砖料运输车辆两车前后距离平道上不小于2m，坡道上不小于10m，装砖时要先取高处后取低处，防止倒塌伤人。

(14) 砌好的山墙，应临时系联系杆（如檩条等）放置各跨山墙上，使其联系稳定或采取其他有效的加固措施。

(15) 冬季施工时，脚手板上有冰雪、积雪，应先清除后才能上架子进行操作。

(16) 如遇雨天及每天下班时，要做好防雨措施，以防雨水冲走砂浆使砌体倒塌。

(17) 在同一垂直面内上下交叉作业时，必须设置安全隔板，下方操作人员必须戴好安全帽。

(18) 人工垂直向上或往下（深坑）传递砖块，架子上的站人板宽度应不小于60cm。

第二节　砌块运输、堆放安全技术措施

(1) 上班前，应对各种起重机械设备、绳索、夹具、临时脚手架和其他施工安全设施进行检查，特别是要检查夹具的有关零件是否灵活牢靠，剪刀夹具悬空吊起后夹具是否自动拉拢，夹板齿或橡胶块是否磨损，夹板齿槽中的垃圾是否清除。夹具还应定期进行检查和有关性能的测试，如发现歪曲变形、裂痕、夹板磨损等情况应及时修理，不应勉强使用。新夹具使用前应先认真验收，尺寸应准确，并进行性能测试。

(2) 砌块在装夹前应先检查砌块是否平稳，如果有歪斜不齐时应撬正后再夹，夹具的夹板在砌块的中心线上，以防止砌块起吊后歪斜。砌块起吊过程中，如发现有部分破裂且有脱落危险的砌块，严禁继续起吊。起重摆杆回转时，严禁将砌块停留在操作人员上空或在空中修理、处理砌块，摆杆及吊钩下方不得站人或进行其他操作。砌块吊装时不准在下层楼面进行其他任何工作。利用台灵架吊装较重的构件时，台灵架应加稳绳。

(3) 台灵架或其他楼面起重机、起重机设备等就位后，吊装前应检查这些设备的位置、压重、缆绳的锚口等是否符合要求。砌块或其他构件吊装时应注意被吊物体重心的位置。起重量应严格控制在允许的范围内，应严格控制起重拔杆的回转半径和变幅角度。不准起吊在台灵架的前支柱之后的砌块或其他构件，不准放长吊索拖拉砌块或构件。吊起砌块后作水平回转时，应由操作人员牵引，以免摇摆和碰撞墙体或临时脚手架等。

(4) 卸下和堆放砌块的地方应平整、无杂物、无块状物体，以防止个别砌块在夹具松开后倒下伤人。在楼面卸下、堆放砌块时，应尽量避免冲击，严禁倾斜及撞击楼板。砌块的堆放应尽量靠近楼板的端部。楼面上砌块的备量，应考虑楼面的承载能力和变形情况，楼面荷载不准超过楼板的允许承载能力，否则应采取相应的加固措施，如在楼板底加设支撑等。

(5) 砌块吊装就位时应待砌块放稳后，方可松开夹具。

(6) 遇到下列情况时，应停止吊装作业：

1) 不能听清信号时。

2) 起吊设备、索具、夹具等有不安全因素尚未排除时。

3) 大雾或照明不足时。

(7) 冬季施工时，应在上班操作前清除掉在机械、脚手板和作业区内的积雪、冰霜，严禁起吊同其他材料冻结在一起的砌块和构件。

第十四章　屋面工程与防水工程安全技术措施

第一节　屋　面　工　程

一、卷材屋面

(1) 装卸、搬运、熬制、铺涂沥青，必须使用规定的防护用品。所有涉及沥青施工的人员必须穿工作服、戴手套、穿翻毛皮鞋并有帆布护盖等，使皮肤不和沥青接触。

(2) 熬制沥青的地点不得设在电线的垂直下方，一般应距建筑物 25m 以外。沥青、燃料的堆放场地，距离熬油锅不小于 5m。

(3) 熬油前应清除锅内杂质和积水。

(4) 熬油必须有人看守，熬油量不得超过锅容量的 3/4。下班熄火，一定要将余火熄灭，关闭炉门，盖好锅盖。

(5) 锅内沥青着火，应立即用铁板盖住，停止鼓风，封闭炉门，熄灭炉火。严禁向燃烧的沥青浇水。应采用干砂或湿麻袋灭火。

(6) 装运沥青的勺、桶、壶等工具，不得用焊锡。盛油量不得超过容器的 2/3。肩挑或用手推车时，道路要平坦畅通，跳板要支牢，要有防滑措施，绳具要结实。垂直运输时附近 10m 范围内禁止站人，屋面上的油桶、油壶必须放置平稳。

(7) 屋面铺贴卷材，四周应设置 1.2m 高的围栏，靠近屋面四周沿边应侧身操作。

(8) 6 级以上大风时，应停止操作。

(9) 患皮肤病、眼结膜病以及对沥青严重敏感的工人，不得从事沥青工作。沥青作业每班适当增加间歇时间。

(10) 装卸、搬运碎沥青，必须洒水，防止粉末飞扬。

(11) 熔化桶装沥青，先将桶盖和气眼全部打开，用铁条串通后方准烘烤，并经常疏通放油孔和气眼。严禁火焰与油直接接触。

(12) 配制冷底子油，下料应分批、少量、缓慢，不停搅拌，不得超过锅容量的 1/2，温度不得超过 80℃，并严禁烟火。

二、瓦屋面

(1) 悬空作业处应有牢靠的立足处，并必须视具体情况，配置防护网、栏杆或其他安全设施。

(2) 凡不符合高空作业的人员一律禁止高空作业，并严禁酒后高空作业。

(3) 凡有严重心脏病、高血压、神经衰弱症及贫血症等不适于高空作业者不得进行屋面工程施工。上屋前检查有关安全设施，如栏杆、安全网等是否牢固，检查合格后才能进行高空作业。

（4）在屋架承重的结构上施工时，运瓦上屋面要两坡同时进行，脚要踏在椽条或桁条上，不得踏在挂瓦条中间。禁止穿硬底易滑的鞋上屋面操作，在屋面踩踏行动时应特别注意安全，谨防绊脚跌倒，在平瓦屋面上行走，要踩踏在瓦头处，不得在瓦片中间部位踩踏。

（5）冬季施工要有防滑措施，屋面霜雪必须先清扫干净，必要时应系好安全带。

（6）碎瓦、杂物工具等应集中下运，不能随意乱丢乱掷。

（7）石棉水泥、玻璃钢波形屋面施工除应遵守有关屋面高空操作安全要求外，施工时必须搭设临时走道板，走道板宜长一些，搁置在桁条上。架设和移动走道板时，必须特别注意安全，屋面上操作人员不宜过多。在波瓦上行走时，应踩踏在钉位或桁条上边，不应在两桁之间的瓦面上行走，严禁在瓦面上跳动、踩踏或随意敲打等。石棉波瓦质量应严格检查，凡裂纹超过质量要求规定者不得使用，在边缘操作人员必须系好安全带。

（8）在坡屋面上钉铺薄钢板时必须用带楞的防滑板梯，没有屋面板的工程，必须将防滑板反面两头钉牢挂钩及木楞。

（9）无论何时剪下的碎钢板，都应及时进行清除，以免刺伤腿脚。

第二节　防　水　工　程

一、涂料防水作业

（1）悬空作业处应有牢靠的立足处，并必须视具体情况配置防护网、栏杆或其他安全设施。

（2）悬空作业所用的索具、脚手板、吊篮、吊笼、平台等设备均需经过技术鉴定或验证方可使用。

（3）配制材料的现场应有安全及防火措施，遵守安全操作要求。

（4）配制胶泥的稳定剂有的是有毒粉末，应防止吸入鼻内。

（5）配制、施工操作时应戴手套、口罩，穿工作服等。

（6）搅拌材料时，加料口及出料口要关严，传动部件加防护罩。

二、地下防水、堵漏施工

（1）现场施工必须戴好安全帽、口罩、手套等防护用品，必须穿软底鞋，不得穿硬底或带钉子的鞋。

（2）防水施工所用的材料属易燃物质，储存、运输和施工现场必须严禁烟火，通风良好，还必须配备相应的消防器材。

（3）熬制、配制防水灌浆堵漏材料时，必须穿戴规定的防护用品，皮肤不得外露。

（4）防水、堵漏施工照明用电，应将电压降到12～36V，以防触电。

（5）处理漏水部位，用手接触掺促凝剂的砂浆时，需戴橡胶手套或橡胶手指套。

（6）厚度在4mm以上的新型沥青防水卷材方可用热熔法施工，施工前要有动火申请审批手续。

（7）热熔施工时必须戴墨镜，并防止烫伤。施工现场应保持良好通风。

(8) 在用运送混凝土的小车运送细石混凝土或水泥砂浆进行保护层的施工时，小车的铁脚必须用旧橡胶车胎或橡胶制品裹垫捆绑牢固，严防铁脚损坏防水层。如发现防水层被施工器件损伤，必须用卷材修补密封后再继续进行浇注。

三、灌浆堵漏施工

(1) 装卸、搬运、熬制、配制灌浆堵漏材料时，必须穿戴规定的防护用品，皮肤不得外露。

(2) 灌浆施工前应严格检查工具、管路及接头处的牢靠程度，以防压力爆破伤人。

(3) 有机化工材料均具有一定的刺激性和腐蚀性，操作人员在配制浆液和灌浆时应戴眼镜、口罩、手套等劳保用品，以防浆液误入口、眼中或溅至皮肤上。

(4) 在氰凝配制及灌浆施工中应采取以下安全措施：

1) 配制浆液和灌浆时操作人员应戴防护眼镜、口罩和橡胶手套等，以防浆液碰到皮肤上或溅到眼睛里。如碰到皮肤上，可先用丙酮或酒精清洗再用稀氨水或肥皂水洗净，涂上油脂膏。溅到眼睛里应立即请医生处理。

2) 在通风不良的地方进行灌浆施工时，应有通风和排气设备以保证安全。

3) 氰凝是由有机材料制成，具有易燃性，施工现场应严禁火种、严禁吸烟，以防火灾发生。

(5) 丙凝粉剂及浆液具有一定毒性，如经常与之接触会影响中枢神经系统。丙凝浆液聚合成凝胶后无毒性，除非凝胶中尚有少量未起聚合反应的材料。因此，要求接触粉剂的人员应戴口罩及橡胶手套，配制浆液和灌浆时应穿工作服和胶靴，避免皮肤接触。如已沾上粉末或浆液，应立即用肥皂水洗涤。

(6) 过硫酸氨能使衣服褪色和破坏纤维、刺激皮肤、腐蚀钢铁，应引起注意和采取相应防护措施。

四、加工和浇注环氧树脂作业

(1) 环氧树脂、硬化剂等有毒化学药品应集中保管。

(2) 配制复合物时应在通风良好场所进行，人在上风地点搅拌。施工人员避免连续工作，一般工作2~3天换班一次。

(3) 施工时应戴塑料手套或医用手套，工作完毕后用酒精和肥皂洗手。当皮肤接触固化剂时应立即用水冲洗或用酒精擦净再用水洗。禁止用丙酮、甲苯或香蕉水洗手。

(4) 在工作时间内不得抽烟、不得吃东西。如发现头昏或疲劳时，应离开工作岗位到通风的地方休息。

五、防腐剂、焊料、灌注料加工

(1) 患有皮肤病或结膜炎的人不得接触防腐剂。

(2) 加热防腐剂、焊料、绝缘胶等料剂时，须在离开建筑物的空旷地点，容器须支架牢固，禁止闲人、动物接近。

(3) 工作地点应通风良好。熬制绝缘胶的温度不宜超过180℃。工作地点附近不得放置易燃物品，并备有砂袋、麻袋布、水桶及灭火器等消防设施。绝缘胶溢出起火时应用湿麻袋及砂袋扑灭，不得直接浇水。

（4）加热料剂时应使用没有焊缝的容器，其容积应比料剂容积大50%～100%，加热时应指定专人负责。工作人员应戴手套、口罩及防护墨镜，不得离开加热地点，时刻注意加热情况，预防料剂起火或溢出锅外。

（5）搬运加热好的料剂时，必须使用坚固的工具。传递时应将容器放在地上，不得手与手直接传递，以免由于没有拿稳而翻倒。

（6）烧热的绝缘胶（或焊锡）中，应注意防止水滴或潮湿的工具落入。以防爆炸飞溅发生烫伤。

（7）熬制绝缘胶和焊料的用具，必须预先加热，烘干水分。灌注填充剂料时，所灌注的设备必须充分干燥，防止有水分发生爆炸。

（8）加工完毕或收工时，将火熄灭，并确认不能自行复燃时方能离开。将粘有料剂的地面用土覆盖，妥善处理。

六、防腐蚀工程

（1）树脂类防腐蚀工程中的许多原料都具有程度不同的毒性或刺激性，使用时或配制时要有良好的通风。操作人员应在施工前进行体格检查，患有气管炎、心脏病、肝炎、高血压者以及对某些物质有过敏反应者均不得参加施工。研磨筛分、搅拌粉状填料最好在密封箱内进行。操作人员应戴防尘口罩、防护眼镜、手套，穿工作服等防护用品，工作完毕应冲洗淋浴。

（2）施工过程中不慎与腐蚀或刺激性物质接触后，要立即用水或乙醇擦洗。采用毒性较大的材料施工时，应适当增加操作人员的工间休息。施工前制定有效的安全防护措施，并应遵照安全技术及劳动防护制度执行。

（3）在配制使用乙醇、苯丙酮等易燃材料的施工现场，应严禁烟火并应备置消防器材，还要有适当的通风。

（4）配制硫酸时应将酸注入水中，严禁将水注入酸中。在配酸现场应备有10%碱液和纯碱水溶液，以备中和洒出的酸液之用。配制硫酸乙醇时，应将硫酸慢慢注入酒精中，并充分搅拌，温度不可超过60℃，以防止酸雾飞出。配制量较大时应设有间接冷却装置，如循环水浴槽。

（5）生漆毒性较大，能使接触者产生过敏性皮炎。严重者手脚、面部形成水肿，生出疮疹，即所谓漆疹。操作人员必须穿戴好防护用品，操作时严防生漆接触皮肤，面部可涂防护油膏保护。

（6）使用毒性或刺激性较大的涂料时，操作人员除应穿戴好防护用品，执行有关安全技术及劳动保护制度外，现场应注意通风，并适当采取操作人员轮换、工间休息、下班后冲洗、淋浴等安全防护措施。

（7）施工现场应注意防火，严禁吸烟和使用电炉等。

（8）材料库应能适当通风并备置消防器材。

第十五章　装饰装修工程安全技术措施

第一节　现 场 安 全 要 求

一、装饰工程施工现场围护

（1）施工现场必须围护，实行封闭式施工作业。

（2）用于建筑物或施工场所封闭的密目式安全网必须达到每 10 cm^2 面积不少于 2 000 目的要求，并且做到张设整齐、美观。

（3）工地围墙不得用黏土砖砌筑但可用夹板、彩钢板等搭设，市区主要路段砌筑或搭设高度须达到 2.5 m 以上，一般路段需达到 1.8 m 以上。围墙外侧应有禁示牌和安全宣传标语。

二、装饰工程施工现场易燃、易爆物场所物品管理

（1）装饰工程开工前，施工企业就应对工地内的油漆间、木工间、配电间、烧柴的大灶、木制品仓库等防火重点部位建立相应的防火管理制度，并张挂公布以便遵守和督促。

（2）涉及油漆、溶剂油、松香水以及汽油、柴油、乙炔、氧气等物品要指派专业人员保管，并进行上岗教育交底，危险物品保管员还须经过特殊工种专业培训并达到合格，取得相应的证书，才准予从事危险品的保管工作。

（3）工地的防火安全的重点部位应按规定配备消防器材，如油漆间、木工间、木制品仓库等场所应按每 25 m^2 配备一只种类合适的灭火器，并成组设置。

三、装饰工程施工现场临时用电

（1）施工现场的施工机械必须实施二级漏电保护设施。

（2）机械操作工必须持证上岗，使用有漏电保护器的机械设备。

（3）实行二级漏电保护，一般分配电箱漏电开关动作电流应在 50 mA；开关电箱漏电开关的动作电流应在 30 mA 以下。

（4）专业电工定期检查，检查合格方可使用。

四、装饰工程施工现场登高平台搭设

（1）平台搭设施工方案必须经技术部门批准。

（2）平台搭设人员必须受过专业培训，搭设完毕经验收合格方可使用。

（3）使用过程应有专业人员监护，并对上下作业人员做安全技术交底。

（4）搭设人员必须持证上岗，并佩戴好个人防护用品。

五、装饰工程施工现场自制登高用具

（1）必须对登高用具加大监控管理力度。

（2）施工企业自制活动式的登高平台，必须经技术人员专门设计，经审批后方可投入制作，制作完成后必须经验收合格，并明确操作要求，进行安全技术交底后，方准作业人员使用自制登高活动平台。

（3）登高用具周转、现场拼装、搭拆频率较高，搭设、操作人员按操作规程作业，每次拼装搭拆完工必须经验收合格方可使用，并挂上合格牌。

六、装饰施工现场配电箱使用

（1）施工现场使用的配电箱、开关箱必须符合《施工现场临时用电安全技术规范》（JGJ 46—88）要求，“配电箱、开关箱应采用铁板或优质绝缘材料制作。”施工现场的配电箱不宜采用木质的，并应达到防雨要求。

（2）在施工专业技术人员和现场电工中普及临时用电安全知识，掌握施工现场三级配电的基本要求，了解总配电箱、分配电箱、开关箱的主要功能以及使用要求。

（3）施工人员下班或暂停施工时，必须收回并保管好移动分配电箱，锁好配电箱。

七、装饰工程施工临时宿舍用电

（1）宿舍内不准乱拖乱拉电线，不准使用电炉及大功率电热器，不准有明火。

（2）健全宿舍管理制度，职工进入有章可循，外来人员不得在此过夜。

（3）工地的临时宿舍应当按照国际劳工组织第167号《施工安全与卫生公约》的规定，达到相应的通风、采光等要求，电线、电光源等硬件设施应当满足施工人员生活的基本需求。

（4）工地的临时宿舍必须制定切实可行的规章制度，并且在每个宿舍区张挂，使每个施工人员都知道。在此基础上工地对制度的执行情况，要进行经常性的检查，及时纠正违章行为并建立卫生值日制度。

第二节　住　宅　装　饰

一、基本安全要求

（1）施工前应进行设计交底工作，并应对施工现场进行核查，了解物业管理的有关规定。

（2）各工序、各分项工程应自检、互检及交接检。

（3）施工中严禁损坏房屋原有绝热设施，严禁损坏受力钢筋，严禁超荷载集中堆放物品，严禁在预制混凝土空心楼板上打孔安装埋件。

（4）严禁擅自改动建筑主体、承重结构或改变房间主要使用功能，严禁擅自拆改燃气、暖气、通信等配套设施。

（5）管道、设备工程的安装及调试应在装饰装修工程施工前完成，必须同步进行的应

在饰面层施工前完成。装饰装修工程不得影响管道、设备的使用和维修。涉及燃气管道的装饰装修工程必须符合有关安全管理的规定。

（6）施工人员应遵守有关施工安全、劳动保护、防火、防毒的法律、法规。

二、现场用电

（1）电气设备线路的安装、拆除必须由电工完成，电工必须持证上岗。

（2）施工现场用电应从户表以后设立临时施工用电系统。

（3）安装、维修或拆除临时施工用电系统，应由电工完成。

（4）临时施工供电开关箱中应装设漏电保护器。进入开关箱的电源线不得用插销连接。

（5）临时用电线路应避开易燃、易爆物品堆放地。

（6）暂停施工时应切断电源。

三、施工现场防火

（1）施工单位必须制定施工防火安全制度，施工人员必须严格遵守。

（2）住宅装饰装修材料的燃烧性能等级要求，应符合国家现行标准《建筑内部装修设计防火规范》（GB 50222）的规定。

（3）易燃物品应相对集中放置在安全区域并应有明显标志。施工现场不得大量积存可燃材料。

（4）易燃、易爆材料的施工，应避免敲打、碰撞、摩擦等可能出现火花的操作。配套使用的照明灯、电动机、电气开关，应有安全防爆装置。

（5）使用油漆等挥发性材料时应随时封闭其容器。擦拭后的棉纱等物品应集中存放且远离热源。

（6）施工现场动用电气焊等明火时，必须清除周围及焊渣滴落区的可燃物质，并设专人监督。

（7）施工现场必须配备灭火器、砂箱或其他灭火工具。

（8）严禁在施工现场吸烟。

（9）严禁在运行中的管道、装有易燃、易爆的容器和受力构件上进行焊接和切割。

四、电气防火

（1）照明、电热器等设备的高温部位靠近非 A 级材料或导线穿越 B_2 级以下（含 B_2 级）的装修材料时，应采用岩棉、瓷管或玻璃棉等 A 级材料隔热。当照明灯具或镇流器嵌入可燃装饰装修材料中时，应采取隔热措施予以分隔。

（2）配电箱的壳体和底板宜采用 A 级材料制作。配电箱不得安装在 B_2 级以下（含 B_2 级）的装修材料上。开关、插座应安装在 B_1 级以上的材料上。

（3）卤钨灯灯管附近的导线应采用耐热绝缘材料制成的护套，不得直接使用具有延燃性绝缘的导线。

（4）明敷塑料导线应穿管或加线槽板保护，吊顶内的导线应穿金属管或 B_1 级 PVC 管保护，导线不得裸露。

五、消防设施的保护

(1) 住宅装饰装修不得遮挡消防设施，疏散指示标志及安全出口，并且不应妨碍消防设施和疏散通道的正常使用。不得擅自改动防火门。

(2) 消火栓门四周的装饰装修材料颜色应与消火栓门的颜色有明显区别。

(3) 住宅内部火灾报警系统的穿线管，自动喷淋灭火系统的水管线应用独立的吊管架固定。不得借用装饰装修用的吊杆和放置在吊顶上固定。

(4) 当装饰装修重新分割了住宅房间的平面布局时，应根据有关设计规范针对新的平面调整火灾自动报警探测器与自动灭火喷头的布置。

(5) 喷淋管线、报警器线路、接线箱及相关器件宜暗装处理。

六、室内环境污染控制

(1)《住宅装饰装修工程施工规范》(GB 50327—2001) 中控制的室内环境污染物为：氡(^{222}Rn)、甲醛、氨、苯和总挥发性有机物 (TVOC)。

(2) 住宅装饰装修室内环境污染控制除应符合本规范外，尚应符合《民用建筑工程室内环境污染控制规范》(GB 50325—2001) 等国家现行标准的规定。设计、施工应选用低毒性、低污染的装饰装修材料。

住宅装饰装修后室内环境污染物浓度限值　　表 15-1

室内环境污染物	浓度限值
氡/ (Bq/m^3)	≤200
甲醛/ (mg/m^3)	≤0.08
苯/ (mg/m^3)	≤0.09
氨/ (mg/m^3)	≤0.20
总挥发性有机物 TVOC/ ($\mu g/m^3$)	≤0.50

(3) 对室内环境污染控制有要求的，可按有关规定氡 (^{222}Rn)、甲醛、氨、苯和总挥发性有机物 (TVOC) 含量全部或部分进行检测，其污染物浓度限值应符合表 15-1 的要求。

七、文明施工和现场环境

(1) 施工人员应衣着整齐。

(2) 施工人员应服从物业管理或治安保卫人员的监督、管理。

(3) 应控制粉尘、污染物、噪声、震动等对相邻居民、居民区和城市环境的污染及危害。

(4) 施工堆料不得占用楼道内的公共空间，封堵紧急出口。

(5) 室外堆料应遵守物业管理规定，避开公共通道、绿化地、化粪池等市政公用设施。

(6) 工程垃圾宜密封包装，并放在指定垃圾堆放地。

(7) 不得在未做防水的地面蓄水。

(8) 临时用水管不得有破损、滴漏。

(9) 暂停施工时应切断水源。

(10) 不得堵塞、破坏上下水管道、垃圾道等公共设施，不得损坏楼内各种公共标志。

(11) 工程验收前应将施工现场清理干净。

第三节 饰 面 工 程

一、基本安全要求

(1) 脚手架使用前应检查脚手板是否有空隙，探头板、护身栏、挡脚板，确认合格，方可使用。吊篮架的升降由架子工负责，非架子工不得擅自拆改或升降。

(2) 外饰面工序上下层同时操作时，脚手架与墙身的空隙部位应设遮隔措施。

(3) 脚手架上的工具、材料要分散放稳，不得超过允许荷载。

(4) 采用井字架、龙门架、外用电梯垂直运送材料时，预先检查卸料平台通道的两侧安全防护是否齐全、牢固，吊盘（笼）内小推车必须加挡车掩，不得向井内探头张望。

(5) 外装饰必须设置可靠的安全防护隔离层。贴面使用的预制件、大理石、瓷砖等应堆放整齐、平稳，边用边运。安装时要稳拿稳放，待灌浆凝固稳定后，方可拆除临时支撑。废料、边角料严禁随意抛掷。

(6) 脚手板不得搭设在门窗、暖气片、洗脸池等非承重的物器上。阳台通廊部位抹灰，外侧必须挂设安全网。严禁踩踏脚手架的护身栏杆和阳台栏板进行操作。

(7) 室内抹灰采用高凳上铺脚手板时，宽度不得少于两块脚手板，间距不得大于2m，移动高凳时上面不得站人，作业人员最多不得超过两人。高度超过2m时应由架子工搭设脚手架。

(8) 在高大门、窗旁作业时，必须将门窗扇关好，并插上插销。

(9) 夜间或阴暗处作业，应用36 V以下安全电压照明。

(10) 瓷砖墙面作业时，瓷砖碎片不得向窗外抛扔。剔凿瓷砖应戴防护眼镜。

(11) 使用电钻、砂轮等手持电动机具，必须装有漏电保护器，作业前应试机检查，作业时应戴绝缘手套。

(12) 遇有6级以上强风、大雨、大雾，应停止室外高处作业。

二、干挂饰面板安全要求

(1) 严格剔除有开裂、隐伤的块材。

(2) 金属挂件所采用的构造方式、数量，要同块材外形规格的大小及其重量相适应。

(3) 所有块材、挂件及其零件均应按常规方法进行材质定量检验。

(4) 应配备专职检测人员及专用测力扳手，随时检测挂件安装的操作质量，务必排除结构基层上有松动的螺栓和紧固螺母的旋紧力未达到设计要求的情况，其抽检数量按1/3进行。

(5) 一切用电设备必须遵守《施工现场临时用电安全技术规范》（JGJ 46—88）的规定。

(6) 现场平台或脚手架，必须安全牢固，脚手板上只准堆放单层石材，不得堆放与干挂施工无关的物品；需要上下交叉作业时应互相错开，禁止上下同一工作面操作，并应戴好安全帽。

(7) 室内外运输道路应平整，石块材料放在手推车上运输时应垫以松软材料，两侧宜有人扶持，以免碰花碰损和砸脚伤人。

(8) 块材钻孔、切割应在固定的机架上，并应用经过专业岗位培训的人员操作，操作时应戴防护眼镜。

三、室内水泥砂浆抹灰工程

(1) 室内抹灰使用的木凳、金属支架应搭设平稳牢固，脚手板高度不大于2 m，架子上堆放材料不得过于集中，存放砂浆的灰斗、灰桶等要放稳。

(2) 搭设脚手架不得有跷头板，也严禁脚手板支搁在门窗、暖气的管道上。

(3) 操作前应检查架子、高凳等是否牢固，如发现不安全地方立即作加固等处理。

(4) 搅拌与抹灰时（尤其在抹顶棚时），注意灰浆溅落眼内。

(5) 在室内推运输小车时，特别是在过道拐弯时要注意小车挤手。在推小车时不准倒退。

(6) 严禁从窗口向下随意抛掷东西。

(7) 井架吊篮起吊或放下时，必须关好井架安全门，头、手不得伸入井架内，待吊篮停稳，方能进入吊篮内工作。

四、油漆工程作业

(1) 施工场地应有良好的通风条件，如在通风条件不好的场地施工时必须安装通风设备，方能施工。

(2) 用钢丝刷、板锉、气动、电动工具清除铁锈、铁鳞时，为避免眼睛玷污和受伤应戴上防护眼镜。

(3) 在涂刷或喷涂对人体有害的油漆时需戴上防护口罩，如对眼睛有害，需戴上密闭式眼镜进行保护。

(4) 在涂刷红丹防锈漆及含铅颜料的油漆时应注意防止铅中毒，操作时要戴口罩。

(5) 在喷涂硝基漆或其他挥发性、易燃性溶剂稀释的涂料时，严禁使用明火。

(6) 高空作业需系安全带。

(7) 为了避免静电集聚引起事故，对罐体涂漆或喷涂设备应安装接地线装置。

(8) 涂刷大面积场地时，（室内）照明和电气设备必须按防火等级规定进行安装。

(9) 操作人员在施工时感觉头痛、心悸或恶心时应立即离开工作地点，到通风良好处换换空气。如仍不舒服，应去保健站治疗。

(10) 在配料或提取易燃品时严禁吸烟，浸擦过清油、清漆、油的棉纱、擦手布不能随便乱丢，应投入有盖金属容器内及时处理。

(11) 使用的人字梯不准有断挡，拉绳必须结牢并不得站在最上一层操作，不要站在高梯上移位，在光滑地面操作时，梯子脚下要绑布或其他防滑物。

(12) 不得在同一脚手板上交叉工作。

(13) 油漆仓库严禁明火入内，必须配备相应的灭火器。不准装设小太阳灯。

(14) 各类油漆和其他易燃、有毒材料，应存放在专用库房内，不得与其他材料混放。挥发性油料应装入密闭容器内，妥善保管。

(15) 库房应通风良好，不准住人，并设置消防器材和“严禁烟火”明显标志。库房与其他建筑应保持一定的安全距离。

（16）用喷砂除锈，喷嘴接头要牢固，不准对人。喷嘴堵塞，应停机消除压力后，方可进行修理或更换。

（17）使用煤油、汽油、松香水、丙酮等调配油料，应先戴好防护用品，严禁火种。

（18）刷外开窗扇，必须将安全带系在牢固的地方。刷封檐板、水落管等应搭设脚手架或吊架。在大于25°的铁皮屋面上刷油，应设置活动板梯、防护栏杆和安全网。

（19）使用喷灯，加油不得过满，打气不应过足，使用的时间不宜过长，点火时火嘴不准对人。

（20）使用喷浆机手上沾有浆水时，不准开关电闸，以防触电。疏通堵塞的喷嘴时不准对人。

五、楼地面装饰工程作业

（1）进入施工地点应按照施工现场设置的禁止、警告、提示等安全标志和路线行走。在有害于身体健康的区域内施工必须戴好防护面具，还应采取相应的防范措施。

（2）严禁任意拆除或变更安全防范设施。若施工中必须拆除时须经工地技术负责人批准后方可拆除或变更。施工完毕应立即恢复原状，不得留有隐患。

（3）使用外加剂（如氢氧化钠、盐酸、硫酸等）时，不准赤手拿取，应穿鞋盖、戴手套和口罩，以防烧伤皮肤。

（4）机电设备的操作人员，必须经过专门培训，持有操作合格证。电工的所有绝缘、检验工具应妥善保管严禁他用，并应定期检查、校验。每种施工机械，应专线专闸，线路不得乱搭。

（5）使用磨石机应戴绝缘手套并穿胶靴，电源线应完整，金刚砂块安装必须牢固，经试运正常，方可操作。

（6）操作手电钻时，应先启动后接触工件。钻薄板要垫平垫实，钻斜孔应防止滑钻。操作时应用杠杆压住，不得用身体直接压在上面。

（7）清理地面和楼面基层时不得从窗口向外乱抛杂物，以免伤人。

（8）搬运陶瓷砖等易碎面砖时，宜用木板整联托住。

（9）陶瓷砖板加热或粉末材料烘干地点，要有专人看管。

（10）塑料板、拼花硬木等地面与楼面操作时应遵守下列规定：

1）在施工地点和储存塑料板材、胶粘剂的仓库内外，必须置备足够的消防用品。施工现场存放丙酮、松节油、汽油、胶粘剂等的数量不得多于当天用量，用后必须及时盖严。

2）施工场所必须空气流通，必要时可用人工通风。使用氯丁橡胶胶粘剂和其他带毒性、刺激性的胶粘剂时，操作人员应戴防毒口罩，刷胶人员还应在手上涂防腐蚀油膏。一般连续作业2 h后，应到户外休息半小时。有心脏病、气管炎、皮肤过敏者不宜做此项施工。

3）木材、刨花、沥青及其他胶粘剂均属易燃品，在操作过程中严禁吸烟，现场必须置备足够的消防设施。

（11）夜间操作场所照明，应有足够的照度，临时照明电线及灯具的高度应不低于

2.5 m。易爆场所，应用防爆灯具。对于危险区段必须悬挂警戒红灯，并有专人负责安全工作。

六、裱糊工程作业

（1）使用合梯时，由下向上的第一档应用绳子拉牢，梯脚应有防滑护套。用两个合梯搭跳板施工时，跳板不得放在最高一档，以防滑倒。

（2）施工中使用易燃物或有害物质时，应采取相应的防护措施。

（3）遵守安全技术操作规程，进入施工现场应戴好安全帽；登高操作应穿软底鞋，根据操作条件，必要时应系好安全带，或搭设操作平台。

第十六章　管道工程安全技术措施

第一节　管　道　施　工

（1）扳手的开口尺寸应与螺栓、螺母尺寸相符合。管子钳的开口尺寸应与管子、管件的尺寸相符合。操作时应双手扶持，一手握手柄，一手握钳头。手柄不得套管子加长。

（2）使用手锤，不得戴手套。锤柄、锤头部位不得有油污，防止打滑。锤头与锤柄连接牢固可靠。挥锤时四周不得有障碍，人员应避让。

（3）管子被夹于台钳或套丝机上除本身应夹紧外，较长一侧管子应有支撑，使管子保持水平状态。

（4）切断管子时速度不得太快，快被切断跌落的管子，应将其托住，防止坠落伤人。

（5）管子套丝时，人工套丝应防止扳把旋转打伤人或铰板未咬上口跌落伤人。机械套丝不得戴手套操作，防止手套被卷入。

（6）弯管时，液压机应注意检查液压软管完好，防止爆裂。电动机应注意旋转轴旋转时，手和衣服不得接近旋转轴。脱下弯管模具时，锤击不宜过重，防止脱模时伤人。

（7）气、电焊作业时，应先清除作业区的易燃物品，并防止火星溅落于缝隙留下火种。配合气、电焊作业时应戴防护眼镜或面罩。

（8）在砖墙、楼板上打洞时，应戴防护眼镜。快打穿时应通知隔墙或楼下人员，防止击穿时伤人。

（9）人力搬运管子、阀门等时应小心轻装轻卸，动作一致，互相照应。起吊重物，必须先认真检查吊具、绳索是否可靠。起吊重物时，起吊重物下不准站人。

（10）架空管道未正式固定前，应有临时性绑扎或卡定，防止滚动、滑落。

（11）管道安装前应清理和检查管道内杂物。管道施工中途停工时，应临时堵封管子敞口，防止小支物进入管内。

（12）阀门安装后应关闭严密。试压时可打开，试压后仍关闭。待调试或试运时加以开启调节流量。

（13）水压试验前应检查一遍管线，有不符合设计要求的应立即修正，临时封堵应有足够的强度，阀件应开启到最大，孔板、调压阀、温度计等应拆除。

（14）水压试验时升压应缓慢，沿程管线应有专人巡视，压力在 0.3 MPa 以下允许紧螺栓和用手锤检查焊缝。在法兰、盲板等处，人员应避开结合口。严禁带压检修，必须放压汇水后进行修理工作。

（15）夏季进行水压试验，必须放压泄水后进行修理工作。冬季进行水压试验，应有防冻措施，试压后泄尽存水。

（16）蒸汽吹洗时，吹洗阀应缓慢开大，吹洗距离内用围绳围起，严禁人员进入。

第二节 地下室、管沟和管井施工

（1）在光线暗淡场所用行灯照明设施时，其电压不得超过24 V。在密闭金属容器内及潮湿地上，行灯电压不得超过12 V。

（2）在进入土沟、土坑内作业前，必须仔细检查边坡应无裂纹和落土，边坡角度和堆土距离应符合安全规程，若有不够安全的因素时，应采取加固支撑等措施。

（3）地下室、沟、井等底部有积水，应认真采取排水措施，且防止带电线在水中导电。

（4）地下室、沟、井等场所通风不良时，应采取通风措施，如发现有毒气体，应采取相应安全技术措施。外面设专人监护。

（5）施工人员不得在土坑、土沟内休息。也不得在通风不良甚至有毒气体的地下室、沟、井内休息，即使有通风措施的也应防止可能发生的突发性停电事故等。

（6）进入通气的燃气管道沟，沿线检查时不得吸烟和携带明火，应用手电筒照明。封盖的管道沟内滞留时间不得超过1 h。沟外有专人监护，以防中毒。

（7）往沟、井内运送工具、材料，应慢慢滑放，沟内人员应注意安全避让。

第三节 管 道 安 装

（1）凡在有易爆、易燃物质的地点施工时，应按专门的防护规定进行操作。

（2）在有毒性、刺激性或腐蚀性的气体、液体或粉尘的场所工作时，应编制专门的防护措施进行作业。

（3）管沟开挖时土方离管沟边沿不得小于800mm，所用材料及工具不得在沟边存放，施工时应经常检查沟壁两侧是否有松动和裂缝或渗水现象，可能有塌方时应及时加护板和支撑。

（4）铸铁管打口用工具不得放在管子上，两人同时打口应互相配合，精力集中。

（5）使用大锤和手锤之前，应检查木柄是否牢靠。

（6）两人使用套丝板套丝时应均匀用力，并随时检查松板，压力挂钩是否扣紧，退套丝板应慢退，防止套丝板快速滑下伤人。

（7）使用管钳或扳手时在靠近地面、墙、设备操作，手指应撒开把柄，而用手掌用力。

（8）管道组装对口或水平移动时，严禁用手摸管口，以免将手指切伤或压伤。

（9）使用手提砂轮或角向磨光时应戴防护眼镜，进入工件时应缓慢，旋转方向应正确，操作时面部与砂轮偏侧，停用时待停转后才可将砂轮放于安全处。

（10）吊装管子时两端应拴好拉绳，预制件翻身或转动时应考虑重心位置，防止滑动或重心偏移而伤人。

（11）在协助电焊工组对管道焊口时应有必要的防护措施，以免弧光刺伤眼睛，脚应站在干燥的木板或其他绝缘板上。

（12）新旧管道交叉时，应弄清旧管道中介质并采取安全措施，防止爆炸、燃烧及中毒事故发生。

（13）氧气管道在安装、吹扫、试压时所用的工具及防护用品不得有油。

（14）氨管道充氨、试运转应配置防毒面具、灭火器、湿毛巾。

第四节 管道施工工具及设备使用

（1）所使用的工具及设备必须性能良好，安全装置可靠，电动设备应有可靠的接地，电动工具必须装置触电保安器。

（2）使用电动工具或设备时应在空载情况下启动，操作人员应戴上绝缘手套，如在金属工作台上操作，应穿上绝缘胶鞋或在工作台上铺设绝缘垫板，电动工具或设备发生故障时应及时进行修理。

（3）拧紧螺栓应使用合适的扳手，扳手不得代替锤子，操作钻床时不得戴手套。

（4）操作电动旋转的弯管模，在机械停止转动前不得调整其部件。

（5）采用高速砂轮片割管时必须先夹紧管子，砂轮片往下压时应缓慢而均匀，同时人身不能面对砂轮片，并应戴防护眼镜，砂轮上应设置防护罩。

（6）装砂平台应搭设牢固并设有栏杆，用机械打砂时下面不得站人，砂子必须干燥无杂质。

（7）在地炉上加热管煨弯时应脚上戴鞋盖，用卷扬机煨弯时平台应固定牢靠，人不得站在钢丝绳内侧。

第五节 管道试压清洗、吹扫、脱脂

（1）压力试验用压力表，必须经校验合格后方可使用，表数应为两块以上。

（2）管道试压前应检查管道与支架的紧固性和管道堵板的牢靠性，确认无问题后，方能进行试压。

（3）压力较高的管道试压时，应划定危险区，并安排人员警戒，禁止无关人员进入。

（4）试压时升压和降压应缓慢进行，不能过急。压力必须按设计或验收规范要求进行，不得任意增加，停泵稳压后方可进行检查，发现渗漏时严禁带压修理，排放口不得对准电线、基础和有人操作的场地。

（5）管道清洗及脱脂应在通风良好的地方进行，如用易燃物品清洗或脱脂时周围严禁有火源，并应配合消防设备。脱脂剂不得与浓酸、浓碱接触，二氯乙烷与精馏酒精不得同时使用，脱脂后的废液应妥善处理。

（6）用酸碱清洗管子时应戴防护面罩、耐酸手套和穿耐酸胶靴，裤脚应置于胶靴外，调配酸液时必须先放水后倒酸。

（7）管道吹扫口应设置在开阔安全地域。

（8）吹扫口和气源之间应设置通信联络，并设专人负责安全。

（9）用氧气、煤气、天然气吹扫时排气口必须远离火源，用天然气吹扫管线时必须以不大于 4 m/s 的流速缓慢地置换管内空气，当管内天然气含量达 95%时方可在吹扫压力下进行吹扫，吹扫口的天然气必须烧掉。

(10) 管内存水必须在吹扫前排放完毕。

(11) 乙炔和管道宜有空气吹扫后再用氮气进行置换，在管道终端取样检查，气体内氧气含量不大于3%为合格。

(12) 如遇特殊情况或本节未规定安全操作要领时，应按有关规定执行。

第六节　管　道　堆　放

(1) 施工现场应整齐清洁，各种设备、材料和废料应按指定地点堆放。各种管材堆放应符合下列要求：

1）公称直径小于或等于300 mm的管子，其堆放高度不得高于1 m。

2）公称直径300～500 mm的管子，堆放高度不得高于3层。

3）公称直径大于500 mm的管子，应单层堆放。

4）取管时应从上至下分层取管。严禁从侧面及下部取管。

(2) 不得在起吊物体下作业、通过或停留，应与运转机械保持一定的安全距离。

第十七章　通风与空调工程安全技术措施

第一节　基本安全要求

(1) 凡是从事设备安装工作的人员应执行国家、行业有关安全技术规程。

(2) 新参加工作的工人应进行安全技术培训和教育，没有经过安全技术教育的人不得上岗施工，对本工种安全技术规程不熟悉的人不得独立作业。

(3) 凡编制施工组织设计或施工技术措施文件时，应同时编制切合实际情况的安全技术措施。

(4) 凡参与设备安装施工的电焊工、气焊工、起重吊车司机和现场叉车司机必须经过当地劳动部门安全培训，考试合格后方可参与施工。

(5) 土建、装饰、安装等几个单位在同一现场施工时，必须共同拟定确保安全施工的措施，否则不许工人在同一垂直线下方工作。

第二节　通风与空调工程设备安装

(1) 设备吊装必须按施工方案规定选用索具、工具以及机械设备。

(2) 吊点应按技术资料指定部位，如无据可查，应使吊点设在质心以上且不得损坏设备。

(3) 钢丝绳吊索挂好后，应稍加受力，以调整使千斤受力均匀，同时也使设备的部件保持平衡，然后再起吊离地 5 ~ 10 cm，检查是否平衡，一切正常后方可正式起吊。

(4) 严禁在精加工面，传动轴上捆扎千斤或扛撬。

(5) 设备组装或就位对孔时，严禁用手插入连接面或用手去摸螺丝孔。

(6) 设备和附件未经固定或放稳，严禁松钩。

(7) 严禁易滚动或未经捆扎的工件，随设备或部件一并起吊。

(8) 擦洗机件或设备的汽油、柴油等易燃物应按防火规定妥善处理，严禁明火靠近。

(9) 拆装部件或调整间隙时必须切断电源，拆去保险丝并挂上“有人操作，禁止合闸”等警告牌。

(10) 拆装配件时（如轴和精密工件）应用铜棒、木棒或橡皮锤，不得用大锤敲打。

(11) 将轴吊起后，在其下面检查时，必须将倒链的链子打结保险。

(12) 用热装法加热温度不得超过 400℃。

第三节　通风与空调工程风管安装

(1) 在屋面、框架和管架上铺设铁皮时不应将半张以上铁皮举得太高，以防大风吹落伤人，下班前应将铁皮钉牢或拴扎牢固。

（2）吊运风管或材料时应注意周围有无障碍物，特别注意不得碰到电线。

（3）吊装风管或风机时应加溜绳稳住，防止冲撞吊装设备及被吊装物品。

（4）风管、部件或设备未经稳固，严禁脱钩。

（5）不得在未固定好的风管上或架空的铁皮上站立。

（6）悬吊的风管应在适当位置设置防止摆动的固定支撑架。

（7）在平顶顶棚上安装通风管道、部件时，事先应检查通道、栏杆、吊筋、楼板等处的牢固程度，并应将孔洞、深坑盖好盖板，以防发生意外。

（8）起吊风管、部件或设备前应认真检查工具、索具，不得使用有缺陷或损坏的工具、索具。

（9）吊装风管所用的索具要牢固，吊装时应加溜绳稳住，与电线应保持安全距离。

第四节　通风与空调工程风管与部件制作

（1）熔锡时严禁锡液着水，防止飞溅，盐酸要妥善保管。

（2）搬运大型过重通风设备时要步调一致，配合密切，防止砸伤。

（3）酒精等易燃品使用后要严格保管，以防发生火灾。

（4）潮湿地下室施工，应用36V以下低压灯泡。

（5）组装风管法兰孔时应用尖冲撬正，严禁用手指触摸。

（6）使用剪刀机，上刀架不准放置工具等物品。调整铁皮时脚不能放在踏板上，剪切时，禁止将手伸入板空隙中。

（7）使用固定式振动剪，两手要扶稳钢板用力适当，手指离刀口不得小于5 cm。刀片破损应及时停机更换。

（8）使用电钻、电剪刀时应用防触电措施。操作时不能用力过猛，以防折断钻头和刀片。

（9）使用拆边机时手拿工作物不要过紧，手离刀口和压脚均须大于20 mm。

（10）使用压口机时应利用机械自动拉走铁皮，不得用力推铁皮。压横接口要先将咬口部分铲掉，以防损坏机械，手离压轮要大于20 mm。

（11）使用咬口机，要将铁皮咬口处对好后再开车。风管咬口时，拉杆必须复原后再开车。开车后手指不得放在轨道上。

（12）使用辊床时，手应离开两压辊的缝隙不小于20 mm。

（13）使用法兰弯曲机时，调节机轮应停车拉闸，手指不得靠近机轮。

（14）掀起长条材料时，不得碰到对面的人或机具。

（15）生炉子和其他动火时应遵守防火规程和建设单位的动火制度。

（16）应遵守防爆、防毒、防尘等安全生产有关规定。

（17）进行焊锡时应戴好手套，不得仰焊，使用的烙铁及盐酸应妥善保管。

（18）折方时应互相配合，料与折方机保持距离，以免被翻转的钢板和配重击伤。

（19）操作卷圆机、压缝机，手不得直接推送工件。

（20）材料间、更衣室不得使用超过60 W灯泡，严禁使用碘钨灯和家用电加热器（包括电炉、电热杯、热得快、电饭煲）取暖、烧水、烹饪。

第五节　通风与空调试运转

（1）试运转要遵守下列规定：

1）严格遵守专业有关技术规定，制订设备运转方案，并严格执行。

2）试运转前必须周密检查，并与有关单位和其他配合工种取得联系与配合。

3）先以单机运转合格后再进行联动试车。

4）机械运转时不得加油、擦洗和修理。当皮带轮转动时，严禁挂皮带。

5）有足够的润滑油和冷却水。

6）电气设备应运转正常。

7）严禁将手和头伸入机械行程范围内。

8）要运转时，应围有警戒线，严禁无关人员入内。

（2）充装氨和氟利昂时，必须遵守下列规定：

1）现场必须通风良好，供水充足，道路畅通。

2）现场必须有排风机。

3）现场必须备有两副以上防毒面具。

4）操作时必须有人监护。

第十八章 构件安装工程安全技术措施

第一节 构件吊装工程

（1）吊装前应检查机械索具、夹具、吊环等是否符合要求并应进行试吊。

（2）吊装时必须有统一的指挥、统一的信号。

（3）高空作业人员必须系安全带，安全带生根处需安全可靠。

（4）高空作业人员不得喝酒，在高空作业时不得开玩笑。

（5）高空作业穿着要灵便，禁止穿硬底鞋、高跟鞋、塑料底鞋和带钉的鞋。

（6）吊车行走道路和工作地点应坚实平整，以防沉陷发生事故。

（7）6级以上大风和雷雨、大雾天气，应暂停露天起重和高空作业。

（8）拆卸千斤顶时，下方不应站人。

（9）使用撬棒等工具，用力要均匀、要慢，支点要稳固，防止滑脱发生事故。

（10）构件在未经校正、焊牢或固定之前，不准松绳脱钩。

（11）起吊笨重物件时不可中途长时间悬吊、停滞。

（12）起重吊装所用之钢丝绳，不准触及有电线路和电焊搭铁线或与坚硬物体摩擦。

（13）遵守起重吊装的“十不吊”中的有关规定。

第二节 钢结构吊装

（1）钢结构吊装时，为防止人员、物料和工具坠落或飞出造成安全事故需铺设安全网。安全平网设置在梁面以上2 m处，当楼层高度小于4.5 m时，安全平网可隔层设置。安全平网要求在建筑平面范围内满铺。安全竖网铺设在建筑物外围，防止人和物飞出造成安全事故，安全竖网铺设的高度一般为两节柱的高度。

（2）为了便于接柱施工，在接柱处要设操作平台。平台固定在下节柱的顶部。

（3）需在刚安装的钢梁上设置存放电焊机、空压机、氧气瓶、乙炔瓶等设备用的平台。放置距离符合安全生产的有关规定。

（4）为便于施工登高，吊装柱子前要先将登高钢梯固定在钢柱上，为便于进行柱梁节点紧固高强螺栓或焊接，需在柱梁节点下方安装挂篮脚手。

（5）施工用的电动机械和设备均需接地，绝对不允许使用破损的电线和电缆，严防设备漏电。施工用电器设备和机械的电缆需集中在一起，并随楼层的施工而逐节升高。每层楼面需分别设置配电箱，供每层楼面施工用电需要。

（6）高空施工，当风速达到15 m/s时，所有工作均需停止。

（7）施工时还应该注意防火，提供必要的灭火设备和消防监护人员。

第三节 铁器构件安装工程

（1）吊运工件时，应注意被吊工作物的重量及使用钢丝绳（千斤绳）的允许荷载力，并向吊机指挥人员说明吊运的目的地，并事先清理目的地周围的障碍物。

（2）吊装工作就位时，应注意安装人员的手和脚，要做到稳、准。

（3）高空安装工件时，要系好安全带、扣好保险扣，工件高空就位后要有临时固定措施，各类工具、材料、配件应采取防止高处坠落的安全措施。

（4）使用各类移动电具（如电钻、电扳手、手提砂轮等）的电源插头必须插入有二级漏电保护的插座内。

（5）铁器构件安装中的电焊、气割工作，应由有证的焊工操作，有符合现场动火审批手续，并有专职人员进行现场消防监护。

（6）使用榔头前应检查手柄的牢固状况，敲榔头时不准戴手套。

（7）使用油泵千斤顶要注意压力负荷，要垫平放直。

（8）使用撬棒要注意放稳和力的支点，防止滑脱、弹击伤人。

第十九章　高空作业安全技术措施

第一节　高处作业基本安全要求

高处作业基本安全要求

（1）进入现场必须戴好安全帽，系好帽带，并正确使用个人劳动防护用具。

（2）悬空作业处应有牢靠的立足处，并必须视具体情况配置防护网、栏杆或其他安全设施。

（3）悬空作业所用的索具、脚手板、吊篮、吊笼、平台等设备，均需经过技术鉴定或检证后方可使用。

（4）建筑施工进行高处作业之前，应进行安全防护设施的逐项检查和验收。验收合格后，方可进行高处作业。验收也可分层进行或分阶段进行。

（5）安全防护设施应由单位工程负责人验收，并组织有关人员参加。

（6）安全防护设施的验收，应具备下列资料：

1）施工组织设计及有关验算数据。

2）安全防护设施验收记录。

3）安全防护设施变更记录及签证。

（7）安全防护设施的验收，主要包括以下内容：

1）所有临边、洞口等各类技术措施的设置状况。

2）技术措施所用的配件、材料和工具的规格和材质。

3）技术措施的节点构造及其与建筑物的固定情况。

4）扣件和连接件的紧固程序。

5）安全防护设施的用品及设备的性能与质量是否合格的验证。

（8）安全防护设施的验收应按类别逐项查验，并作出验收记录。凡不符合规定者必须修整合格后再行查验。施工工期内还应定期进行抽查。

第二节　悬　空　作　业

一、构件吊装和管道安装悬空作业

（1）钢结构的吊装，构件应尽可能在地面组装，并应搭设进行临时固定、电焊、高强螺栓连接等工序的高空安全设施，随构件同时上吊就位。拆卸时的安全措施，亦应一并考虑和落实。高空吊装预应力钢筋混凝土屋架、桁架等大型构件前，也应搭设悬空作业中所需的安全措施。

（2）悬空安装大模板、吊装第一块预制构件、吊装单独的大中型预制构件时，必须站在操作平台上进行操作。吊装中的大模板和预制构件以及石棉水泥板等屋面板上，严禁站人和行走。

（3）安装管道时必须以已完结构或操作平台为立足点，严禁在安装中的管道上站立和行走。

二、模板支撑和拆卸悬空作业

（1）支模应按规定的作业程序进行，模板未固定前不得进行下一道工序。严禁在连接件和支撑件上攀登，并严禁在上下同一垂直面上装、拆模板。结构复杂的模板装、拆应严格按照施工组织设计的措施进行。

（2）支设高度在 3 m 以上的柱模板，四周应设斜撑并应设立操作平台。低于 3 m 的可使用马凳操作。

（3）支设悬挑形式的模板时应有稳固的立足点。支设临空构筑物模板时应搭设支架或脚手架。模板上有预留洞时，应在安装后将洞盖没。混凝土板上拆模后形成的临边或洞口，应按本规范有关章节进行防护。

拆模高处作业，应配置登高用具或搭设支架。

三、混凝土浇注悬空作业

（1）浇注离地 2 m 以上框架、过梁、雨篷和小平台时应设操作平台，不得直接站在模板或支撑件上操作。

（2）浇注拱形结构应自两边拱脚对称的相向方向进行。浇注储仓下口应先行封闭，并搭设脚手架以防人员坠落。

（3）特殊情况下如无可靠的安全设施，必须系好安全带并扣好保险钩或架设安全网。

四、预应力张拉悬空作业

（1）进行预应力张拉时，应搭设站立操作人员和设置张拉设备用的牢固可靠的脚手架或操作平台。雨天张拉时，还应搭设防雨棚。

（2）预应力张拉区域应标示明显的安全标志，禁止非操作人员进入。张拉钢筋的两端必须设置挡板。挡板应距所张拉钢筋的端部 1.5～2 m，且应高出最上一组张拉钢筋0.5 m，其宽度应距张拉钢筋两外侧各不小于 1 m。

（3）孔道灌浆应按预应力张拉安全设施的有关规定进行。

五、门窗安装悬空作业

（1）安装门、窗，油漆及安装玻璃时，严禁操作人员站在樘子、阳台栏板上操作。门窗临时固定，封填材料未达到强度，以及电焊时，严禁手拉门、窗进行攀登。

（2）在高处外墙安装门、窗，无外脚手架时，应张挂安全网。无安全网时，操作人员应系好安全带，其保险钩应挂在操作人员上方的可靠物件上。

（3）进行各项窗口作业时，操作人员的重心应位于室内，不得在窗台上站立，必要时应系好安全带进行操作。

六、钢筋绑扎悬空作业

（1）绑扎钢筋和安装钢筋骨架时，必须搭设脚手架和马道。

（2）绑扎圈梁、挑梁、挑檐、外墙和边柱等钢筋时，应搭设操作台架和张挂安全网。悬空大梁钢筋的绑扎，必须在满铺脚手板的支架或操作平台上操作。

（3）绑扎立柱和墙体钢筋时，不得站在钢筋骨架上或攀登骨架。3 m 以内的柱钢筋可在地面或楼面上绑扎，整体竖立。绑扎 3 m 以上的柱钢筋，必须搭设操作平台。

第三节　临　边　作　业

一、搭设临边防护栏杆

（1）临边防护栏杆杆件的规格及连接要求：

1）毛竹横杆小头有效直径不应小于 70 mm，栏杆柱小头直径不应小于 80 mm，并需用不小于 16 号的镀锌钢丝绑扎，不应少于 3 圈并无斜滑。

2）原木横杆上杆梢径不应小于 70 mm，下杆梢径不应小于 60 mm，栏杆柱梢径不应小于 75 mm。并需用相应长度的圆钉钉紧，或用不应小于 12 号的镀锌钢丝绑扎，要求表面平顺和稳固无动摇。

3）钢筋横杆上杆直径不应小于 16 mm，下杆直径不应小于 14 mm，栏杆柱直径不应小于 18 mm，采用电焊或镀锌钢丝绑扎固定。

4）钢管横杆及栏杆柱均采用 ϕ48 mm ×（2.75～3.5）mm 的管材，以扣件或电焊固定。

5）以其他钢材如角钢等作防护栏杆杆件时，应选有强度相当的规格，以电焊固定。

（2）搭设临边防护栏杆的要求：

1）防护栏杆应由上、下两道横杆及栏杆柱组成，上杆离地高度为 1.0～1.2 m，下杆离地高度为 0.5～0.6 m。坡度大于 1∶22 的屋面，防护栏杆应高 1.5 m，并张挂安全立网。除经设计计算外，横杆长度大于 2 m 时，必须加设栏杆柱。

2）栏杆柱固定的要求：

①当在基坑四周固定时，可采用钢管并打入地面 50～70 cm 深。钢管离边口的距离，不应小于 50 cm。当基坑周边采用板桩时，钢管可打在板柱外侧。

②当在混凝土楼面、屋面或墙面上固定时，可用预埋件与钢管或钢筋焊牢。采用竹、木栏杆时，可在预埋件上焊接 30 cm 长的 L50 × 5 角钢，其上下各钻一孔，然后用 10 mm 螺栓与竹、木杆件拴牢。

③当在砖或砌块等砌体上固定时，可预先砌入规格相适应的 80 mm × 6 mm 弯转扁钢作预埋铁的混凝土块，然后用上项方法固定。

3）栏杆柱的固定及其与横杆的连接，其整体构造应使防护栏杆在上杆任何处，能经受任何方向的 1 000N 外力。当栏杆所处位置有发生人群拥挤、车辆冲击或物件碰撞等可能时，应加大横杆截面或加密柱距。

4）防护栏杆必须自上而下用安全立网封闭，或在栏杆下边设置严密固定的高度不低于 18 cm 的挡脚板或 40 cm 的挡脚笆。挡脚板与挡脚笆上如有孔眼，不应大于 25 mm。板与笆下边距离底面的空隙不应大于 10 mm。接料平台两侧的栏杆，必须自上而下张挂安全立网或满扎竹笆。

5）当临边的外侧面临街道时除防护栏杆外，敞口立面必须采取满挂安全网或其他可靠措施作全封闭处理。

二、临边作业基本安全要求

对临边高处作业，必须设置防护措施，并符合下列规定：

（1）基坑周边尚未安装栏杆或栏板的阳台、料台与换平台周边，雨篷与挑檐边，无外脚手架的屋面与楼层周边及水箱与水塔周边等处，都必须设置防护栏杆。

（2）头层墙高度超过 3.2 m 的二层楼面周边以及无外脚手架的高度超过 3.2 m 的楼层周边，必须在外围架设安全平网一道。

（3）分层施工的楼梯口和梯段边必须安装临时护栏，顶层楼梯口应随工程结构进度安装正式的防护栏杆。

（4）井架与施工用电梯和脚手架等与建筑通道的两侧边必须设防护栏杆，地面通道上部应装设安全防护棚。双笼井架通道中间应予以分隔封闭。

（5）各种垂直运输接料平台除两侧设防护栏杆外，平台口还应设置安全门或活动防护栏杆。

第四节　洞　口　作　业

一、洞口作业安全基本要求

进行洞口作业以及因工程和工序需要而产生的，使人与物有坠落危险或危及人身安全的其他洞口进行高处作业时，必须按下列规定设置防护设施：

（1）板与墙的洞口，必须设置牢固的盖板、防护栏杆、安全网或其他防坠落的防护设施。

（2）电梯井口必须设防护栏杆或固定栅门，电梯井内应每隔两层并最多隔 10 m 设一道安全网。

（3）钢管桩、钻孔桩等桩孔上口，杯形、条形基础上口，未填土的坑槽以及人孔、天窗、地板门等处，均应安装洞口防护设置稳固的盖件。

（4）施工现场通道附近的各类洞口与坑槽等处除设置防护设施与安全标志外，夜间还应设红灯示警。

二、施工洞口防护

洞口根据具体情况采取设置防护栏杆、加盖件、张挂安全网与装栅门等措施时，必须符合下列要求：

（1）楼板、屋面和平台等面上短边的孔口，必须用坚实盖板盖没，盖板应能防止挪动移位。

(2) 楼板面等处边长为 25 ~ 50 cm 的洞口、安装预制构件时的洞口以及缺件临时形成的洞口，可用竹、木等做盖板，盖住洞口。盖板须能保持四周搁置均衡，并有固定其位置的措施。

(3) 边长为 50 ~ 150 cm 以上的洞口必须设置以扣件扣接钢管而成的网格，并在其上满铺竹笆或脚手板。也可采用贯穿于混凝土板内的钢筋构成防护网，钢筋网格间距不得大于 20 cm。

(4) 边长在 150 cm 以上的洞口四周设防护栏杆，洞口下张挂安全平网。

(5) 垃圾井道和烟道，应随楼层的砌筑或安装而消除洞口或参照预留洞口作防护。管道井施工时除按上款办理外，还应加设明显的标志。如有临时性拆移，须经施工负责人核准，工作完毕后必须恢复防护设施。

(6) 位于车辆行驶道旁的洞口、深沟与管道坑、槽，所加盖板应能承受不小于当地额定卡车后轮有效承载力 2 倍的荷载。

(7) 墙面等处的竖向洞口，凡落地的洞口应加装开关式、工具式或固定的防护门，门栅网格的间距不应大于 15 cm，也可采用防护栏杆，下设挡脚板（笆）。

(8) 下边沿至楼板或底面低于 80 cm 的窗台等竖向洞口，如侧边落差大于 2 m 时，应加设 1.2 m 高的临时护栏。

(9) 对邻近的人与物有坠落危险性的其他竖向的孔、洞口，均应予以盖没或加以防护，并予以固定。

第五节　平　台　作　业

一、操作平台作业

移动式操作平台，必须符合下列规定：

(1) 操作平台应由专业技术人员按现行的相应规范进行设计，计算书及图纸应编入施工组织设计。

(2) 操作平台的面积不应超过 10 m^2，高度不应超过 5 m。还应进行稳定验算，并采取措施减少立柱的长细比。

(3) 装设轮子的移动式操作平台，轮子与平台的接合处应牢固可靠，立柱底端离地面不得超过 80 mm。

(4) 操作平台可采用 ϕ（48 ~ 51）mm 直径、3.5 mm 厚的钢管与扣件连接，亦可采用门架式或承插式钢管脚手架部件，按产品使用要求进行组装。平台的次梁间距不应大于 40 cm，台面应满铺 3 cm 厚的木板或竹笆。

(5) 操作平台四周必须按临边作业要求设置防护栏杆，并应布置登高扶梯。

二、悬挑式钢平台作业

(1) 悬挑式钢平台应按现行的相应规范进行设计，其结构构造应能防止左右晃动，计算书及图纸应编入施工组织设计。

(2) 悬挑式钢平台的搁支点与上部拉结点必须位于建筑物上，不得设置在脚手架等施工设备上。

(3) 斜拉杆或钢丝绳，构造上宜两边各设前后两道，两道中的每一道均应作单道受力计算。

(4) 应设置4个经过验算的吊环。吊运平台时应使用卡环不得使吊钩直接钩挂吊环。吊环应用甲类3号沸腾钢制作。

(5) 钢平台安装时，钢丝绳应采用专用的挂钩挂牢，采取其他方式时卡头的卡子不得少于3个。建筑物锐角利口围系钢丝绳处应加衬软垫物，钢平台外口应略高于内口。

(6) 钢平台左右两侧必须装置固定的防护栏杆。

(7) 钢平台吊装需待横梁支撑点电焊固定，接好钢丝绳，调整完毕经过检查验收，方可松卸起重吊钩，上下操作。

(8) 钢平台使用时应有专人进行检查，发现钢丝绳有锈蚀损坏应及时调换，焊缝脱焊应及时修复。

操作平台上应显著地标明允许荷载值。操作平台上人员和物料的总重量，严禁超过设计的允许荷载。应配备专人加以监督。

第二十章　拆除工程安全技术措施

第一节　基　本　规　定

（1）项目经理必须对拆除工程的安全生产负全面领导责任。项目经理部应按有关规定设专职安全员，检查落实各项安全技术措施。

（2）施工单位应全面了解拆除工程的图纸和资料，进行现场勘察，编制施工组织设计或安全专项施工方案。

（3）拆除工程施工区域应设置硬质封闭围挡及醒目警示标志，围挡高度不应低于1.8 m,非施工人员不得进入施工区。当临街的被拆除建筑与交通道路的安全距离不能满足要求时，必须采取相应的安全隔离措施。

（4）拆除工程必须制定生产安全事故应急救援预案。

（5）施工单位应为从事拆除作业的人员办理意外伤害保险。

（6）拆除施工严禁立体交叉作业。

（7）作业人员使用手持机具时，严禁超负荷或带故障运转。

（8）楼层内的施工垃圾，应采用封闭的垃圾道或垃圾袋运走，不得向下抛掷。

（9）根据拆除工程施工现场作业环境，应制定相应的消防安全措施。施工现场应设置消防车通道，保证充足的消防水源，配备足够的灭火器材。

第二节　施工准备阶段安全措施

（1）拆除工程的建设单位与施工单位在签订施工合同时，应签订安全生产管理协议，明确双方的安全管理责任。施工单位应对拆除工程的安全技术管理负直接责任。

（2）建设单位应向施工单位提供下列资料：

1）拆除工程的有关图纸和资料。

2）拆除工程涉及区域的地上、地下建筑及设施分布情况资料。

（3）当拆除工程对周围相邻建筑安全可能产生危险时，必须采取相应保护措施，对建筑内的人员进行撤离安置。

（4）在拆除作业前，施工单位应检查建筑内各类管线的情况，确认全部切断后方可施工。

（5）在拆除工程作业中发现不明物体应停止施工，采取相应的应急措施保护现场，及时向有关部门报告。

第三节 安全施工管理措施

一、人工拆除

（1）进行人工拆除作业时，楼板上严禁人员聚集或堆放材料，作业人员应站在稳定的结构或脚手架上操作，被拆除的构件应有安全的放置场所。

（2）人工拆除施工应从上至下、逐层拆除分段进行，不得垂直交叉作业。作业面的孔洞应封闭。

（3）人工拆除建筑墙体时，严禁采用掏掘或推倒的方法。

（4）拆除建筑的栏杆、楼梯、楼板等构件，应与建筑结构整体拆除进度相配合，不得先行拆除。建筑的承重梁、柱应在其所承载的全部构件拆除后，再进行拆除。

（5）拆除梁或悬挑构件时，应采取有效的下落控制措施，方可切断两端的支撑。

（6）拆除柱子时应沿柱子底部剔凿出钢筋，使用手动倒链定向牵引，再采用气焊切割柱子三面钢筋，保留牵引方向正面的钢筋。

（7）拆除管道及容器时必须在查清残留物的性质，并采取相应措施确保安全后方可进行拆除施工。

二、机械拆除

（1）当采用机械拆除建筑时应从上至下、逐层分段进行，应先拆除非承重结构再拆除承重结构。拆除框架结构建筑，必须按楼板、次梁、主梁、柱子的顺序进行施工。对只进行部分拆除的建筑必须先将保留部分加固，再进行分离拆除。

（2）施工中必须由专人负责监测被拆除建筑的结构状态，做好记录。当发现有不稳定状态的趋势时必须停止作业，采取有效措施，消除隐患。

（3）拆除施工时，应按照施工组织设计选定的机械设备及吊装方案进行施工，严禁超载作业或任意扩大使用范围。供机械设备使用的场地必须保证足够的承载力。作业中机械不得同时回转、行走。

（4）进行高处拆除作业时，对较大尺寸的构件或沉重的材料必须采用起重机具及时吊下。拆卸下来的各种材料应及时清理，分类堆放在指定场所，严禁向下抛掷。

（5）采用双机抬吊作业时，每台起重机载荷不得超过允许载荷的80%，且应对第一吊进行试吊作业，施工中必须保持两台起重机同步作业。

（6）拆除吊装作业的起重机司机，必须严格执行操作规程。信号指挥人员必须按照国家现行标准《起重吊运指挥信号》（GB 5082）的规定作业。

（7）拆除钢屋架时，必须采用绳索将其拴牢，待起重机吊稳后，方可进行气焊切割作业。吊运过程中，应采用辅助措施使被吊物处于稳定状态。

（8）拆除桥梁时应先拆除桥面的附属设施及挂件、护栏等。

三、爆破拆除

（1）爆破拆除工程应根据周围环境作业条件、拆除对象、建筑类别、爆破规模，按照国家现行标准《爆破安全规程》（GB 6722）将工程分为 A、B、C 三级，并采取相应的安全技术措施。爆破拆除工程应做出安全评估并经当地有关部门审核批准后方可实施。

（2）从事爆破拆除工程的施工单位，必须持有工程所在地法定部门核发的《爆炸物品使用许可证》，承担相应等级的爆破拆除工程。爆破拆除设计人员应具有承担爆破拆除作业范围和相应级别的爆破工程技术人员作业证。从事爆破拆除施工的作业人员应持证上岗。

（3）爆破器材必须向工程所在地法定部门申请《爆炸物品购买许可证》，到指定的供应点购买。爆破器材严禁赠送、转让、转卖、转借。

（4）运输爆破器材时必须向工程所在地法定部门申请领取《爆炸物品运输许可证》，派专职押运员押送，按照规定路线运输。

（5）爆破器材临时保管地点，必须经当地法定部门批准。严禁同室保管与爆破器材无关的物品。

（6）爆破拆除的预拆除施工应确保建筑安全和稳定。预拆除施工可采用机械和人工方法拆除非承重的墙体或不影响结构稳定的构件。

（7）对烟囱、水塔类构筑物采用定向爆破拆除工程时，爆破拆除设计应控制建筑物倒塌时的触地震动。必要时应在倒塌范围铺设缓冲材料或开挖防震沟。

（8）为保护临近建筑和设施的安全，爆破震动强度应符合国家现行标准《爆破安全规程》（GB 6722）的有关规定。建筑基础爆破拆除时，应限制一次同时使用的药量。

（9）爆破拆除施工时，应对爆破部位进行覆盖和遮挡，覆盖材料和遮挡设施应牢固可靠。

（10）爆破拆除应采用电力起爆网路和非电导爆管起爆网路。电力起爆网路的电阻和起爆电源功率应满足设计要求。非电导爆管起爆应采用复式交叉封闭网路。爆破拆除不得采用导爆索网路或导火索起爆方法。

装药前，应对爆破器材进行性能检测。试验爆破和起爆网路模拟试验应在安全场所进行。

（11）爆破拆除工程的实施应在工程所在地有关部门的领导下成立爆破指挥部，应按照施工组织设计确定的安全距离设置警戒。

（12）爆破拆除工程的实施除应符合规范（GBJ 4—64）第 4.3 节的要求外，必须按照国家现行标准《爆破安全规程》（GB 6722）的规定执行。

四、静力破碎

（1）进行建筑基础或局部块体拆除时，宜采用静力破碎的方法。

（2）采用具有腐蚀性的静力破碎剂作业时，灌浆人员必须戴防护手套和防护眼镜。孔内注入破碎剂后，作业人员应保持安全距离，严禁在注孔区域行走。

（3）静力破碎剂严禁与其他材料混放。

（4）在相邻的两孔之间，严禁钻孔与注入破碎剂同步进行。

（5）静力破碎时发生异常情况，必须停止作业。查清原因并采取相应措施确保安全后方可继续施工。

五、安全防护措施

（1）拆除施工采用的脚手架、安全网必须由专业人员按设计方案搭设，由有关人员验收合格后方可使用。水平作业时，操作人员应保持安全距离。

（2）安全防护设施验收时，应按类别逐项查验并有验收记录。

（3）作业人员必须配备相应的劳动保护用品，并正确使用。

（4）施工单位必须依据拆除工程安全施工组织设计或安全专项施工方案，在拆除施工现场划定危险区域，并设置警戒线和相关的安全标志，应派专人监管。

（5）施工单位必须落实防火安全责任制，建立义务消防组织，明确责任人负责施工现场的日常防火安全管理工作。

六、安全技术管理措施

（1）拆除工程开工前，应根据工程特点、构造情况、工程量等编制施工组织设计或安全专项施工方案，应经技术负责人和总工程师签字批准后实施。施工过程中如需变更，应经原审核人批准，方可实施。

（2）在恶劣的气候条件下，严禁进行拆除作业。

（3）当日拆除施工结束后，所有机械设备应远离被拆除建筑。施工期间的临时设施应与被拆除建筑保持安全距离。

（4）从业人员应办理相关手续，签订劳动合同，进行安全培训，考试合格后方可上岗作业。

（5）拆除工程施工前，必须对施工作业人员进行书面安全技术交底。

（6）拆除工程施工必须建立安全技术档案，技术档案应包括下列内容：

1）拆除工程施工合同及安全管理协议书。

2）拆除工程安全施工组织设计或安全专项施工方案。

3）安全技术交底。

4）脚手架及安全防护设施检查验收记录。

5）劳务用工合同及安全管理协议书。

6）机械租赁合同及安全管理协议书。

（7）施工现场临时用电必须按照国家现行标准《施工现场临时用电安全技术规范》（JGJ 46）的有关规定执行。

（8）拆除工程施工过程中，当发生重大险情或生产安全事故时应及时启动应急预案排除险情、组织抢救、保护事故现场，并向有关部门报告。

七、文明施工管理措施

（1）清运渣土的车辆应封闭或覆盖，出入现场时应有专人指挥。清运渣土的作业时间应遵守工程所在地的有关规定。

（2）对地下的各类管线，施工单位应在地面上设置明显标识。对水、电、气的检查井、污水井应采取相应的保护措施。

（3）拆除工程施工时，应有防止扬尘和降低噪声的措施。

（4）拆除工程完工后，应及时将渣土清运出场。

（5）施工现场应建立健全动火管理制度。施工作业动火时必须履行动火审批手续，领取动火证后方可在指定时间、地点作业。作业时应配备专人监护，作业后必须确认无火源危险后方可离开作业地点。

（6）拆除建筑时当遇有易燃、可燃物及保温材料时，严禁明火作业。

第二十一章　施工机械安全管理

第一节　基本安全管理要求

一、施工场地及临时设施准备

（1）施工场地要为机械使用提供良好的工作环境。需要构筑基础的机械要预先构筑好符合规定要求的轨道基础或固定基础。一般机械的安装场地必须平整坚实，四周要有排水沟。

（2）设置为机械施工必需的临时设施，主要有停机场、机修所、油库，以及固定使用的机械工作棚等。其设置位置要选择得当，布置要合理，便于机械施工作业和使用管理，符合安全要求，建造费用低，以及交通运输方便等条件。

（3）根据施工机械作业时的最大用电量和用水量，设置相应的电、水输入设施，保证机械施工用电、用水的需要。

二、机械进场前、后的准备

（1）施工现场所需的机械，由施工负责人根据施工组织设计审定的机械需用计划，向机械经营单位签订租赁合同后按时组织进场。

（2）进入施工现场的机械必须保持技术状况完好，安全装置齐全、灵敏、可靠，机械编号的技术标牌完整、清晰，起重、运输机械应经年审并具有合格证。

（3）需要在现场安装的机械，应根据机械技术文件（随机说明书、安装图纸和技术要求等）的规定进行安装。安装要有专人负责，经调试合格并签署交接记录后方可投入生产。

对于塔式起重机、施工升降机的安装、拆卸，必须由具有资质证件的专业队承担，要按有针对性的安拆方案进行作业，安装完毕后应按规定进行技术试验，验收合格后方可交付使用。

（4）电力拖动的机械要做到一机、一闸、一箱，漏电保护装置灵敏可靠，电气元件、接地、接零和布线符合规范要求，电缆卷绕装置灵活可靠。

（5）现场机械的明显部位或机棚内要悬挂切实可行的简明安全操作规程和岗位责任标牌。

（6）进入现场的机械要进行作业前的检查和保养，以确保作业中的安全运行。刚从其他工地转来的机械，可按正常保养级别及项目提前进行。停放机械应进行使用前的保养，封存机械应进行启封保养，新机或刚大修出厂的机械，应按规定进行磨合期保养。

不称职者及时调换。对滥用职权者或以权谋私者进行及时处理并撤换。

三、施工机械安全管理

（1）建立健全安全生产责任制

机械安全生产责任制是企业岗位责任制的重要内容之一。由于机械的安全直接影响施工生产的安全，所以机械的安全指标应列入企业经理的任期目标。企业经理是企业机械的总负责人，应对机械安全负全责。机械管理部门要有专人管理机械安全，基层也要有专职或兼职的机械安全员，形成机械安全管理网。

（2）编制安全施工技术措施

编制机械施工方案时，应有保证机械安全的技术措施。对于重型机械的拆装、重大构件的吊装，超重、超宽、超高物件的运输，以及危险地段的施工等，都要编制安全施工、安全运行的技术方案，以确保施工、生产和机械的安全。

在机械保养、修理中，要制定安全作业技术措施，以保障人身和机械安全。在机械及附件、配件等保管中也应制定相应的安全制度。特别是油库和机械库要制定更严格的安全制度和安全标志，确保机械和油料的安全保管。

（3）贯彻执行机械使用安全技术规程（JGJ 33—2001）

《建筑机械使用安全技术规程》是建设部制定和颁发的标准。它是根据机械的结构和运转特点以及安全运行的要求，规定机械使用和操作过程中必须遵守的事项、程序及动作等基本规则，是机械安全运行、安全作业的重要保障。机械施工和操作人员认真执行本规程，可保证机械的安全运行防止事故的发生。

（4）开展机械安全教育

机械安全教育是企业安全生产教育的重要内容，主要是针对专业人员进行具有专业特点的安全教育工作所以也叫专业安全教育。对各种机械的操作人员必须进行专业技术培训和机械使用安全技术规程的学习，作为取得操作证的主要考核内容。

（5）认真开展机械安全检查活动

机械安全检查的内容：一是机械本身的故障和安全装置的检查，主要是消除机械故障和隐患，确保安全装置灵敏可靠；二是机械安全施工生产的检查，主要是检查施工条件、施工方案、措施是否能确保机械安全施工生产。

第二节　垂直运输机械

一、基本安全要求

（1）操作人员在作业前必须对工作现场环境、行驶道路、架空电线、建筑物以及构件重量和分布情况进行全面了解。

（2）现场施工负责人应为起重机作业提供足够的工作场地，清除或避开起重臂起落及回转半径内的障碍物。

（3）各类起重机应装有音响清晰的喇叭、电铃或汽笛等信号装置。在起重臂、吊钩、平衡重等转动体上应标以鲜明的色彩标志。

（4）起重吊装的指挥人员必须持证上岗，作业时应与操作人员密切配合执行规定的指挥信号。操作人员应按照指挥人员的信号进行作业，当信号不清或错误时，操作人员可拒绝执行。

(5) 操纵室远离地面的起重机，在正常指挥发生困难时，地面及作业层的指挥人员均应采用对讲机等有效的通信联络手段进行指挥。

(6) 在露天有6级及以上大风或大雨、大雪、大雾等恶劣天气时应停止起重吊装作业。雨雪过后作业前应先试吊，确认制动器灵敏可靠后方可进行作业。

(7) 起重机的变幅指示器、力矩限制器、起重量限制器以及各种行程限位开关等安全保护装置应完好齐全、灵敏可靠，不得随意调整或拆除。严禁利用限制器和限位装置代替操纵机构。

(8) 操作人员进行起重机回转、变幅、行走和吊钩升降等动作前，应发出音响信号示意。

(9) 起重机作业时，起重臂和重物下方严禁有人停留、工作或通过。重物吊运时，严禁从人上方通过。严禁用起重机载运人员。

(10) 操作人员应按规定的起重性能作业，不得超载。在特殊情况下需超载使用时必须经过验算，有保证安全的技术措施，并写出专题报告，经企业技术负责人批准，有专人在现场监护下，方可作业。

(11) 严禁使用起重机进行斜拉、斜吊和起吊地下埋设或凝固在地面上的重物以及其他不明重量的物体。现场浇注的混凝土构件或模板，必须全部松动后方可起吊。

(12) 起吊重物应绑扎平稳、牢固，不得在重物上再堆放或悬挂零星物件。易散落物件应使用吊笼栅栏固定后方可起吊。标有绑扎位置的物件应按标记绑扎后起吊。吊索与物件的夹角宜为45°~60°，且不得小于30°，吊索与物件棱角之间应加垫块。

(13) 起吊载荷达到起重机额定起重量的90%及以上时，应先将重物吊离地面200~500mm后，检查起重机的稳定性、制动器的可靠性、重物的平稳性、绑扎的牢固性，确认无误后方可继续起吊。对易晃动的重物应拴拉绳。

(14) 重物起升和下降速度应平稳、均匀，不得突然制动。左右回转应平稳，当回转未停稳前不得作反向动作。非重力下降式起重机，不得带载自由下降。

(15) 严禁起吊重物长时间悬挂在空中，作业中遇突发故障应采取措施将重物降落到安全地方，并关闭发动机或切断电源后进行检修。在突然停电时应立即把所有控制器拨到零位，断开电源总开关并采取措施使重物降到地面。

(16) 起重机不得靠近架空输电线路作业。起重机的任何部位与架空输电导线的安全距离不得小于表21-1的规定。

起重机与架空输电导线的安全距离 **表21-1**

方　向	安全距离/m				
	<1kV	1~15kV	20~40kV	60~110kV	220kV
沿垂直方向	1.5	3.0	4.0	5.0	6.0
沿水平方向	1.0	1.5	2.0	4.0	6.0

(17) 起重机使用的钢丝绳，应有钢丝绳制造厂签发的产品技术性能和质量的证明文件。当无证明文件时，必须经过试验合格后方可使用。

(18）起重机使用的钢丝绳，其结构形式、规格及强度应符合该型起重机使用说明书的要求。钢丝绳与卷筒应连接牢固，放出钢丝绳时卷筒上应至少保留三圈，收放钢丝绳时应防止钢丝绳打环、扭结、弯折和乱绳，不得使用扭结、变形的钢丝绳。使用编结的钢丝绳，其编结部分在运行中不得通过卷筒和滑轮。

(19）钢丝绳采用编结固接时，编结部分的长度不得小于钢丝绳直径的20倍，并不应小于300mm，其编结部分应捆扎细钢丝。当采用绳卡固接时，与钢丝绳直径匹配的绳卡的规格、数量应符合表21-2中的规定。最后一个绳卡距绳头的长度不得小于140mm。绳卡滑鞍（夹板）应在钢丝绳承载时受力的一侧，“U”形螺栓应在钢丝绳的尾端，不得正反交错。绳卡初次固定后，应待钢丝绳受力后再度紧固，并宜拧紧到使两绳直径高度压扁1/3。作业中应经常检查紧固情况。

与绳径匹配的绳卡数 **表21-2**

钢丝绳直径/mm	10以下	10~20	21~26	28~36	36~40
最少绳卡数/个	3	4	5	6	7
绳卡间距/mm	80	140	160	220	240

(20）每班作业前应检查钢丝绳及钢丝绳的连接部位。当钢丝绳在一个节距内断丝根数达到或超过表21-3中的根数时，应予报废。当钢丝绳表面锈蚀或磨损使钢丝绳直径显著减少时，应按表21-4报废标准折减，并按折减后的断丝数报废。

钢丝绳报废标准（一个节距内的断丝数） **表21-3**

采用的安全系数	断丝数					
	规格6×19+1		规格6×37+1		规格6×61+1	
	交互捻/根	同向捻/根	交互捻/根	同向捻/根	交互捻/根	同向捻/根
6以下	12	6	22	11	36	18
6~7	14	7	26	13	38	19
7以上	16	8	30	15	40	20

钢丝绳锈蚀或磨损时报废标准的折减系数 **表21-4**

钢丝绳表面锈蚀或磨损量/%	10	15	20	25	30~40	>40
折减系数	85	75	70	60	50	报废

(21）向转动的卷筒上缠绕钢丝绳时，不得用手拉或脚踩的方式来引导钢丝绳。在钢丝绳上涂抹润滑脂，必须在停止运转后进行。

(22）起重机的吊钩和吊环严禁补焊。当出现下列情况之一时应更换：

1）表面有裂纹、破口。

2）危险断面及钩颈有永久变形。

3）挂绳处断面磨损超过高度的10%。

4）吊钩衬套磨损超过原厚度的50%。

5）心轴（销子）磨损超过其直径的3%~5%。

(23）当起重机制动器的制动鼓表面磨损达1.5~2.0mm（小直径取小值，大直径取大值）时，应更换制动鼓。同样当起重机制动器的制动带磨损超过原厚度的50%时，应更换制动带。

二、履带式起重机

(1) 起重机应在平坦坚实的地面上作业、行走和停放。在正常作业时坡度不得大于3°，并应与沟渠、基坑保持安全距离。

(2) 起重机启动前重点检查项目应符合下列要求：

1) 各安全防护装置及各指示仪表齐全完好。

2) 钢丝绳及连接部位符合规定。

3) 燃油、润滑油、液压油、冷却水等添加充足。

4) 各连接件无松动。

(3) 作业时，起重臂的最大仰角不得超过出厂规定。当无资料可查时不得超过78°。

(4) 起重机变幅应缓慢平稳，严禁在起重臂未停稳前变换挡位，起重机载荷达到额定起重量的90%及以上时严禁下降起重臂。

(5) 在起吊载荷达到额定起重量的90%及以上时升降动作应慢速进行，并严禁同时进行两种及以上动作。

(6) 采用双机抬吊作业时，应选用起重性能相似的起重机进行。抬吊时应统一指挥，动作应配合协调，载荷应分配合理，单机的起吊载荷不得超过允许载荷的80%。在吊装过程中，两台起重机的吊钩滑轮组应保持垂直状态。

(7) 起重机如需带载行走时载荷不得超过允许起重量的70%，行走道路应坚实平整，重物应在起重机正前方向，重物离地面不得大于500mm并应拴好拉绳，缓慢行驶。严禁长距离带载行驶。

(8) 起重机行走时转弯不应过急，当转弯半径过小时应分次转弯，当路面凹凸不平时不得转弯。

(9) 起重机上下坡道时应无载行走，上坡时应将起重臂仰角适当放小，下坡时应将起重臂仰角适当放大。严禁下坡空挡滑行。

(10) 起重机转移工地，应采用平板拖车运送。特殊情况需自行转移时应卸去配重，拆短起重臂，主动轮应在后面，机身、起重臂、吊钩等必须处于制动位置，并应加保险固定。每行驶500~1 000m时应对行走机构进行检查和润滑。

(11) 起重机通过桥梁、水坝、排水沟等构筑物时，必须先查明允许载荷后再通过。必要时应对构筑物采取加固措施。通过铁路、地下水管、电缆等设施时应铺设木板保护，并不得在上面转弯。

(12) 用火车或平板拖车运输起重机时所用跳板的坡度不得大于15°，起重机装上车后应将回转、行走、变幅等机构制动，并采用三角木楔紧履带两端，再牢固绑扎，后部配重用枕木垫实不得使吊钩悬空摆动。

三、塔式起重机

(1) 起重机的轨道基础应符合下列要求：

1) 路基承载能力：轻型（起重量30kN以下）应为60~100kPa；中型（起重量31~150kN）应为101~200kPa；重型（起重量150kN以上）应为200kPa以上。

2）每间隔6m应设轨距拉杆一个，轨距允许偏差为公称值的1/1 000，且不超过±3mm。

3）在纵横方向上，钢轨顶面的倾斜度不得大于1/1 000。

4）钢轨接头间隙不得大于4mm并应与另一侧轨道接头错开，错开距离不得小于1.5mm，接头处应架在轨枕上，两轨顶高度差不得大于2mm。

5）距轨道终端1m处必须设置缓冲止挡器，其高度不应小于行走轮的半径。在距轨道终端2m处必须设置限位开关碰块。

6）鱼尾板连接螺栓应紧固，垫板应固定牢靠。

（2）起重机的混凝土基础应符合下列要求：

1）混凝土强度等级不低于C35。

2）基础表面平整度允许偏差1/1 000。

3）埋设件的位置、标高和垂直度以及施工工艺符合出厂说明书要求。

（3）起重机的轨道基础或混凝土基础应验收合格后方可使用。

（4）起重机的轨道基础两旁、混凝土基础周围应修筑边坡和排水设施，并应与基坑保持一定安全距离。

（5）起重机的金属结构、轨道及所有电气设备的金属外壳应有可靠的接地装置，接地电阻不应大于4Ω。

（6）起重机的拆装必须由取得建设行政主管部门颁发的拆装资质证书的专业队进行，并应有技术和安全人员在场监护。

（7）起重机拆装前，应按照出厂的有关规定编制拆装作业方法、质量要求和安全技术措施，经企业技术负责人审批后，作为拆装作业技术方案，并向全体作业人员交底。

（8）拆装作业前检查项目应符合下列要求：

1）路基和轨道铺设或混凝土基础应符合技术要求。

2）对所拆装起重机的各机构、各部位、结构焊缝、重要部位螺栓、销轴、卷扬机构和钢丝绳、吊钩、吊具以及电气设备、线路等进行检查，使隐患排除于拆装作业之前。

3）对自升塔式起重机顶升液压系统的液压缸和油管、顶升套架结构、导向轮、顶升撑脚（爬爪）等进行检查，及时处理存在的问题。

4）对采用旋转塔身法所用的主副地锚架、起落塔身卷扬钢丝绳以及起升机构制动系统等进行检查，确认无误后方可使用。

5）对拆装人员所使用的工具、安全带、安全帽等进行检查，不合格者立即更换。

6）检查拆装作业中配备的起重机、运输汽车等辅助机械，应状况良好，技术性能应保证拆装作业的需要。

7）拆装现场电源电压、运输道路、作业场地等应具备拆装作业条件。

8）安全监督岗的设置及安全技术措施的贯彻落实已达到要求。

（9）起重机的拆装作业应在白天进行。当遇大风、浓雾和雨雪等恶劣天气时，应停止作业。

（10）指挥人员应熟悉拆装作业方案，遵守拆装工艺和操作规程，使用明确的指挥信号进行指挥。所有参与拆装作业的人员都应听从指挥，如发现指挥信号不清或有错误时，应停止作业，待联系清楚后再进行。

(11) 拆装人员在进入工作现场时，应穿戴好安全保护用品，高处作业时应系好安全带，熟悉并认真执行拆装工艺和操作规程，当发现异常情况或疑难问题时应及时向技术负责人反映，不得自行其是，应防止处理不当而造成事故。

(12) 起重机塔身升降时，应符合下列要求：

1) 升降作业过程必须有专人指挥、专人照看电源、专人操作液压系统、专人拆装螺栓。非作业人员不得登上顶升套架的操作平台。操纵室内应只准一人操作、必须听从指挥信号。

2) 升降应在白天进行，特殊情况需在夜间作业时，应有充分的照明。

3) 风力在4级及以上时不得进行升降作业。在作业中风力突然增大达到4级时必须立即停止，并应紧固上、下塔身各连接螺栓。

四、施工电梯

(1) 一般规定

1) 电梯司机必须经专门安全技术培训，考试合格，持证上岗。严禁酒后作业。

2) 司机必须熟悉所操作电梯的性能、构造、保养、维修知识，按规定及时填写机械履历书和规定的报表。

3) 施工电梯周围5m以内不得堆放易燃、易爆物品及其他杂物，不得在此范围内挖沟、坑、槽。电梯地面进料口应搭设防护棚。

4) 梯笼维修时若拆下零部件后，梯笼的重量低于配重时，必须将梯笼锁在导轨架上。

5) 严禁利用施工电梯的井架、横竖支撑牵拉缆绳、标语和其他与电梯无关的物品。

6) 同一现场施工的塔式起重机或其他起重机械应距施工电梯5m以上，并应有可靠的防撞措施。

7) 施工电梯安装完毕后必须经有关人员检查验收合格后方可投入使用。

(2) 安全操作

1) 施工电梯每班首次运行时必须空载及满载运行，梯笼升离地面1m左右停车，检查制动器灵敏性，然后继续上行楼层平台，检查安全防护门、下限位、前、后门限位，确认正常后方可投入运行。

2) 梯笼乘人、载物时必须使载荷均匀分布，严禁超载作业。

3) 电梯运行至最上层和最下层时仍应操纵按钮，严禁以行程限位开关自动碰撞的方法停机。

4) 施工电梯启动前必须先鸣笛示警，夜间操作应有足够的照明。

5) 双笼电梯当一只梯笼在进行笼外保养或检修时，另一只梯笼不得运行。

6) 电梯运行中司机不准做有妨碍电梯运行的动作，不得离开操作岗位，应随时观察电梯各部音响、温度、气味和外来障碍物等现象，发现反常应及时停机检查处理，故障未排除严禁运行。

7) 施工电梯停止运行后应遵守以下规定：

①电梯未切断总电源开关前，司机不得离开操作岗位；

②作业后，将梯笼降到底层，各控制开关扳至零位，切断电源，锁好闸箱和梯门；

③班后按规定进行清扫、保养，并做好当班记录。

8）凡遇有下列情况时应停止运行：

①天气恶劣：大雨、大风（6级风以上）、大雾、导轨结冰等；

②灯光不明、信号不清；

③机械发生故障未排除；

④钢丝绳断丝磨损超过报废标准。

（3）安装与拆除

1）安装前，应按要求做好基础、电源、光源、工具和电梯进场道路及堆放场地的准备工作。

2）清点和检查施工电梯的内外梯笼、配重、钢丝绳、井架、横竖支撑、过桥、围栏等应齐全完好，不符合应更换或修理。

3）检查电梯井架与建筑物连接处的预埋件的强度，必须符合规定。

4）在梯笼下面作业时，必须用枕木支撑牢固。

5）安装、拆卸必须专人统一指挥，作业区上方及地面10m范围内设禁区并设专人监护。

6）电梯在重新安装以前（转移施工现场）必须认真检修和调试限速器。若使用期满1年，应重新检修、调试。

7）在梯笼顶部进行安装、拆卸和检修作业时，必须使用可移动电钮。

8）在安装拆卸时，严禁超过架设载荷量（即无配重时的载荷量）的规定。

9）用起重机安装、拆卸井架时，组装井架不得超过4节。

10）安装吊杆有悬挂物时不得开动梯笼。

11）拆卸井架时必须先吊好井架，再松下螺栓梯笼上部，导向轮必须降到应拆下井架之下。

12）横竖支撑的安装与拆卸，必须随井架高度同步进行。

13）安装时底笼与建筑物的距离，附着支撑的间隔，前后支撑的间隔，井架悬挑高度，齿轮、齿条的间隙均应符合说明书的规定。

14）雨天、雾天及5级风以上的天气，不得进行安装与拆卸。

15）安装、拆卸和维修的人员在井架上作业时必须穿防滑鞋、系安全带，不得以投掷方法传递工具和器件，紧固或松开螺栓时严禁双手操作，应一手扳扳手一手握住井架杆件。

第三节　土　方　机　械

一、基本安全要求

（1）作业前，应查明施工场地明、暗设置物（电线、地下电缆、管道、坑道等）的地点及走向，并采用明显记号表示。严禁在离电缆1m距离以内作业。

（2）作业中应随时监视机械各部位的运转及仪表指示值，如发现异常应立即停机检修。

（3）机械运行中，严禁接触转动部位和进行检修。在修理（焊、铆等）工作装置时，应使其降到最低位置，并应在悬空部位垫上垫木。

（4）在电杆附近取土时，对不能取消的拉线、地垄和杆身，应留出土台。土台半径：电杆应为1.0～1.5m，拉线应为1.5～2.0m。并应根据土质情况确定坡度。

（5）机械不得靠近架空输电线路作业，并应按照本规程的规定留出安全距离。

（6）机械通过桥梁时应采用低速挡慢行，在桥面上不得转向或制动。承载力不够的桥梁，事先应采取加固措施。

（7）在施工中遇下列情况之一时应立即停工，待符合作业安全条件时方可继续施工：

1）填挖区土体不稳定，有发生坍塌危险时。

2）气候突变，发生暴雨、水位暴涨或山洪暴发时。

3）在爆破警戒区内发出爆破信号时。

4）地面涌水冒泥，出现陷车或因雨发生坡道打滑时。

5）工作面净空不足以保证安全作业时。

6）施工标志、防护设施损毁失效时。

（8）配合机械作业的清底、平地、修坡等人员，应在机械回转半径以外工作。当必须在回转半径以内工作时，应停止机械回转并制动好后，方可作业。

（9）雨季施工，机械作业完毕后，应停放在较高的坚实地面上。

（10）当挖土深度超过5m或发现有地下水以及土质发生特殊变化等情况时，应根据土的实际性能计算其稳定性，再确定边坡坡度。

（11）当对石方或冻土进行爆破作业时，所有人员、机具应撤至安全地带或采取安全保护措施。

二、蛙式夯实机

（1）蛙式夯实机应适用于夯实灰土和素土的地基、地坪及场地平整，不得夯实坚硬或软硬不一的地面、冻土及混有砖石碎块的杂土。

（2）作业前重点检查项目应符合下列要求：

1）除接零或接地外，应设置漏电保护器，电缆线接头绝缘良好。

2）传动皮带松紧度合适，皮带轮与偏心块安装牢固。

3）转动部分有防护装置，并进行试运转确认正常后方可作业。

（3）作业时夯实机扶手上的按钮开关和电动机的接线均应绝缘良好。当发现有漏电现象时，应立即切断电源进行检修。

（4）夯实机作业时，应一人扶夯一人传递电缆线，且必须戴绝缘手套和穿绝缘鞋。递线人员应跟随夯实机后或在两侧调顺电缆线，电缆线不得扭结或缠绕，且不得张拉过紧，应保持有3～4m的余量。

（5）作业时应防止电缆线被夯击。移动时应将电缆线移至夯实机后方，不得隔机抢扔电缆线，当转向倒线困难时应停机调整。

（6）作业时手握扶手应保持机身平衡，不得用力向后压，并应随时调整行进方向。转弯时不得用力过猛，不得急转弯。

（7）夯实填高土方时，应在边缘以内100～150mm夯实2～3遍后，再夯实边缘。

（8）在较大基坑作业时，不得在斜坡上夯行，应避免造成夯头后折。

（9）夯实房心土时，夯板应避开房心内地下构筑物、钢筋混凝土基桩、机座及地下管道等。

(10) 在建筑物内部作业时，夯板或偏心块不得打在墙壁上。

(11) 多机作业时其平列间距不得小于5m，前后间距不得小于10m。

(12) 夯实机前进方向和夯实机四周1m范围内，不得站立非操作人员。

(13) 夯实机连续作业时间不应过长，当电动机超过额定温升时应停机降温。

(14) 夯实机发生故障时应先切断电源，然后排除故障。

(15) 作业后应切断电源，卷好电缆线，清除夯实机上的泥土并妥善保管。

三、振动冲击夯

(1) 振动冲击夯应适用于黏性土、砂及砾石等散状物料的压实，不得在水泥路面和其他坚硬地面作业。

(2) 作业前重点检查项目应符合下列要求：

1) 各部件连接良好，无松动。

2) 内燃冲击夯有足够的润滑油，油门控制器转动灵活。

3) 电动冲击夯有可靠的接零或接地，电缆线表面绝缘完好。

(3) 内燃冲击夯启动后，内燃机应怠速运转3~5min，然后逐渐加大油门，待内燃冲击夯跳动稳定后，方可作业。

(4) 电动冲击夯在接通电源启动后，应检查电动机旋转方向，有错误时应倒换相线。

(5) 作业时应正确掌握冲击夯机,不得倾斜,手把不宜握得过紧,能控制冲击夯前进速度即可。

(6) 正常作业时不得使劲往下压手把，影响冲击夯跳起高度。在较松的填料上作业或上坡时可将手把稍向下压，并应能增加冲击夯前进速度。

(7) 在需要增加密实度的地方，可通过手把控制冲击夯在原地反复夯实。

(8) 根据作业要求，内燃冲击夯应通过调整油门的大小，在一定范围内改变内燃冲击夯振动频率。

(9) 内燃冲击夯不宜在高速下连续作业，在内燃机高速运转时不得突然停车。

(10) 电动冲击夯应装有漏电保护装置，操作人员必须戴绝缘手套、穿绝缘鞋。作业时电缆线不应拉得过紧，应经常检查线头安装，不得松动及引起漏电。严禁冒雨作业。

(11) 作业中当发现冲击夯有异常的响声时，应立即停机检查。

(12) 短距离转移时应先将冲击夯手把稍向上抬起，将运输轮装入冲击夯的挂钩内，再压下手把使重心后倾，方可推动手把转移冲击夯。

(13) 作业后应清除夯板上的泥沙和附着物，保持冲击夯清洁并妥善保管。

第四节　混凝土机械

一、混凝土搅拌机

(1) 固定式搅拌机应安装在牢固的台座上。当长期固定时应埋置地脚螺栓，在短期使用时应在机座上铺设木枕并找平放稳。

(2) 固定式搅拌机的操纵台，应使操作人员能看到各部工作情况。电动搅拌机的操作台应垫上橡胶板或干燥木板。

(3) 移动式搅拌机的停放位置应选择平整坚实的场地，周围应有良好的排水沟渠。就位后，应放下支腿将机架顶起达到水平位置，使轮胎离地。当使用期较长时，应将轮胎卸下妥善保管，轮轴端部用油布包扎好并用枕木将机架垫起支牢。

(4) 启动前应使活塞往复两次，无阻梗时方可空载启动。启动后应待运转正常，再逐步增加载荷。

(5) 运转中应经常测试泥浆含砂量。泥浆含砂量不得超过10%。

(6) 有多档速度的泥浆泵，在每班运转中应将几档速度分别运转，运转时间均不得少于30min。

(7) 运转中不得变速，当需要变速时应停泵进行换档。

(8) 运转中，当出现异响或水量、压力不正常或有明显高温时，应停泵检查。

(9) 在正常情况下，应在空载时停泵。停泵时间较长时，应全部打开放水孔并松开缸盖，提起底阀放水杆，放尽泵体及管道中的全部泥砂。

(10) 长期停用时，应清洗各部泥砂、油垢，将曲轴箱内润滑油放尽，并应采取防锈、防腐措施。

二、混凝土泵

(1) 混凝土泵应安放在平整、坚实的地面上，周围不得有障碍物，在放下支腿并调整后应使机身保持水平和稳定，轮胎应揳紧。

(2) 泵送管道的敷设应符合下列要求：

1) 水平泵送管道宜直线敷设。

2) 垂直泵送管道不得直接装接在泵的输出口上，应在垂直管前端加装长度不小于20m的水平管，并在水平管近泵处加装逆止阀。

3) 敷设向下倾斜的管道时，应在输出口上加装一段水平管，其长度不应小于倾斜管高低差的5倍。当倾斜度较大时，应在坡度上端装设排气活阀。

4) 泵送管道应有支撑固定，在管道和固定物之间应设置木垫做缓冲，不得直接与钢筋或模板相连，管道与管道间应连接牢靠；管道接头和卡箍应扣牢密封不得漏浆；不得将已磨损管道装在后端高压区。

5) 泵送管道敷设后，应进行耐压试验。

(3) 砂石粒径、水泥标号及配合比应按出厂规定，满足泵机可泵性的要求。

(4) 作业前应检查并确认泵机各部螺栓紧固，防护装置齐全可靠，各部位操纵开关、调整手柄、手轮、控制杆、旋塞等均在正确位置，液压系统正常无泄漏，液压油符合规定，搅拌斗内无杂物，上方的保护格网完好无损。

(5) 输送管道的管壁厚度应与泵送压力匹配，近泵处应选用优质管子。管道接头、密封圈及弯头等应完好无损。高温烈日下应采用湿麻袋或湿草袋遮盖管路，并应及时浇水降温，寒冷季节应采取保温措施。

(6) 应配备清洗管、清洗用品、接球器及有关装置。开泵前，无关人员应离开管道周围。

(7) 启动后应空载运转，观察各仪表的指示值，检查泵和搅拌装置的运转情况，确认一切正常后方可作业。泵送前应向料斗加入10L清水和0.3m^{3}的水泥砂浆润滑泵及管道。

(8) 泵送作业中，料斗中的混凝土平面应保持在搅拌轴轴线以上。料斗格网上不得堆满混凝土，应控制供料流量及时清除超粒径的骨料及异物，不得随意移动格网。

(9) 当进入料斗的混凝土有离析现象时应停泵，待搅拌均匀后再泵送。当骨料分离严重、料斗内灰浆明显不足时，应剔除部分骨料，另加砂浆重新搅拌。

(10) 泵送混凝土应连续作业；当因供料中断被迫暂停时，停机时间不得超过30min。暂停时间内应每隔5～10min（冬季3～5min）做2～3个冲程反泵—正泵运动，再次投料泵送前应先将料搅拌。当停泵时间超限时，应排空管道。

(11) 垂直向上泵送中断后再次泵送时，应先进行反向推送，使分配阀内混凝土吸回料斗，经搅拌后再正向泵送。

(12) 泵机运转时，严禁将手或铁锹伸入料斗或用手抓握分配阀。当需在料斗或分配阀上工作时，应先关闭电动机和消除蓄能器压力。

(13) 不能随意调整液压系统压力。当油温超过70℃时，应停止泵送，但仍应使搅拌叶片和风机运转，待降温后再继续运行。

(14) 水箱内应储满清水，当水质混浊并有较多砂粒时，应及时检查处理。

(15) 泵送时不得开启任何输送管道和液压管道，不得调整、修理正在运转的部件。

(16) 作业中应对泵送设备和管路进行观察，发现隐患应及时处理。对磨损超过规定的管子、卡箍、密封圈等应及时更换。

(17) 应防止管道堵塞。泵送混凝土应搅拌均匀控制好坍落度，在泵送过程中不得中途停泵。

(18) 当出现输送管堵塞时应进行反泵运转，使混凝土返回料斗；当反泵几次仍不能消除堵塞时，应在泵机卸载情况下拆管排除堵塞。

(19) 作业后，应将料斗内和管道内的混凝土全部输出，然后对泵机、料斗、管道等进行冲洗。当用压缩空气冲洗管道时，进气阀不应立即开大，只有当混凝土顺利排出时，方可将进气阀开至最大。在管道出口端前方10m内严禁站人，并应用金属网篮等收集冲出的清洗球和砂石粒。对凝固的混凝土，应采用刮刀清除。

(20) 作业后，应将两侧活塞转到清洗室位置，并涂上润滑油。各部位操纵开关、调整手柄、手轮、控制杆、旋塞等均应复位。液压系统应卸载。

三、插入式振动器

(1) 插入式振动器的电动机电源上，应安装漏电保护装置，接地或接零应安全可靠。

(2) 操作人员应经过用电教育，作业时应穿绝缘胶鞋和戴绝缘手套。

(3) 电缆线应满足操作所需的长度。电缆线上不得堆压物品或让车辆挤压，严禁用电缆线拖拉或吊挂振动器。

(4) 使用前应检查各部并确认连接牢固，旋转方向正确。

(5) 振动器不得在初凝的混凝土、地板、脚手架和干硬的地面上进行试振。在检修或作业间断时，应断开电源。

(6) 作业时振动棒软管的弯曲半径不得小于500mm，并不得多于两个弯，操作时应将振动棒垂直地沉入混凝土，不得用力硬插、斜推或让钢筋夹住棒头，也不得全部插入混凝土中，插入深度不应超过棒长的3/4，不宜触及钢筋、芯管及预埋件。

（7）振动棒软管不得出现断裂，当软管使用过久使长度增长时应及时修复或更换。

（8）作业停止需移动振动器时应先关闭电动机，再切断电源。不得用软管拖拉电动机。

（9）作业完毕应将电动机、软管、振动棒清理干净，并应按规定要求进行保养作业。振动器存放时不得堆压软管，应平直放好，并应对电动机采取防潮措施。

四、附着式、平板式振动器

（1）附着式、平板式振动器轴承不应承受轴向力，在使用时电动机轴应保持水平状态。

（2）在一个模板上同时使用多台附着式振动器时，各振动器的频率应保持一致，相对面的振动器应错开安装。

（3）作业前，应对附着式振动器进行检查和试振。试振不得在干硬土或硬质物体上进行。安装在搅拌站料仓上的振动器应安置橡胶垫。

（4）安装时振动器底板安装螺孔的位置应正确，应防止底脚螺栓安装扭斜而使机壳受损。底脚螺栓应紧固，各螺栓的紧固程度应一致。

（5）使用时引出电缆线不得拉得过紧，更不得断裂。作业时应随时观察电气设备的漏电保护器和接地或接零装置并确认合格。

（6）附着式振动器安装在混凝土模板上时，每次振动时间不应超过1min，当混凝土在模内泛浆流动或成水平状即可停振，不得在混凝土初凝状态时再振。

（7）装置振动器的构件模板应坚固牢靠，其面积应与振动器额定振动面积相适应。

（8）平板式振动器作业时应使平板与混凝土保持接触，使振波有效地振实混凝土，待表面出浆不再下沉后，即可缓慢向前移动，移动速度应能保证混凝土振实出浆。在振的振动器，不得搁置在已凝或初凝的混凝土上。

第五节　钢 筋 加 工 机 械

一、钢筋调直切断机

（1）料架、料槽应安装平直，并应对准导向筒、调直筒和下切刀孔的中心线。

（2）应用手转动飞轮检查传动机构和工作装置，调整间隙，紧固螺栓，确认正常后启动空运转，并应检查轴承无异响，齿轮啮合良好，运转正常后方可作业。

（3）应按调直钢筋的直径，选用适当的调直块及传动速度。调直块的孔径应比钢筋直径大2～5mm，传动速度应根据钢筋直径选用，直径大的宜选用慢速，经调试合格方可送料。

（4）在调直块未固定、防护罩未盖好前不得送料。作业中严禁打开各部防护罩并调整间隙。

（5）当钢筋送入后手与曳轮应保持一定的距离，不得接近。

（6）送料前，应将不直的钢筋端头切除。导向筒前应安装一根1m长的钢管，钢筋应先穿过钢管再送入调直前端的导孔内。

(7) 经过调直后的钢筋如仍有慢弯，可逐渐加大调直块的偏移量，直到调直为止。

(8) 切断 3～4 根钢筋后，应停机检查其长度，当超过允许偏差时，应调整限位开关或定尺板。

二、钢筋切断机

(1) 接送料的工作台面应和切刀下部保持水平，工作台的长度可根据加工材料长度确定。

(2) 启动前应检查并确认切刀无裂纹，刀架螺栓紧固，防护罩牢靠。然后用手转动皮带轮，检查齿轮啮合间隙，调整切刀间隙。

(3) 启动后应先空运转，检查各传动部分及轴承运转正常后方可作业。

(4) 机械未达到正常转速时不得切料。切料时应使用切刀的中下部位，紧握钢筋对准刃口迅速投入，操作者应站在固定刀片一侧用力压住钢筋，应防止钢筋末端弹出伤人。严禁用两手分在刀片两边握住钢筋俯身送料。

(5) 不得剪切直径及强度超过机械铭牌规定的钢筋和烧红的钢筋。一次切断多根钢筋时，其总截面积应在规定范围内。

(6) 剪切低合金钢时，应更换高硬度切刀，剪切直径应符合机械铭牌规定。

(7) 切断短料时，手和切刀之间的距离应保持在 150mm 以上，如手握端小于 400mm 时，应采用套管或夹具将钢筋短头压住或夹牢。

(8) 运转中严禁用手直接清除切刀附近的断头和杂物。钢筋摆动周围和切刀周围，不得停留非操作人员。

(9) 当发现机械运转不正常、有异常响声或切刀歪斜时，应立即停机检修。

(10) 作业后应切断电源，用钢刷清除切刀间的杂物，进行整机清洁润滑。

(11) 液压传动式切断机作业前，应检查并确认液压油位及电动机旋转方向符合要求。启动后应空载运转，松开放油阀，排净液压缸体内的空气方可进行切筋。

(12) 手动液压式切断机使用前，应将放油阀按顺时针方向旋紧，切割完毕后应立即按逆时针方向旋松。作业中手应持稳切断机，并戴好绝缘手套。

三、钢筋弯曲机

(1) 工作台和弯曲机台面应保持水平，作业前应准备好各种芯轴及工具。

(2) 应按加工钢筋的直径和弯曲半径的要求，装好相应规格的芯轴和成型轴、挡铁轴。芯轴直径应为钢筋直径的 2.5 倍；挡铁轴应有轴套。

(3) 挡铁轴的直径和强度不得小于被弯钢筋的直径和强度。不直的钢筋不得在弯曲机上弯曲。

(4) 应检查并确认芯轴、挡铁轴、转盘等无裂纹和损伤，防护罩坚固可靠，空载运转正常后方可作业。

(5) 作业时应将钢筋需弯一端插入在转盘固定销的间隙内，另一端紧靠机身固定销并用手压紧；应检查机身固定销并确认安放在挡住钢筋的一侧后，方可开动。

(6) 作业中严禁更换轴芯、销子和变换角度以及调速，也不得进行清扫和加油。

（7）对超过机械铭牌规定直径的钢筋严禁进行弯曲。在弯曲未经冷拉或带有锈皮的钢筋时，应戴防护眼镜。

（8）弯曲高强度或低合金钢筋时，应按机械铭牌规定换算最大允许直径并应调换相应的芯轴。

（9）在弯曲钢筋的作业半径内和机身不设固定销的一侧严禁站人。弯曲好的半成品，应堆放整齐，弯钩不得朝上。

（10）转盘换向时，应待停稳后进行。

（11）作业后应及时清除转盘及插入座孔内的铁锈、杂物等。

四、钢筋冷拉机

（1）应根据冷拉钢筋的直径，合理选用卷扬机。卷扬钢丝绳应经封闭式导向滑轮并和被拉钢筋水平方向成直角。卷扬机的位置应使操作人员能见到全部冷拉场地，卷扬机与冷拉中线距离不得少于5m。

（2）冷拉场地应在两端地锚外侧设置警戒区，并应安装防护栏及警告标志。无关人员不得在此停留。操作人员在作业时必须离开钢筋2m以外。

（3）用配重控制的设备应与滑轮匹配，并应有指示起落的记号，没有指示记号时应有专人指挥。配重框提起时高度应限制在离地面300mm以内，配重架四周应有栏杆及警告标志。

（4）作业前应检查冷拉夹具，夹齿应完好，滑轮、拖拉小车应润滑灵活，拉钩、地锚及防护装置均应齐全牢固。确认良好后方可作业。

（5）卷扬机操作人员必须看到指挥人员发出信号，并待所有人员离开危险区后方可作业。冷拉应缓慢、均匀。当有停车信号或见到有人进入危险区时应立即停拉，并稍稍放松卷扬钢丝绳。

（6）用延伸率控制的装置，应装设明显的限位标志，并应有专人负责指挥。

（7）夜间作业的照明设施，应装设在张拉危险区外。当需要装设在场地上空时，其高度应超过5m。灯泡应加防护罩，导线严禁采用裸线。

（8）作业后应放松卷扬钢丝绳，落下配重，切断电源，锁好开关箱。

第六节　装　修　机　械

一、灰浆搅拌机

（1）固定式搅拌机应有牢靠的基础，移动式搅拌机应采用方木或撑架固定，并保持水平。

（2）作业前应检查并确认传动机构、工作装置、防护装置等牢固可靠，三角胶带松紧度适当，搅拌叶片和筒壁间隙在3~5mm之间，搅拌轴两端密封良好。

（3）启动后应先空运转，检查搅拌叶旋转方向正确方可加料加水，进行搅拌作业。加入的砂子应过筛。

（4）运转中严禁用手或木棒等伸进搅拌筒内，或在筒口清理灰浆。

(5) 作业中当发生故障不能继续搅拌时，应立即切断电源，将筒内灰浆倒出，排除故障后方可使用。

(6) 固定式搅拌机的上料斗应能在轨道上移动。料斗提升时，严禁斗下有人。作业后，清水洗净。

二、混凝土切割机

(1) 使用前应检查并确认电动机、电缆线均正常，保护接地良好，防护装置安全有效，锯片选用符合要求，安装正确。

(2) 启动后应空载运转，检查并确认锯片运转方向正确，升降机构灵活，运转中无异常、异响，一切正常后，方可作业。

(3) 操作人员应双手按紧工件，均匀送料，在推进切割机时，不得用力过猛。操作时不得戴手套。

(4) 切割厚度应按机械出厂铭牌规定进行，不得超厚切割。

(5) 加工件送到与锯片相距 300mm 处或切割小块料时，应使用专用工具送料，不得直接用手推料。

(6) 作业中，当工件发生冲击、跳动及异常音响时，应立即停机检查，排除故障后，方可继续作业。

(7) 严禁在运转中检查、维修各部件。锯台上和构件锯缝中的碎屑应采用专用工具及时清除，不得用手捡拾或抹拭。

(8) 作业后，应清洗机身，擦干锯片，排放水箱余水，收回电缆线，并存放在干燥、通风处。

第七节　铆　焊　机　械

一、基本安全要求

(1) 焊接操作及配合人员必须按规定穿戴劳动防护用品，并必须采取防止触电、高空坠落、瓦斯中毒和火灾等事故的安全措施。

(2) 现场使用的电焊机，应设有防雨、防潮、防晒的机棚，并应装设相应的消防器材。

(3) 施焊现场 10m 范围内，不得堆放油类、木材、氧气瓶、乙炔发生器等易燃易爆物品。

(4) 当长期停用的电焊机恢复使用时，其绝缘电阻不得小于 0.5MΩ，接线部分不得有腐蚀和受潮现象。

(5) 电焊机导线应具有良好的绝缘，绝缘电阻不得小于 1MΩ，不得将电焊机导线放在高温物体附近。电焊机导线和接地线不得搭在易燃易爆和带有热源的物品上，接地线不得接在管道、机械设备和建筑物金属构架或轨道上，接地电阻不得大于 4Ω。严禁利用建筑物的金属结构、管道、轨道或其他金属物体搭接起来形成焊接回路。

(6) 电焊钳应有良好的绝缘和隔热能力。电焊钳握柄必须绝缘良好，握柄与导线连结应牢靠，接触良好，连结处应采用绝缘布包好并不得外露。操作人员不得用胳膊挟持电焊钳。

（7）电焊导线长度不宜大于 30m。当需要加长导线时，应相应增加导线的截面。当导线通过道路时必须架高或穿入防护管内埋设在地下；当通过轨道时，必须从轨道下面通过。当导线绝缘受损或断股时，应立即更换。

（8）对承压状态的压力容器及管道、带电设备、承载结构的受力部位和装有易燃易爆物品的容器严禁进行焊接和切割。

（9）焊接铜、铝、锌、锡等有色金属时，应通风良好，焊接人员应戴防毒面罩、呼吸滤清器或采取其他防毒措施。

（10）当需施焊受压容器、密封容器、油桶、管道及沾有可燃气体和溶液的工件时，应先消除容器及管道内压力，消除可燃气体和溶液，然后冲洗有毒、有害、易燃物质；对存有残余油脂的容器，应先用蒸汽、碱水冲洗，并打开盖口，确认容器清洗干净后，再灌满清水方可进行焊接。在容器内焊接应采取防止触电、中毒和窒息的措施。焊、割密封容器应留出气孔，必要时在进、出气口处装设通风设备；容器内照明电压不得超过 12V，焊工与焊件间应绝缘；容器外应设专人监护。严禁在已喷涂过油漆和塑料的容器内焊接。

（11）当焊接预热焊件温度达 150 ~ 700℃时，应设挡板隔离焊件发出的辐射热，焊接人员应穿戴隔热的石棉服装和鞋、帽等。

（12）高空焊接或切割时，必须系好安全带，焊接周围和下方应采取防火措施，并派有专人监护。

（13）雨天不得在露天电焊。在潮湿地带作业时，操作人员应站在铺有绝缘物品的地方，并应穿绝缘鞋。

（14）应按电焊机额定焊接电流和暂载率操作，严禁过载。在载荷运行中，应经常检查电焊机的温升，当温升超过 A 级 60℃、B 级 80℃时，必须停止运转并采取降温措施。

（15）当清除焊缝焊渣时，应戴防护眼镜，头部应避开敲击焊渣飞溅方向。

二、气焊设备

（1）一次加电石 10kg 或每小时产生 5m^3 乙炔的发生器应采用固定式，并应建立乙炔站（房），由专人操作。乙炔站与厂房及其他建筑物的距离应符合国家现行标准《乙炔站设计规范》（GB 50031）及《建筑设计防火规范》（GBJ 16）的有关规定。

（2）乙炔发生器（站）、氧气瓶及软管、阀、表均应齐全有效，紧固牢靠，不得松动、破损和漏气。氧气瓶及其附件、胶管、工具不得沾染油污。软管接头不得采用铜质材料制作。

（3）乙炔发生器、氧气瓶和焊炬相互间的距离不得小于 10m。当不满足上述要求时应采取隔离措施。同一地点有两个以上乙炔发生器时，其相互间距不得小于 10m。

（4）电石的储存地点应干燥，通风良好，室内不得有明火或敷设水管、水箱。电石桶应密封，桶上应标明“电石桶”和“严禁用水灭火”等字样。电石有轻微的受潮时，应轻轻取出电石不得倾倒。

（5）搬运电石桶时应打开桶上小盖，严禁用金属工具敲击桶盖。取装电石和砸碎电石时操作人员应戴手套、口罩和防护眼镜。

(6) 电石起火时必须用干砂或二氧化碳灭火器，严禁用泡沫、四氯化碳灭火器或水灭火。电石粒末应在露天销毁。

(7) 使用新品种电石前应做温水浸试，在确认无爆炸危险时方可使用。

(8) 乙炔发生器的压力应保持正常，压力超过147kPa时应停用。乙炔发生器的用水应为饮用水。发生器内壁不得用含铜或含银材料制作，温度不得超过80℃。对水入式发生器，其冷却水温不得超过50℃；对浮桶式发生器，其冷却水温不得超过60℃。当温度超过规定时应停止作业，并采用冷水喷射降温和加入低温的冷却水。不得以金属棒等硬物敲击乙炔发生器的金属部分。

(9) 使用浮筒式乙炔发生器时应装设回火防止器。在内筒顶部中间应设有防爆球或胶皮薄膜，球壁或膜壁厚度不得大于1mm，其面积应为内筒底面积的60%以上。

(10) 乙炔发生器应放在操作地点的上风处，并应有良好的散热条件，不得放在供电电线的下方，亦不得放在强烈日光下曝晒。四周应设围栏并应悬挂“严禁烟火”标志。

(11) 碎电石应在掺入小块电石后装入乙炔发生器中使用，不得完全使用碎电石。夜间添加电石时不得采用明火照明。

(12) 氧气橡胶软管应为红色，工作压力应为1 500kPa；乙炔橡胶软管应为黑色，工作压力应为300kPa。新橡胶软管应经压力试验。未经压力试验或代用品及变质、老化、脆裂、漏气及沾上油脂的胶管均不得使用。

(13) 不得将橡胶软管放在高温管道和电线上或将重物及热的物件压在软管上，且不得将软管与电焊用的导线敷设在一起。软管经过车行道时，应加护套或盖板。

(14) 氧气瓶应与其他易燃气瓶、油脂和其他易燃易爆物品分别存放，且不得同车运输。氧气瓶应有防振圈和安全帽不得倒置，不得在强烈日光下曝晒，不得用行车或吊车吊运氧气瓶。

(15) 开启氧气瓶阀门时应采用专用工具，动作应缓慢，不得面对减压器，压力表指针应灵敏正常。氧气瓶中的氧气不得全部用尽，应留49kPa以上的剩余压力。

(16) 未安装减压器的氧气瓶严禁使用。

(17) 安装减压器时应先检查氧气瓶阀门接头，不得有油脂，并略开氧气瓶阀门吹除污垢，然后安装减压器，操作者不得正对氧气瓶阀门出气口，关闭氧气瓶阀门时应先松开减压器的活门螺栓。

(18) 点燃焊（割）炬时应先开乙炔阀点火，再开氧气阀调整火焰。关闭时应先关闭乙炔阀再关闭氧气阀。

(19) 在作业中发现氧气瓶阀门失灵或损坏不能关闭时，应让瓶内的氧气自动放尽后，再进行拆卸修理。

(20) 当乙炔发生器因漏气着火燃烧时应立即将乙炔发生器朝安全方向推倒，并用黄砂扑灭火种，不得堵塞或拔出浮筒。

(21) 乙炔软管、氧气软管不得错装。使用中当氧气软管着火时，不得折弯软管断气，应迅速关闭氧气阀门停止供氧。当乙炔软管着火时应先关熄炬火，可采用弯折前面一段软管将火熄灭的方法。

(22) 冬季在露天施工，当软管和回火防止器冻结时，可用热水或在暖气设备下化冻。严禁用火焰烘烤。

（23）不得将橡胶软管背在背上操作。当焊枪内带有乙炔、氧气时不得放在金属管、槽、缸、箱内。

（24）氢氧并用时，应先开乙炔，再开氢气，最后开氧气，再点燃。熄灭时应先关氧气再关氢气，最后关乙炔。

（25）作业后应卸下减压器，拧上气瓶安全帽，将软管卷起捆好挂在室内干燥处，并将乙炔发生器卸压，放水后取出电石篮。剩余电石和电石渣滓应分别放在指定的地方。

第二十二章　临时用电安全技术措施

第一节　临时用电组织设计安全技术措施

(1) 施工现场临时用电设备在5台及以上或设备总容量在50kW及以上者，应编制用电组织设计。施工现场临时用电组织设计应包括下列内容：

1) 现场勘测。

2) 确定电源进线、变电所或配电室、配电装置、用电设备位置及线路走向。

3) 进行负荷计算。

4) 选择变压器。

5) 设计配电系统。包括：

①设计配电线路，选择导线或电缆；

②设计配电装置，选择电器；

③设计接地装置；

④绘制临时用电工程图纸主要包括用电工程总平面图、配电装置布置图、配电系统接线图、接地装置设计图。

6) 设计防雷装置。

7) 确定防护措施。

8) 制定安全用电措施和电气防火措施。

(2) 临时用电工程图纸应单独绘制，临时用电工程应按图施工。

(3) 临时用电组织设计及变更时，必须履行"编制、审核、批准"程序，由电气工程技术人员组织编制经相关部门审核及具有法人资格企业的技术负责人批准后实施。变更用电组织设计时应补充有关图纸资料。

(4) 临时用电工程必须经编制、审核、批准部门和使用单位共同验收，合格后方可投入使用。

(5) 施工现场临时用电设备在5台以下和设备总容量在50kW以下者，应制定安全用电和电气防火措施，并应符合JGJ 46—2005第3.1.4条、第3.1.5条规定。

第二节　对专业用电人员的安全要求

(1) 电工必须经过按国家现行标准考核合格后，持证上岗工作。其他用电人员必须通过相关安全教育培训和技术交底，考核合格后方可上岗工作。

(2) 安装、巡检、维修或拆除临时用电设备和线路必须由电工完成，并应有人监护。电工等级应同工程的难易程度和技术复杂性相适应。

(3) 各类用电人员应掌握安全用电基本知识和所用设备的性能，并应符合下列规定：

1）使用电气设备前必须按规定穿戴和配备好相应的劳动防护用品，并应检查电气装置和保护设施，严禁设备带“缺陷”运转。

2）保管和维护所用设备，发现问题及时报告解决。

3）暂时停用设备的开关箱必须分断电源隔离开关，并应关门上锁。

4）移动电气设备时，必须经电工切断电源并做妥善处理后进行。

第三节　外电线路防护安全技术措施

（1）在建工程不得在外电架空线路正下方施工、搭设作业棚、建造生活设施或堆放构件、架具、材料及其他杂物等。

（2）在建工程（含脚手架）的周边与外电架空线路的边线之间的最小安全操作距离应符合表 22-1 的规定。

在建工程（含脚手架）的周边与外电架空线路的边线之间的最小安全操作距离　表 22-1

外电线路电压等级/kV	<1	1~10	35~110	220	330~500
最小安全操作距离/m	4.0	6.0	8.0	10.0	15.0

注：上、下脚手架的斜道不宜设在有外电线路的一侧。

（3）施工现场的机动车道与外电架空线路交叉时，外电架空线路的最低点与路面的最小垂直距离应符合表 22-2 的规定。

施工现场的机动车道与外电架空线路交叉时的最小垂直距离　表 22-2

外电线路电压等级/kV	<1	1~10	35
最小垂直距离/m	6.0	7.0	7.0

（4）起重机严禁越过无防护设施的外电架空线路作业。在外电架空线路附近吊装时，起重机的任何部位或被吊物边缘在最大偏斜时与外电架空线路边线的最小安全距离应符合表22-3的规定。

起重机与外电架空线路边线的最小安全距离　表 22-3

方　向	最小安全距离/m						
	<1kV	10kV	35kV	110kV	220kV	330kV	500kV
沿垂直方向	1.5	3.0	4.0	5.0	6.0	7.0	8.5
沿水平方向	1.5	2.0	3.5	4.0	6.0	7.0	8.5

（5）施工现场开挖沟槽边缘与外电埋地电缆沟槽边缘之间的距离不得小于 0.5m。

（6）当达不到（1）~（4）中的规定时，必须采取绝缘隔离防护措施并应悬挂醒目的警告标志。

架设防护设施时必须经有关部门批准，采用线路暂时停电或其他可靠的安全技术措施，并应有电气工程技术人员和专职安全人员监护。

防护设施与外电线路之间的安全距离不应小于表 22-4 所列数值。

防护设施应坚固、稳定，且对外电线路的隔离防护应达到 IP 30 级。

防护设施与外电线路之间的最小安全距离 **表 22-4**

外电线路电压等级/kV	≤10	35	110	220	330	500
最小安全距离/m	1.7	2.0	2.5	4.0	5.0	6.0

（7）当上述（6）规定的防护措施无法实现时必须与有关部门协商，采取停电、迁移外电线路或改变工程位置等措施，未采取上述措施的严禁施工。

（8）在外电架空线路附近开挖沟槽时必须会同有关部门采取加固措施，防止外电架空线路电杆倾斜、悬倒。

第四节　接地与防雷安全技术措施

一、接地与防雷

（1）在施工现场专用变压器的供电的 *TN-S* 接零保护系统中，电气设备的金属外壳必须与保护零线连接。保护零线应从工作接地线、配电室（总配电箱）电源侧零线或总漏电保护器电源侧零线处引出（图 22-1）。

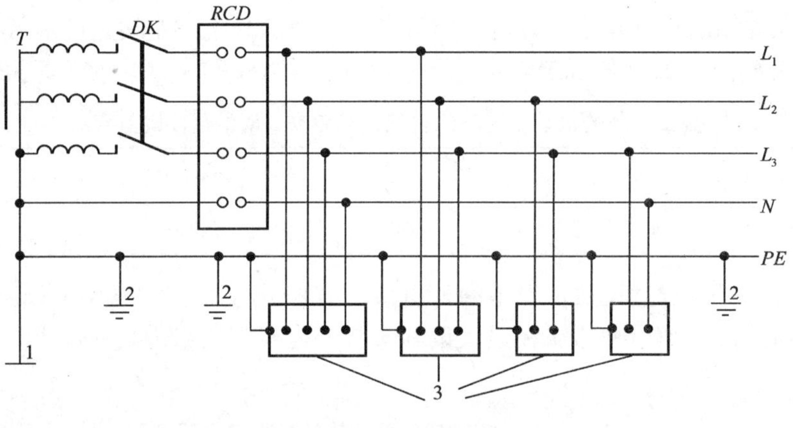

1—工作接地；2—*PE* 线重复接地；3—电气设备金属外壳（正常不带电的外露可导电部分）；L_1、L_2、L_3—相线；*N*—工作零线；*PE*—保护零线；*DK*—总电源隔离开关；*RCD*—总漏电保护器(兼有短路、过载、漏电保护功能的漏电断路器)；*T*—变压器

图 22-1　专用变压器供电时 *TN-S* 接零保护系统示意图

（2）当施工现场与外电线路共用同一供电系统时，电气设备的接地、接零保护应与原系统保持一致。不得一部分设备做保护接零，另一部分设备做保护接地。

采用 *TN* 系统做保护接零时工作零线（*N* 线）必须通过总漏电保护器，保护零线（*PE* 线）必须由电源进线零线重复接地处或总漏电保护器电源侧零线处，引出形成局部 *TN-S* 接零保护系统（图 22-2）。

（3）在 *TN* 接零保护系统中，通过总漏电保护器的工作零线与保护零线之间不得再做电气连接。

（4）在 *TN* 接零保护系统中，*PE* 零线应单独敷设。重复接地线必须与 *PE* 线相连接，严禁与 *N* 线相连接。

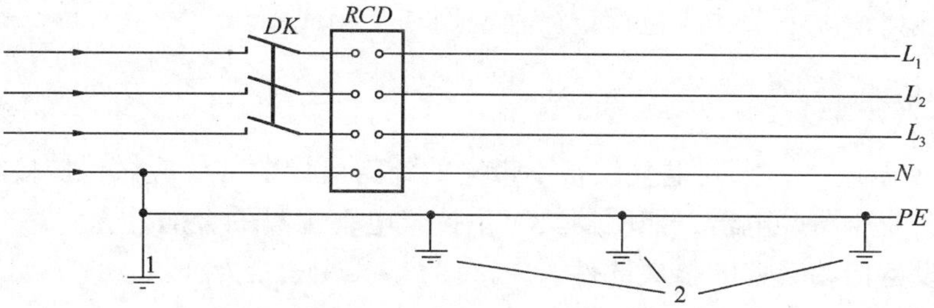

1—*NPE* 线重复接地；2—*PE* 线重复接地；L_1、L_2、L_3—相线；*N*—工作零线；*PE*—保护零线；*DK*—总电源隔离开关；*RCD*—总漏电保护器（兼有短路、过载、漏电保护功能的漏电断路器）

图 22-2　三相四线供电时局部 *TN-S* 接零保护系统保护零线引出示意图

（5）使用一次侧为 50V 以上电压的接零保护系统供电，二次侧为 50V 及以下电压的安全隔离变压器时，二次侧不得接地，并应将二次线路用绝缘管保护或采用橡皮护套软线。

当采用普通隔离变压器时，其二次侧一端应接地，且变压器正常不带电的外露可导电部分应与一次回路保护零线相连接。

以上变压器尚应采取防直接接触带电体的保护措施。

（6）施工现场的临时用电电力系统严禁利用大地做相线或零线。

（7）接地装置的设置应考虑土壤干燥或冻结等季节变化的影响，并应符合表 22-5 的规定，接地电阻值在四季中均应符合 JGJ 46—2005 规范中第 5.3 节的要求。但防雷装置的冲击接地电阻值只考虑在雷雨季节中土壤干燥状态的影响。

接地装置的季节系数 ψ 值　　**表 22-5**

埋　深/m	水平接地体 Ψ 值	长 2～3m 的垂直接地体 Ψ 值
0.5	1.4～1.8	1.2～1.4
0.8～1.0	1.25～1.45	1.15～1.3
2.5～3.0	1.0～1.1	1.0～1.1

注：大地比较干燥时，取表中较小值；比较潮湿时，取表中较大值。

（8）*PE* 线所用材质与相线、工作零线（*N* 线）相同时，其最小截面应符合表 22-6 的规定。

***PE* 线截面与相线截面的关系**　　**表 22-6**

相线心线截面 S/mm²	*PE* 线最小截面/mm²
$S \leqslant 16$	5
$16 < S \leqslant 35$	16
$S > 35$	$S/2$

（9）保护零线必须采用绝缘导线。

配电装置和电动机械相连接的 *PE* 线应为截面不小于 2.5mm² 的绝缘多股铜线。手持式电动工具的 *PE* 线应为截面不小于 1.5mm² 的绝缘多股铜线。

（10）*PE* 线上严禁装设开关或熔断器，严禁通过工作电流且严禁断线。

(11) 相线、N 线、PE 线的颜色标记必须符合以下规定：相线 $L_1(A)$、$L_2(B)$、$L_3(C)$ 相序的绝缘颜色依次为黄、绿、红色；N 线的绝缘颜色为淡蓝色；PE 线的绝缘颜色为绿/黄双色。任何情况下上述颜色标记严禁混用和互相代用。

二、保护接零

(1) 在 TN 系统中，下列电气设备不带电的外露可导电部分应做保护接零：

1) 电机、变压器、电器、照明器具、手持式电动工具的金属外壳。

2) 电气设备传动装置的金属部件。

3) 配电柜与控制柜的金属框架。

4) 配电装置的金属箱体、框架及靠近带电部分的金属围栏和金属门。

5) 电力线路的金属保护管、敷线的钢索、起重机的底座和轨道、滑升模板金属操作平台等。

6) 安装在电力线路杆（塔）上的开关、电容器等电气装置的金属外壳及支架。

(2) 城防、人防、隧道等潮湿或条件特别恶劣施工现场的电气设备必须采用保护接零。

(3) 在 TN 系统中，下列电气设备不带电的外露可导电部分，可不做保护接零：

1) 在木质、沥青等不良导电地坪的干燥房间内，交流电压 380V 及以下的电气装置金属外壳（当维修人员可能同时触及电气设备金属外壳和接地金属物件时除外）。

2) 安装在配电柜、控制柜金属框架和配电箱的金属箱体上，且与其可靠电气连接的电气测量仪表、电流互感器、电器的金属外壳。

三、接地与接地电阻

(1) 单台容量超过 100kVA 或使用同一接地装置并联运行且总容量超过 100kVA 的电力变压器或发电机的工作接地电阻值不得大于 4Ω。

单台容量不超过 100kVA 或使用同一接地装置并联运行且总容量不超过 100kVA 的电力变压器或发电机的工作接地电阻值不得大于 10Ω。

在土壤电阻率大于 1 000$\Omega \cdot cm^2/m$ 的地区，当达到上述接地电阻值有困难时，工作接地电阻值可提高到 30Ω。

(2) TN 系统中的保护零线除必须在配电室或总配电箱处做重复接地外，还必须在配电系统的中间处和末端处做重复接地。

在 TN 系统中，保护零线每一处重复接地装置的接地电阻值不应大于 10Ω。在工作接地电阻值允许达到 10Ω 的电力系统中，所有重复接地的等效电阻值不应大于 10Ω。

(3) 在 TN 系统中，严禁将单独敷设的工作零线再做重复接地。

(4) 每一接地装置的接地线应采用 2 根及以上导体，在不同点与接地体做电气连接。不得采用铝导体做接地体或地下接地线。垂直接地体宜采用角钢、钢管或光面圆钢，不得采用螺纹钢。接地可利用自然接地体，但应保证其电气连接和热稳定。

(5) 移动式发电机供电的用电设备，其金属外壳或底座应与发电机电源的接地装置有可靠的电气连接。

(6) 移动式发电机系统接地应符合电力变压器系统接地的要求。下列情况可不另做保护接零：

1）移动式发电机和用电设备固定在同一金属支架上，且不供给其他设备用电时。

2）不超过 2 台的用电设备由专用的移动式发电机供电，供、用电设备间距不超过 50m，且供、用电设备的金属外壳之间有可靠的电气连接时。

（7）在有静电的施工现场内，对集聚在机械设备上的静电应采取接地泄漏措施。每组专设的静电接地体的接地电阻阻值不应大于 100Ω，高土壤电阻率地区不应大于 1 000Ω。

四、防雷

（1）在土壤电阻率低于 $200\Omega\cdot cm^2/m$ 区域的电杆可不另设防雷接地装置，但在配电室的架空进线或出线处应将绝缘子铁脚与配电室的接地装置相连接。

（2）施工现场内的起重机、井字架、龙门架等机械设备，以及钢脚手架和正在施工的在建工程等的金属结构，当在相邻建筑物、构筑物等设施的防雷装置接闪器的保护范围以外时，应按表 22-7 的规定安装防雷装置。表 22-7 中地区年均雷暴日（d）应按 JGJ 46—2005 规范中附录 A 执行。

当最高机械设备上避雷针（接闪器）的保护范围能覆盖其他设备，且又最后退出现场，则其他设备可不设防雷装置。

确定防雷装置接闪器的保护范围可采用 JGJ 46—2005 规范中附录 B 的滚球法。

施工现场需安装防雷装置其机械设备及高架设施高度的规定 **表 22-7**

地区年均雷暴日/d	安装防雷装置时机械设备高度/m
≤15	≥50
>15，<40	≥32
≥40，<90	≥20
≥90 及雷害特别严重地区	≥12

（3）机械设备或设施的防雷引下线可利用该设备或设施的金属结构体，但应保证电气连接。

（4）机械设备上的避雷针（接闪器）长度应为 1～2m。塔式起重机可不另设避雷针（接闪器）。

（5）安装避雷针（接闪器）的机械设备，所有固定的动力、控制、照明、信号及通信线路，宜采用钢管敷设。钢管与该机械设备的金属结构体应做电气连接。

（6）施工现场内所有防雷装置的冲击接地电阻值不得大于 30Ω。

（7）做防雷接地机械上的电气设备所连接的 *PE* 线必须同时做重复接地，同一台机械电气设备的重复接地和机械的防雷接地可共用同一接地体，但接地电阻应符合重复接地电阻值的要求。

第五节　配电室与自备电源安全技术措施

一、配电室

（1）配电室应靠近电源，并应设在灰尘少、潮气少、振动小、无腐蚀介质、无易燃易爆物及道路畅通的地方。

(2) 成列的配电柜和控制柜两端应与重复接地线及保护零线做电气连接。

(3) 配电室和控制室应能自然通风，并应采取防止雨雪侵入和动物进入的措施。

(4) 配电室布置应符合下列要求：

1) 配电柜正面的操作通道宽度，单列布置或双列背对背布置不小于1.5m，双列面对面布置不小于2m。

2) 配电柜后面的维护通道宽度，单列布置或双列面对面布置不小于0.8m，双列背对背布置不小于1.5m，个别地点有建筑物结构突出的地方，则此点通道宽度可减少0.2m。

3) 配电柜侧面的维护通道宽度不小于1m。

4) 配电室的顶棚与地面的距离不低于3m。

5) 配电室内设置值班或检修室时，该室边缘距配电柜的水平距离大于1m，并采取屏障隔离。

6) 配电室内的裸母线与地面垂直距离小于2.5m时采用遮栏隔离，遮栏下面通道的高度不小于1.9m。

7) 配电室围栏上端与其正上方带电部分的净距不小于0.075m。

8) 配电装置的上端距顶棚不小于0.5m。

9) 配电室内的母线涂刷有色油漆，以标志相序；以柜正面方向为基准，其涂色符合表22-8的规定。

10) 配电室的建筑物和构筑物的耐火等级不低于3级，室内配置砂箱和可用于扑灭电气火灾的灭火器。

母 线 涂 色 **表22-8**

相 别	颜 色	垂直排列	水平排列	引下排列
L_1 (*A*)	黄	上	后	左
L_2 (*B*)	绿	中	中	中
L_3 (*C*)	红	下	前	右
N	淡蓝	—	—	—

11) 配电室的门向外开，并配锁。

12) 配电室的照明分别设置正常照明和事故照明。

(5) 配电柜应装设电度表，并应装设电流表、电压表。电流表与计费电度表不得共用一组电流互感器。

(6) 配电柜应装设电源隔离开关及短路、过载、漏电保护电器。电源隔离开关分断时应有明显可见分断点。

(7) 配电柜应编号，并应有用途标记。

(8) 配电柜或配电线路停电维修时应挂接地线，并应悬挂“禁止合闸、有人工作”停电标志牌。停送电必须由专人负责。

(9) 配电室应保持整洁，不得堆放任何妨碍操作、维修的杂物。

二、230V与400V自备发电机组

(1) 发电机组及其控制、配电、修理室等可分开设置，在保证电气安全距离和满足防

火要求情况下可合并设置。

（2）发电机组的排烟管道必须伸出室外。发电机组及其控制、配电室内必须配置可用于扑灭电气火灾的灭火器，严禁存放储油桶。

（3）发电机组电源必须与外电线路电源连锁，严禁并列运行。

（4）发电机组应采用电源中性点直接接地的三相四线制供电系统和独立设置 *TN-S* 接零保护系统，其工作接地电阻值应符合 JGJ 46—2005 规范中第 5.3.1 条要求。

（5）发电机控制屏宜装设下列仪表：

1）交流电压表。

2）交流电流表。

3）有功功率表。

4）电度表。

5）功率因数表。

6）频率表。

7）直流电流表。

（6）发电机供电系统应设置电源隔离开关及短路、过载、漏电保护电器。电源隔离开关分断时应有明显可见分断点。

（7）发电机组并列运行时必须装设同期装置，并在机组同步运行后再向负载供电。

第六节　施工现场配电线路安全技术措施

一、架空线路

（1）架空线必须采用绝缘导线。

（2）架空线必须架设在专用电杆上，严禁架设在树木、脚手架及其他设施上。

（3）架空线导线截面的选择应符合下列要求：

1）导线中的计算负荷电流不大于其长期连续负荷允许载流量。

2）线路末端电压偏移不大于其额定电压的 5%。

3）三相四线制线路的 *N* 线和 *PE* 线截面不小于相线截面的 50%，单相线路的零线截面与相线截面相同。

4）按机械强度要求，绝缘铜线截面不小于 $10mm^2$，绝缘铝线截面不小于 $16mm^2$。

5）在跨越铁路、公路、河流、电力线路档距内，绝缘铜线截面不小于 $16mm^2$，绝缘铝线截面不小于 $25mm^2$。

（4）架空线在一个档距内，每层导线的接头数不得超过该层导线条数的 50%，且一条导线应只有一个接头。

在跨越铁路、公路、河流、电力线路档距内，架空线不得有接头。

（5）架空线路相序排列应符合下列规定：

1）动力线、照明线在同一层横担上架设时，导线相序排列为：面向负荷从左侧起依次为 L_1、N、L_2、L_3、PE。

2）动力线、照明线在两层横担上分别架设时，导线相序排列为：上层横担面向负荷

从左侧起依次为 L_1、L_2、L_3；下层横担面向负荷从左侧起依次为 L_1（L_2、L_3）、N、PE。

(6) 架空线路的档距不得大于35m。

(7) 架空线路的线间距不得小于0.3m，靠近电杆的两导线的间距不得小于0.5m。

(8) 架空线路横担间的最小垂直距离不得小于表22-9所列数值；横担宜采用角钢或方木，低压铁横担角钢应按表22-10选用，方木横担截面应按80mm×80mm选用；横担长度应按表22-11选用。

横担间的最小垂直距离 **表22-9**

类　别	最小垂直距离/m	
	直　线　杆	分支或转角杆
高压与低压	1.2	1.0
低压与低压	0.6	0.3

低压铁横担角钢选用 **表22-10**

导线截面/mm^2	直线杆角钢	分支或转角杆角钢	
		二线及三线	四线及以上
16 25 35 50	L50×5	2×L50×5	2×L63×5
70 95 120	L63×5	2×L63×5	2×L70×6

横担长度选用 **表22-11**

横　担　长　度　/m		
二　　线	三线、四线	五　　线
0.7	1.5	1.8

(9) 架空线路与邻近线路或固定物的距离应符合表22-12的规定。

(10) 架空线路宜采用钢筋混凝土杆或木杆。钢筋混凝土杆不得有露筋、宽度大于0.4mm的裂纹和扭曲；木杆不得腐朽，其梢径不应小于140mm。

架空线路与邻近线路或固定物的距离 **表22-12**

<table>
<tr><td>项　目</td><td colspan="7">距　离　类　别</td></tr>
<tr><td rowspan="2">最小净空距离/m</td><td colspan="2">架空线路的过引线、接下线与邻线</td><td colspan="2">架空线与架空线电杆外缘</td><td colspan="3">架空线与摆动最大时树梢</td></tr>
<tr><td colspan="2">0.13</td><td colspan="2">0.05</td><td colspan="3">0.50</td></tr>
<tr><td rowspan="3">最小垂直距离/m</td><td rowspan="2">架空线同杆架设下方的通信、广播线路</td><td colspan="3">架空线最大弧垂与地面</td><td rowspan="2">架空线最大弧垂与暂设工程顶端</td><td colspan="2">架空线与邻近电力线路交叉</td></tr>
<tr><td>施工现场</td><td>机动车道</td><td>铁路轨道</td><td>1kV以下</td><td>1~10kV</td></tr>
<tr><td>1.0</td><td>4.0</td><td>6.0</td><td>7.5</td><td>2.5</td><td>1.2</td><td>2.5</td></tr>
<tr><td rowspan="2">最小水平距离/m</td><td colspan="2">架空线电杆与路基边缘</td><td colspan="2">架空线电杆与铁路轨道边缘</td><td colspan="3">架空线边线与建筑物突出部分</td></tr>
<tr><td colspan="2">1.0</td><td colspan="2">杆高(m)+3.0</td><td colspan="3">1.0</td></tr>
</table>

（11）电杆埋设深度宜为杆长的1/10加0.6m，回填土应分层夯实。在松软土质处宜加大埋入深度或采用卡盘等加固。

（12）直线杆和15°以下的转角杆可采用单横担单绝缘子，但跨越机动车道时应采用单横担双绝缘子；15°~45°的转角杆应采用双横担双绝缘子；45°以上的转角杆应采用十字横担。

（13）架空线路绝缘子应按直线杆采用针式绝缘子；耐张杆采用蝶式绝缘子原则选择。

（14）电杆的拉线宜采用不少于3根*D*4.0mm的镀锌钢丝。拉线与电杆的夹角应在30°~45°之间。拉线埋设深度不得小于1m。电杆拉线如从导线之间穿过，应在高于地面2.5m处装设拉线绝缘子。

（15）因受地形环境限制不能装设拉线时可采用撑杆代替拉线，撑杆埋设深度不得小于0.8m，其底部应垫底盘或石块。撑杆与电杆的夹角宜为30°。

（16）接户线在档距内不得有接头，进线处离地高度不得小于2.5m。接户线最小截面应符合表22-13的规定。接户线线间及与邻近线路间的距离应符合表22-14的要求。

接户线的最小截面 **表22-13**

接户线架设方式	接户线长度/m	接户线截面/mm^2	
		铜　线	铝　线
架空或沿墙敷设	10~25	6.0	10.0
	≤10	4.0	6.0

接户线线间及与邻近线路间的距离 **表22-14**

接户线架设方式	接户线档距/m	接户线线间距离/mm
架空敷设	≤25	150
	>25	200
沿墙敷设	≤6	100
	>6	150
架空接户线与广播电话线交叉时的距离/mm		接户线在上部，600 接户线在下部，300
架空或沿墙敷设的接户线零线和相线交叉时的距离/mm		100

（17）架空线路必须有短路保护。采用熔断器做短路保护时，其熔体额定电流不应大于明敷绝缘导线长期连续负荷允许载流量的1.5倍。采用断路器做短路保护时，其瞬动过流脱扣器脱扣电流整定值应小于线路末端单相短路电流。

（18）架空线路必须有过载保护。采用熔断器或断路器做过载保护时，绝缘导线长期连续负荷允许载流量不应小于熔断器熔体额定电流或断路器长延时过流脱扣器脱扣电流整定值的1.25倍。

二、电缆线路

（1）电缆中必须包含全部工作芯线和用作保护零线或保护线的芯线。需要三相四线制配电的电缆线路必须采用五芯电缆。

五芯电缆必须包含淡蓝、绿/黄两种颜色绝缘芯线。淡蓝色芯线必须用作 *N* 线；绿/黄双色芯线必须用作 *PE* 线，严禁混用。

（2）电缆截面的选择应符合 JGJ 46—2005 规范中第 7.1.3 条第 1、2、3 款的规定，根据其长期连续负荷允许载流量和允许电压偏移确定。

（3）电缆线路应采用埋地或架空敷设，严禁沿地面明设并应避免机械损伤和介质腐蚀。埋地电缆路径应设方位标志。

（4）电缆类型应根据敷设方式、环境条件选择，埋地敷设宜选用铠装电缆。当选用无铠装电缆时，应能防水、防腐。架空敷设宜选用无铠装电缆。

（5）电缆直接埋地敷设的深度不应小于 0.7m，并应在电缆紧邻上、下、左、右侧均匀敷设不小于 50mm 厚的细砂，然后覆盖砖或混凝土板等硬质保护层。

（6）埋地电缆在穿越建筑物、构筑物、道路、易受机械损伤、介质腐蚀场所及引出地面从 2.0m 高到地下 0.2m 处，必须加设防护套管，防护套管内径不应小于电缆外径的 1.5 倍。

（7）埋地电缆与其附近外电电缆和管沟的平行间距不得小于 2m，交叉间距不得小于 1m。

（8）埋地电缆的接头应设在地面上的接线盒内，接线盒应能防水、防尘、防机械损伤并应远离易燃、易爆、易腐蚀场所。

（9）架空电缆应沿电杆、支架或墙壁敷设并采用绝缘子固定，绑扎线必须采用绝缘线，固定点间距应保证电缆能承受自重所带来的荷载，敷设高度应符合 JGJ 46—2005 规范中第 7.1 节架空线路敷设高度的要求，但沿墙壁敷设时最大弧垂距地不得小于 2.0m。

架空电缆严禁沿脚手架、树木或其他设施敷设。

（10）在建工程内的电缆线路必须采用电缆埋地引入，严禁穿越脚手架引入。电缆垂直敷设应充分利用在建工程的竖井、垂直孔洞等并宜靠近用电负荷中心，固定点每楼层不得少于一处。电缆水平敷设宜沿墙或门口刚性固定，最大弧垂距地不得小于 2.0m。

装饰装修工程或其他特殊阶段，应补充编制单项施工用电方案。电源线可沿墙角、地面敷设，但应采取防机械损伤和电火措施。

（11）电缆线路必须有短路保护和过载保护，短路保护和过载保护电器与电缆的选配应符合 JGJ 46—2005 规范中第 7.1.17 条和第 7.1.18 条要求。

三、室内配线

（1）室内配线必须采用绝缘导线或电缆。

（2）室内配线应根据配线类型采用瓷瓶、瓷（塑料）夹、嵌绝缘槽、穿管或钢索敷设。

潮湿场所或埋地非电缆配线必须穿管敷设，管口和管接头应密封。当采用金属管敷设时，金属管必须做等电位连接，且必须与 *PE* 线相连接。

（3）室内非埋地明敷主干线距地面高度不得小于 2.5m。

（4）架空进户线的室外端应采用绝缘子固定，过墙处应穿管保护，距地面高度不得小于 2.5m，并应采取防雨措施。

（5）室内配线所用导线或电缆的截面应根据用电设备或线路的计算负荷确定，但铜线截面不应小于 1.5mm^2，铝线截面不应小于 2.5mm^2。

（6）钢索配线的吊架间距不宜大于 12m。采用瓷夹固定导线时，导线间距不应小于 35mm，瓷夹间距不应大于 800mm；采用瓷瓶固定导线时，导线间距不应小于 100mm，瓷瓶间距不应大于 1.5m；采用护套绝缘导线或电缆时，可直接敷设于钢索上。

（7）室内配线必须有短路保护和过载保护，短路保护和过载保护电器与绝缘导线、电缆的选配应符合 JGJ 46—2005 规范中第 7.1.17 条和第 7.1.18 条要求。对穿管敷设的绝缘导线线路，其短路保护熔断器的熔体额定电流不应大于穿管绝缘导线长期连续负荷允许载流量的 2.5 倍。

第七节　配电系统的设置安全技术措施

配电系统应设置配电柜或总配电箱、分配电箱、开关箱，实行三级配电。

配电系统宜使三相负荷平衡。220V 或 380V 单相用电设备宜接入 220/380V 三相四线系统；当单相照明线路电流大于 30A 时，宜采用 220/380V 三相四线制供电。

室内配电柜的设置应符合 JGJ 46—2005 规范中第 6.1 节的规定。

一、配电箱及开关箱

（1）总配电箱以下可设若干分配电箱，分配电箱以下可设若干开关箱。

总配电箱应设在靠近电源的区域，分配电箱应设在用电设备或负荷相对集中的区域，分配电箱与开关箱的距离不得超过 30m，开关箱与其控制的固定式用电设备的水平距离不宜超过 3m。

（2）每台用电设备必须有各自专用的开关箱，严禁用同一个开关箱直接控制 2 台及 2 台以上用电设备（含插座）。

（3）动力配电箱与照明配电箱宜分别设置。当合并设置为同一配电箱时动力和照明应分路配电，动力开关箱与照明开关箱必须分设。

（4）配电箱、开关箱应装设在干燥、通风及常温场所，不得装设在有严重损伤作用的瓦斯、烟气、潮气及其他有害介质中，亦不得装设在易受外来固体物撞击、强烈振动、液体浸溅及热源烘烤场所。否则应予清除或作防护处理。

（5）配电箱、开关箱周围应有足够 2 人同时工作的空间和通道，不得堆放任何妨碍操作、维修的物品，不得有灌木、杂草。

（6）配电箱、开关箱应采用冷轧钢板或阻燃绝缘材料制作，钢板厚度应为 1.2 ~ 2.0mm，其中开关箱箱体钢板厚度不得小于 1.2mm，配电箱箱体钢板厚度不得小于 1.5mm，箱体表面应做防腐处理。

（7）配电箱、开关箱应装设端正、牢固。固定式配电箱、开关箱的中心点与地面的垂直距离应为 1.4 ~ 1.6m。移动式配电箱、开关箱应装设在坚固、稳定的支架上。其中心点与地面的垂直距离宜为 0.8 ~ 1.6m。

（8）配电箱、开关箱内的电器（含插座）应先安装在金属或非木质阻燃绝缘电器安装板上，然后方可整体紧固在配电箱、开关箱箱体内。

金属电器安装板与金属箱体应做电气连接。

(9) 配电箱、开关箱内的电器（含插座）应按其规定位置紧固在电器安装板上，不得歪斜和松动。

(10) 配电箱的电器安装板上必须分别设 *N* 线端子板和 *PE* 线端子板。*N* 线端子板必须与金属电器安装板绝缘；*PE* 线端子板必须与金属电器安装板做电气连接。

进出线中的 *N* 线必须通过 *N* 线端子板连接；*PE* 线必须通过 *PE* 线端子板连接。

(11) 配电箱、开关箱内的连接线必须采用铜芯绝缘导线。绝缘导线的颜色标志应按 JGJ 46—2005 规范中第 5.1.11 条要求配置并排列整齐；导线分支接头不得采用螺栓压接，应采用焊接并做绝缘包扎，不得有外露带电部分。

(12) 配电箱、开关箱的金属箱体、金属电器安装板以及电器正常不带电的金属底座、外壳等必须通过 *PE* 线端子板与 *PE* 线做电气连接，金属箱门与金属箱体必须通过采用编织软铜线做电气连接。

(13) 配电箱、开关箱的箱体尺寸应与箱内电器的数量和尺寸相适应，箱内电器安装板板面电器安装尺寸可按照表 22-15 确定。

(14) 配电箱、开关箱中导线的进线口和出线口应设在箱体的下底面。

配电箱、开关箱内电器安装尺寸选择值　　表 22-15

间　距　名　称	最小净距/mm
并列电器（含单极熔断器）间	30
电器进、出线瓷管（塑胶管）孔与电器边沿间	15A，30； 20～30A，50； 60A 及以上，80
上、下排电器进出线瓷管（塑胶管）孔间	25
电器进、出线瓷管（塑胶管）孔至板边	40
电器至板边	40

(15) 配电箱、开关箱的进、出线口应配置固定线卡，进出线应加绝缘护套并成束卡固在箱体上，不得与箱体直接接触。移动式配电箱、开关箱的进、出线应采用橡皮护套绝缘电缆，不得有接头。

(16) 配电箱、开关箱外形结构应能防雨、防尘。

二、电器装置

(1) 配电箱、开关箱内的电器必须可靠、完好，严禁使用破损、不合格的电器。

(2) 总配电箱的电器应具备电源隔离，正常接通与分断电路以及短路、过载、漏电保护功能。电器设置应符合下列原则：

1) 当总路设置总漏电保护器时还应装设总隔离开关、分路隔离开关以及总断路器、分路断路器或总熔断器、分路熔断器。当所设总漏电保护器是同时具备短路、过载、漏电保护功能的漏电断路器时，可不设总断路器或总熔断器。

2) 当各分路设置分路漏电保护器时，还应装设总隔离开关、分路隔离开关以及总断路器、分路断路器或总熔断器、分路熔断器。当分路所设漏电保护器是同时具备短路、过载、漏电保护功能的漏电断路器时，可不设分路断路器或分路熔断器。

3）隔离开关应设置于电源进线端，应采用分断时具有可见分断点，并能同时断开电源所有极的隔离电器。如采用分断时具有可见分断点的断路器，可不另设隔离开关。

4）熔断器应选用具有可靠灭弧分断功能的产品。

5）总开关电器的额定值、动作整定值应与分路开关电器的额定值、动作整定值相适应。

（3）总配电箱应装设电压表、总电流表、电度表及其他需要的仪表。专用电能计量仪表的装设应符合当地供用电管理部门的要求。装设电流互感器时，其二次回路必须与保护零线有一个连接点且严禁断开电路。

（4）分配电箱应装设总隔离开关、分路隔离开关以及总断路器、分路断路器或总熔断器、分路熔断器。其设置和选择应符合 JGJ 46—2005 规范中第 8.2.2 条要求。

（5）开关箱必须装设隔离开关、断路器或熔断器以及漏电保护器。当漏电保护器是同时具有短路、过载、漏电保护功能的漏电断路器时，可不装设断路器或熔断器。隔离开关应采用分断时具有可见分断点，能同时断开电源所有极的隔离电器，并应设置于电源进线端。当断路器具有可见分断点时，可不另设隔离开关。

（6）开关箱中的隔离开关只可直接控制照明电路和容量不大于 3.0kW 的动力电路，但不应频繁操作。容量大于 3.0kW 的动力电路应采用断路器控制，操作频繁时还应附设接触器或其他启动控制装置。

（7）开关箱中各种开关电器的额定值和动作整定值应与其控制用电设备的额定值和特性相适应。通用电动机开关箱中电器的规格可按 JGJ 46—2005 规范附录 C 选配。

（8）漏电保护器应装设在总配电箱、开关箱靠近负荷的一侧，且不得用于启动电气设备的操作。

（9）漏电保护器的选择应符合国家现行标准《剩余电流动作保护器的一般要求》（GB 6829）和《漏电保护器安装和运行的要求》（GB 13955）的规定。

（10）开关箱中漏电保护器的额定漏电动作电流不应大于 30mA，额定漏电动作时间不应大于 0.1s。

使用于潮湿或有腐蚀介质场所的漏电保护器应采用防溅型产品，其额定漏电动作电流不应大于 15mA，额定漏电动作时间不应大于 0.1s。

（11）总配电箱中漏电保护器的额定漏电动作电流应大于 30mA，额定漏电动作时间应大于 0.1s，但其额定漏电动作电流与额定漏电动作时间的乘积不应大于 30mA·s。

（12）总配电箱和开关箱中漏电保护器的极数和线数必须与其负荷侧负荷的相数和线数一致。

（13）配电箱、开关箱中的漏电保护器宜选用无辅助电源型（电磁式）产品，或选用辅助电源故障时能自动断开的辅助电源型（电子式）产品。当选用辅助电源故障时不能自动断开的辅助电源型（电子式）产品时，应同时设置缺相保护。

（14）漏电保护器应按产品说明书安装、使用。对搁置已久重新使用或连续使用的漏电保护器应逐月检测其特性，发现问题应及时修理或更换。

漏电保护器的正确使用接线方法应按图 22-3 选用。

（15）配电箱、开关箱的电源进线端严禁采用插头和插座做活动连接。

系统		接线
三相220/380V接零保护系统	专用变压器供电TN-S系统	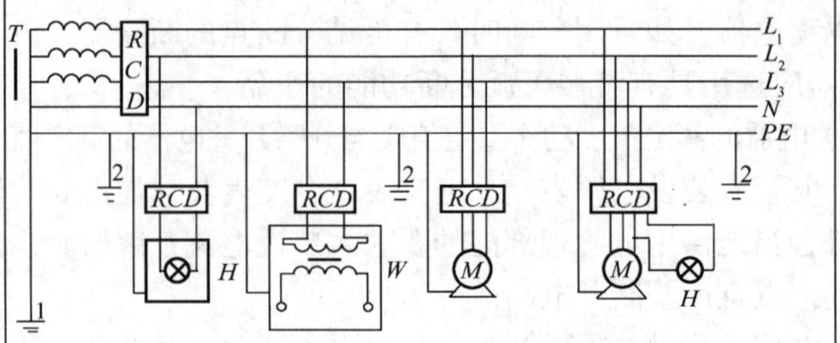
	三相四线制供电局部TN-S系统	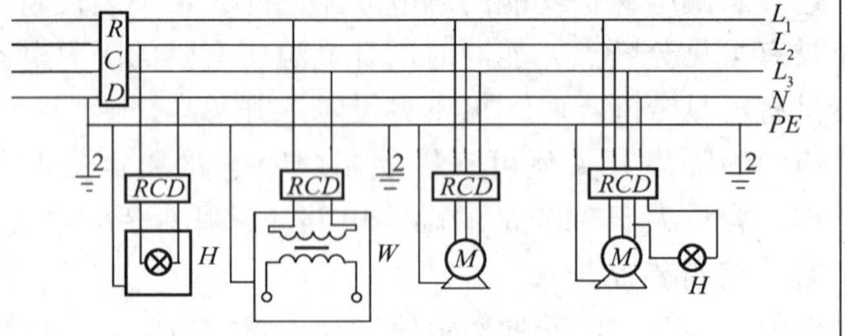

L_1、L_2、L_3—相线；N—工作零线；PE—保护零线、保护线；1—工作接地；2—重复接地；T—变压器；RCD—漏电保护器；H—照明器；W—电焊机；M—电动机

图 22-3　漏电保护器使用接线方法示意图

三、配电箱、开关箱使用与维护

（1）配电箱、开关箱应有名称、用途、分路标记及系统接线图。

（2）配电箱、开关箱箱门应配锁，并应由专人负责。

（3）配电箱、开关箱应定期检查、维修，检查、维修人员必须是专业电工。检查、维修时必须按规定穿戴绝缘鞋、手套，必须使用电工绝缘工具并应做检查、维修工作记录。

（4）对配电箱、开关箱进行定期维修、检查时，必须将其前一级相应的电源隔离开关分闸断电并悬挂“禁止合闸、有人工作”停电标志牌，严禁带电作业。

（5）配电箱、开关箱必须按照下列顺序操作：

1）送电操作顺序：总配电箱→分配电箱→开关箱。

2）停电操作顺序：开关箱→分配电箱→总配电箱。

出现电气故障的紧急情况可除外。

（6）施工现场停止作业 1h 以上时，应将动力开关箱断电上锁。

（7）开关箱的操作人员必须符合 JGJ 46—2005 规范中第 3.2.3 条规定。

（8）配电箱、开关箱内不得放置任何杂物，并应保持整洁。

(9) 配电箱、开关箱内不得随意挂接其他用电设备。

(10) 配电箱、开关箱内的电器配置和接线严禁随意改动。

熔断器的熔体更换时，严禁采用不符合原规格的熔体代替。漏电保护器每天使用前应启动漏电试验按钮试跳一次，试跳不正常时严禁继续使用。

(11) 配电箱、开关箱的进线和出线严禁承受外力，严禁与金属尖锐断口、强腐蚀介质和易燃、易爆物接触。

第八节　电动建筑机械和手持式电动工具用电安全技术措施

一、基本安全

(1) 施工现场中电动建筑机械和手持式电动工具的选购、使用、检查和维修应遵守下列规定：

1) 选购的电动建筑机械、手持式电动工具及其用电安全装置符合相应的国家现行有关强制性标准的规定，且具有产品合格证和使用说明书。

2) 建立和执行专人专机负责制，并定期检查和维修保养。

3) 接地符合 JGJ 46—2005 规范中第 5.1.1 条和第 5.1.2 条要求，运行时产生振动的设备的金属基座、外壳与 *PE* 线的连接点不少于 2 处。

4) 漏电保护符合 JGJ 46—2005 规范中第 8.2.5 条、第 8.2.8 ~ 8.2.10 条及第 8.2.12 条和第 8.2.13 条要求。

5) 按使用说明书使用、检查、维修。

(2) 塔式起重机、外用电梯、滑升模板的金属操作平台及需要设置避雷装置的物料提升机，除应连接 *PE* 线外还应做重复接地。设备的金属结构构件之间应保证电气连接。

(3) 手持式电动工具中的塑料外壳Ⅱ类工具和一般场所手持式电动工具中的Ⅲ类工具可不连接 *PE* 线。

(4) 电动建筑机械和手持式电动工具的负荷线应按其计算负荷选用无接头的橡皮护套铜芯软电缆，其性能应符合国家现行标准《额定电压 450/750V 及以下橡皮绝缘电缆》(GB 5013) 中第 1 部分（一般要求）和第 4 部分（软线和软电缆）的要求，其截面可按 JGJ 46—2005 规范附录 C 选配。

电缆芯线数应根据负荷及其控制电器的相数和线数确定：三相四线时，应选用五芯电缆；三相三线时应选用四芯电缆；当三相用电设备中配置有单相用电器具时应选用五芯电缆；单相二线时应选用三芯电缆。

电缆芯线应符合 JGJ 46—2005 规范中第 7.2.1 条规定，其中 *PE* 线应采用绿/黄双色绝缘导线。

(5) 每一台电动建筑机械或手持式电动工具的开关箱内，除应装设过载、短路、漏电保护电器外，还应按 JGJ 46—2005 规范中第 8.2.5 条要求装设隔离开关或具有可见分断点的断路器，以及按照该规范第 8.2.6 条要求装设控制装置。正、反向运转控制装置中的控制电器应采用接触器、继电器等自动控制电器，不得采用手动双向转换开关作为控制电器。电器规格可按 JGJ 46—2005 规范附录 C 选配。

二、起重机械用电安全技术措施

(1) 塔式起重机的电气设备应符合国家现行标准《塔式起重机安全规程》(GB 5144) 中的要求。

(2) 塔式起重机应按 JGJ 46—2005 规范中第 5.4.7 条要求做重复接地和防雷接地。轨道式塔式起重机接地装置的设置应符合下列要求:

1) 轨道两端各设一组接地装置;

2) 轨道的接头处做电气连接,两条轨道端部做环形电气连接;

3) 较长轨道每隔不大于 30m 加一组接地装置。

(3) 塔式起重机与外电线路的安全距离应符合 JGJ 46—2005 规范中第 4.1.4 条要求。

(4) 轨道式塔式起重机的电缆不得拖地行走。

(5) 需要夜间工作的塔式起重机,应设置正对工作面的投光灯。

(6) 塔身高于 30m 的塔式起重机,应在塔顶和臂架端部设红色信号灯。

(7) 在强电磁波源附近工作的塔式起重机,操作人员应戴绝缘手套和穿绝缘鞋,并应在吊钩与机体间采取绝缘隔离措施,或在吊钩吊装地面物体时,在吊钩上挂接临时接地装置。

(8) 外用电梯梯笼内、外均应安装紧急停止开关。

(9) 外用电梯和物料提升机的上、下极限位置应设置限位开关。

(10) 外用电梯和物料提升机在每日工作前必须对行程开关、限位开关、紧急停止开关、驱动机构和制动器等进行空载检查,正常后方可使用。检查时必须有防坠落措施。

三、桩工机械用电安全技术措施

(1) 潜水式钻孔机电机的密封性能应符合国家现行标准《外壳防护等级 (IP 代码)》(GB 4208) 中的 IP 68 级的规定。

(2) 潜水电机的负荷线应采用防水橡皮护套铜芯软电缆,长度不应小于 1.5m,且不得承受外力。

(3) 潜水式钻孔机开关箱中的漏电保护器必须符合 JGJ 46—2005 规范中第 8.2.10 条对潮湿场所选用漏电保护器的要求。

四、夯土机械用电安全技术措施

(1) 夯土机械开关箱中的漏电保护器必须符合 JGJ 46—2005 规范中第 8.2.10 条对潮湿场所选用漏电保护器的要求。

(2) 夯土机械 *PE* 线的连接点不得少于 2 处。

(3) 夯土机械的负荷线应采用耐气候型橡皮护套铜芯软电缆。

(4) 使用夯土机械必须按规定穿戴绝缘用品,使用过程中应有专人调整电缆,电缆长度不应大于 50m。电缆严禁缠绕、扭结和被夯土机械跨越。

(5) 多台夯土机械并列工作时,其间距不得小于 5m;前后工作时,其间距不得小于 10m。

(6) 夯土机械的操作扶手必须绝缘。

五、焊接机械用电安全技术措施

(1) 电焊机械应放置在防雨、干燥和通风良好的地方。焊接现场不得有易燃、易爆物品。

(2) 交流弧焊机变压器的一次侧电源线长度不应大于 5m，其电源进线处必须设置防护罩。发电机式直流电焊机的换向器应经常检查和维护，应消除可能产生的异常电火花。

(3) 电焊机械开关箱中的漏电保护器必须符合 JGJ 46—2005 规范中第 8.2.10 条的要求。交流电焊机械应配装防二次侧漏电保护器。

(4) 电焊机械的二次线应采用防水橡皮护套铜芯软电缆，电缆长度不应大于 30m，不得采用金属构件或结构钢筋代替二次线的地线。

(5) 使用电焊机械焊接时必须穿戴防护用品。严禁露天冒雨从事电焊作业。

六、手持式电动工具用电安全技术措施

(1) 空气湿度小于 75%的一般场所可选用Ⅰ类或Ⅱ类手持式电动工具，其金属外壳与 *PE* 线的连接点不得少于 2 处；除塑料外壳Ⅱ类工具外，相关开关箱中漏电保护器的额定漏电动作电流不应大于 15mA，额定漏电动作时间不应大于 0.1s，其负荷线插头应具备专用的保护触头。所用插座和插头在结构上应保持一致，避免导电触头和保护触头混用。

(2) 在潮湿场所或金属构架上操作时，必须选用Ⅱ类或由安全隔离变压器供电的Ⅲ类手持式电动工具。金属外壳Ⅱ类手持式电动工具使用时必须符合 JGJ 46—2005 规范第 9.6.1 条要求，其开关箱和控制箱应设置在作业场所外面。在潮湿场所或金属构架上严禁使用Ⅰ类手持式电动工具。

(3) 狭窄场所必须选用由安全隔离变压器供电的Ⅲ类手持式电动工具，其开关箱和安全隔离变压器均应设置在狭窄场所外面，并连接 *PE* 线。漏电保护器的选择应符合 JGJ 46—2005规范第 8.2.10 条使用于潮湿或有腐蚀介质场所漏电保护器的要求。操作过程中，应有人在外面监护。

(4) 手持式电动工具的负荷线应采用耐气候型的橡皮护套铜芯软电缆，并不得有接头。

(5) 手持式电动工具的外壳、手柄、插头、开关、负荷线等必须完好无损，使用前必须作绝缘检查和空载检查，在绝缘合格、空载运转正常后方可使用。绝缘电阻不应小于表 22-16 规定的数值。

手持式电动工具绝缘电阻限值 　　**表 22-16**

测量部位	绝缘电阻/MΩ		
	Ⅰ 类	Ⅱ 类	Ⅲ 类
带电零件与外壳之间	2	7	1

注：绝缘电阻用 500V 兆欧表测量。

(6) 使用手持式电动工具时，必须按规定穿戴绝缘防护用品。

七、施工现场照明安全技术措施

（1）在坑、洞、井内作业、夜间施工或厂房、道路、仓库、办公室、食堂、宿舍、料具堆放场及自然采光差等场所，应设一般照明、局部照明或混合照明。在一个工作场所内，不得只设局部照明。停电后，操作人员需及时撤离施工现场，必须装设自备电源的应急照明。

（2）现场照明应采用高光效、长寿命的照明光源。对需大面积照明的场所，应采用高压汞灯、高压钠灯或混光用的卤钨灯等。

（3）照明器的选择必须按下列环境条件确定：

1）正常湿度一般场所，选用开启式照明器。

2）潮湿或特别潮湿场所，选用密闭型防水照明器或配有防水灯头的开启式照明器。

3）含有大量尘埃但无爆炸和火灾危险的场所，选用防尘型照明器。

4）有爆炸和火灾危险的场所，按危险场所等级选用防爆型照明器。

5）存在较强振动的场所，选用防振型照明器。

6）有酸碱等强腐蚀介质场所，选用耐酸碱型照明器。

（4）照明器具和器材的质量应符合国家现行有关强制性标准的规定，不得使用绝缘老化或破损的器具和器材。

（5）无自然采光的地下大空间施工场所，应编制单项照明用电方案。

八、照明供电安全技术措施

（1）一般场所宜选用额定电压为220V的照明器。

（2）下列特殊场所应使用安全特低电压照明器：

1）隧道、人防工程、高温、有导电灰尘、比较潮湿或灯具离地面高度低于2.5m等场所的照明，电源电压不应大于36V。

2）潮湿和易触及带电体场所的照明，电源电压不得大于24V。

3）特别潮湿场所、导电良好的地面、锅炉或金属容器内的照明，电源电压不得大于12V。

（3）使用行灯应符合下列要求：

1）电源电压不大于36V。

2）灯体与手柄应坚固、绝缘良好并耐热耐潮湿。

3）灯头与灯体结合牢固，灯头无开关。

4）灯泡外部有金属保护网。

5）金属网、反光罩、悬吊挂钩固定在灯具的绝缘部位上。

（4）远离电源的小面积工作场地、道路照明、警卫照明或额定电压为12~36V照明的场所，其电压允许偏移值为额定电压值的-10%~5%；其余场所电压允许偏移值为额定电压值的±5%。

（5）照明变压器必须使用双绕组型安全隔离变压器，严禁使用自耦变压器。

（6）照明系统宜使三相负荷平衡，其中每一单相回路上，灯具和插座数量不宜超过25个，负荷电流不宜超过15A。

（7）携带式变压器的一次侧电源线应采用橡皮护套或塑料护套铜芯软电缆，中间不得有接头，长度不宜超过 3m，其中绿、黄双色线只可作 *PE* 线使用，电源插销应有保护触头。

（8）工作零线截面应按下列规定选择：

1）单相二线及二相二线线路中，零线截面与相线截面相同。

2）三相四线制线路中，当照明器为白炽灯时，零线截面不小于相线截面的 50%；当照明器为气体放电灯时，零线截面按最大负载相的电流选择。

3）在逐相切断的三相照明电路中，零线截面与最大负载相相线截面相同。

（9）室内、室外照明线路的敷设应符合 JGJ 46—2005 规范第 7 章要求。

九、照明装置使用安全技术措施

（1）照明灯具的金属外壳必须与 *PE* 线相连接，照明开关箱内必须装设隔离开关、短路与过载保护电器和漏电保护器，并应符合 JGJ 46—2005 规范第 8.2.5 条和第 8.2.6 条的规定。

（2）室外 220V 灯具距地面不得低于 3m，室内 220V 灯具距地面不得低于 2.5m。普通灯具与易燃物距离不宜小于 300mm；聚光灯、碘钨灯等高热灯具与易燃物距离不宜小于 500mm，且不得直接照射易燃物。达不到规定安全距离时，应采取隔热措施。

（3）路灯的每个灯具应单独装设熔断器保护。灯头线应做防水弯。

（4）荧光灯管应采用管座固定或用吊链悬挂。荧光灯的镇流器不得安装在易燃的结构物上。

（5）碘钨灯及钠、铊、铟等金属卤化物灯具的安装高度宜在 3m 以上，灯线应固定在接线柱上，不得靠近灯具表面。

（6）投光灯的底座应安装牢固，应按需要的光轴方向将枢轴拧紧固定。

（7）螺口灯头及其接线应符合下列要求：

1）灯头的绝缘外壳无损伤、无漏电。

2）相线接在与中心触头相连的一端，零线接在与螺纹口相连的一端。

（8）灯具内的接线必须牢固，灯具外的接线必须做可靠的防水绝缘包扎。

（9）暂设工程的照明灯具宜采用拉线开关控制，开关安装位置宜符合下列要求：

1）拉线开关距地面高度为 2～3m，与出入口的水平距离为 0.15～0.2m，拉线的出口向下；

2）其他开关距地面高度为 1.3m，与出入口的水平距离为 0.15～0.2m。

（10）灯具的相线必须经开关控制，不得将相线直接引入灯具。

（11）对夜间影响飞机或车辆通行的在建工程及机械设备，必须设置醒目的红色信号灯，其电源应设在施工现场总电源开关的前侧，并应设置外电线路停止供电时的应急自备电源。

第三部分　劳动保护与伤害事故处理

第二十三章　劳 动 保 护 管 理

第一节　职业病防治管理

职业病防治管理措施

（1）用人单位应当采取下列职业病防治管理措施：

1）设置或者指定职业卫生管理机构或者组织，配备专职或者兼职的职业卫生专业人员，负责本单位的职业病防治工作。

2）制订职业病防治计划和实施方案。

3）建立健全职业卫生管理制度和操作规程。

4）建立健全职业卫生档案和劳动者健康监护档案。

5）建立健全工作场所职业病危害因素监测及评价制度。

6）建立健全职业病危害事故应急救援预案。

（2）采取有效的职业病防护设施，并为劳动者提供合格的职业病防护用品。

（3）优先采用有利于防治职业病和保护劳动者健康的新技术、新工艺、新材料。

（4）对产生严重职业病危害的作业岗位，应当在其醒目位置，设置警示标志和中文警示说明。警示说明应当载明产生职业病危害的种类、后果、预防以及应急救治措施等内容。

（5）对可能发生急性职业损伤的有毒、有害工作场所，设置报警装置，配置现场急救用品、冲洗设备、应急撤离通道和必要的泄险区。

（6）用人单位应当按照卫生行政部门的规定，定期对工作场所进行职业病危害因素检测、评价。检测、评价结果存入用人单位职业卫生档案，定期向所在地卫生行政部门报告并向劳动者公布。

（7）不得将产生职业病危害的作业转移给不具备职业病防护条件的单位和个人。

（8）不得安排未成年人从事接触职业病危害的作业，不得安排孕期、哺乳期的女职工从事对本人和胎儿、婴儿有危害的作业。

第二节　有害作业防护措施

一、油漆涂料作业卫生防护制度

（1）油漆配料应有较好的自然通风条件并减少连续工作时间。

（2）喷漆应采用密闭喷漆间。在较小的喷漆室内进行小件喷漆，应采取隔离防护措施。

（3）施工现场必须通风良好。在通风不良的车间、地下室、管道和容器内进行油漆、涂料作业时应根据场地大小设置抽风机排除有害气体，防止急性中毒。

（4）在地下室、池槽、管道和容器内进行有害或刺激性较大的涂料作业时，除应使用防护用品外，还应采取人员轮换间歇、通风换气等措施。

（5）以无毒、低毒防锈漆代替含铅的红丹防锈漆，必须使用红丹防锈漆时宜采用刷涂方式，并加强通风和防护措施。

二、沥青作业卫生防护制度

（1）装卸、搬运、使用沥青和含有沥青的制品均应使用机械和工具，有散漏粉末时应洒水，防止粉末飞扬。

（2）从事沥青或含沥青制品作业的工人应按规定使用防护用品，并根据季节、气候和作业条件安排适当的间歇时间。

（3）熔化桶装沥青，应先将桶盖和气眼全部打开，用铁条串通后方准烘烤，并经常疏通防油孔和气眼，严禁火焰与油直接接触。

（4）熬制沥青时，操作工人应站在上风方向。

三、焊接作业卫生防护制度

（1）焊接作业场所应通风良好，可视情况在焊接作业点装设局部排烟装置、采取局部通风或全面通风换气措施。

（2）分散焊接点可设置移动式猛烟除尘器，集中焊接场所可采用机械抽风系统。

（3）流动频繁、每次作业时间较短的焊接作业，焊接应选择上风方向进行以减少猛烟尘危害。

（4）在容器内施焊时，容器应有进、出风口，设通风设备，焊接时必须有人在场监护。

（5）在密闭容器内施焊时，容器必须可靠接地，设置良好通风和有人监护，且严禁向容器内输入氧气。

四、施工现场粉尘防护制度

（1）混凝土搅拌站，木加工、金属切削加工，锅炉房等产生粉尘的场所，必须装置除尘器或吸尘罩，将尘粒捕捉后送到储仓内或经过净化后排放，以减少对大气的污染。

（2）施工和作业现场经常洒水，控制和减少灰尘飞扬。

（3）采取综合防尘措施或低尘的新技术、新工艺、新设备，使作业场所的粉尘浓度不超过国家的卫生标准。

五、施工现场噪声防护制度

（1）施工现场的噪声应严格控制在 90dB 以内。

（2）改革工艺和选用低噪声设备，控制和减弱噪声源。

（3）采取消声措施，装设消声器。

（4）采取吸声措施，采用吸音材料和结构，吸收和降低噪声。

（5）采取隔声措施，把发声的物体和场所封闭起来。

（6）采用隔震措施，装设减震器或设置减震垫层，减轻震源声及其传播。

（7）采用阻尼措施，用一些内耗损、内摩擦大的材料涂在金属薄板上，减少其辐射噪声的能量。

（8）做好个人防护，戴耳塞、耳罩、头盔等防噪声用品。

（9）定期进行体检。

第三节　劳动防护用品管理

一、劳动防护用品的使用管理

（1）建立健全劳动防护用品的购买、验收、保管、发放、使用、更换、报废等管理制度，并应按照劳动防护用品的使用要求，在使用前对其防护功能进行必要的检查。

（2）购买的劳动防护用品需经本单位的安全技术部门验收。

（3）教育本单位劳动者按照劳动防护用品使用规则和防护要求正确使用劳动防护用品。

二、劳动防护用品选用规定

劳动防护用品选用规定如表 23-1 所示。

劳动防护用品一览表　　**表 23-1**

作业类别编号	作业类别名称	不可使用的品类	必须使用的护品	可考虑使用的护品
A01	易燃易爆场所作业	的确良、尼龙等着火焦结的衣物； 聚氯乙烯塑料鞋； 底面钉铁件的鞋	棉布工作服； 防静电服； 防静电鞋	
A02	可燃性粉尘场所作业	的确良、尼龙等着火焦结的衣物； 底面钉铁件的鞋	棉布工作服； 防毒口罩	防静电服； 防静电鞋
A03	高温作业	的确良、尼龙等着火焦结的衣物； 聚氯乙烯塑料鞋	白帆布类隔热服； 耐高温鞋； 防强光、紫外线、红外线护目镜或面罩	镀反射膜类隔热服； 其他零星护品的披肩帽、鞋罩、围裙、袖套等
A04	低温作业	底面钉铁件的鞋	防寒服、防寒手套、防寒鞋	防寒帽、防寒工作鞋
A05	低压带电作业		绝缘手套、绝缘鞋	安全帽、防异物伤害护目镜
A06	高压带电作业		绝缘手套、绝缘鞋、安全帽	等电位工作服、防异物伤害护目镜

续表

作业类别编号	作业类别名称	不可使用的品类	必须使用的护品	可考虑使用的护品
A07	吸入性气相毒物作业		防毒口罩	有相应滤毒罐的防毒面罩；供应空气的呼吸保护器
A08	吸入性气溶胶毒物作业		防毒口罩或防尘口罩、护发罩	防化学液眼镜；有相应滤毒罐的防毒面罩；供应空气的呼吸保护器；防毒物渗透工作服
A09	沾染性毒物作业		防化学液眼镜、防毒口罩；防毒物渗透工作服；防毒物渗透手套；护发帽	有相应滤毒罐的防毒面罩；供应空气的呼吸保护器；相应的皮肤保护剂
A10	生物性毒物作业		防毒口罩、防毒物渗透工作服、护发帽、防毒物渗透手套、防异物伤害护目镜	有相应滤毒罐的防毒面罩；相应的皮肤保护剂
A11	腐蚀性作业		防化学液眼镜、防毒口罩、防酸（碱）工作服；耐酸（碱）手套、耐酸（碱）鞋、护发帽	供应空气的呼吸保护器
A12	易污作业		防尘口罩、护发帽、一般性工作服，其他零星护品如披肩帽、鞋罩、围裙、袖套等	相应的皮肤保护剂
A13	恶味作业		一般性工作服	供应空气的呼吸保护器；相应的皮肤保护剂；护发帽
A14	密闭场所作业		供应空气的呼吸保护器	
A15	噪声作业			塞栓式耳塞；耳罩
A16	强光作业		防强光、紫外线、红外线护目镜或面罩	
A17	激光作业		防激光护目镜	
A18	荧光屏作业			荧光屏作业护目镜
A19	微波作业			防微波护目镜、屏蔽服
A20	射线作业		防射线护目镜、防射线服	
A21	高处作业	底面钉铁件的鞋	安全帽、安全带	防滑工作鞋
A22	存在物体坠落、撞击的作业		安全帽、防砸安全鞋	

续表

作业类别编号	作业类别名称	不可使用的品类	必须使用的护品	可考虑使用的护品
A23	有碎屑飞溅的作业		防异物伤害护目镜；一般性的工作服	
A24	操纵转动机械	手套	护发帽、防异物伤害护目镜；一般性的工作服	
A25	人工搬运	底面钉铁件的鞋	防滑手套	安全帽、防滑工作鞋；防砸安全鞋
A26	接触使用锋利器具		一般性的工作服	防割伤手套、防砸安全鞋、防刺穿鞋
A27	地面存在尖利器物的作业		防刺穿鞋	
A28	手持振动机械作业		防射线服	
A29	人承受全身震动的作业		减震鞋	
A30	野外作业		防水工作服（包括防水鞋）	防寒帽、防寒服、防寒手套、防寒鞋、防异物伤害护目镜、防滑工作鞋
A31	水上作业		防滑工作鞋、救生衣（服）	安全带、水上作业服
A32	涉水作业		防水工作服（包括防水鞋）	
A33	潜水作业		潜水服	
A34	地下挖掘建筑作业		安全帽	防尘口罩、塞栓式耳塞、减震手套、防砸安全鞋、防水工作服（包括防水鞋）
A35	车辆驾驶		一般性的工作服	防强光、紫外线、红外线护目镜或面罩；防异物伤害护目镜；防冲击安全头盔
A36	铲、装、吊、推机械操纵		一般性的工作服	防尘口罩；防强光、紫外线、红外线护目镜或面罩；防异物伤害护目镜；防水工作服（包括防水鞋）
A37	一般性作业			一般性的工作服
A38	其他作业			一般性的工作服

第四节　“三宝”（安全网、安全帽、安全带）的使用制度

一、安全网使用制度

（1）网内不得存留建筑垃圾，网下不能堆积物品，网身不能出现严重变形和磨损，防止受化学品与酸、碱烟雾的污染及电焊火花的烧灼等。

（2）支撑架不得出现严重变形和磨损，其连接部位不得有松脱现象。网与网之间及网与支撑架之间的连结点亦不允许出现松脱。所有绑拉的绳都不能使其受严重的磨损或有变形。

（3）网内的坠落物要经常清理，保持网体洁净。还要避免大量焊接或其他火星落入网内，并避免高温或蒸汽环境。当网体受到化学品的污染或网绳嵌入粗砂粒或其他可能引起磨损的异物时，即须进行清洗，洗后使其自然干燥。

（4）安全网在搬运中不可使用铁钩或带尖刺的工具，以防损伤网绳。网体要存放在仓库或专用场所，并将其分类、分批存放在架子上，不允许随意乱堆。对仓库要求具备通风、遮光、隔热、防潮、避免化学物品的侵蚀等条件。在存放过程中，亦要求对网体作定期检验，发现问题，立即处理，以确保安全。

二、安全帽使用制度

（1）凡进入施工现场的所有人员，都必须佩戴安全帽。作业中不得将安全帽脱下搁置一旁，或当坐垫使用。

（2）国家标准中规定佩戴安全帽的高度，为帽箍底边至人头顶端（以试验时木质人头模型做代表）的垂直距离为 80 ~ 90mm。国家标准对安全帽最主要的要求是能够承受 5 000N的冲击力。

（3）要正确使用安全帽，要系好帽带，调整好帽衬间距（一般 40 ~ 50mm），勿使轻易松脱或颠动摇晃。缺衬、缺带或破损的安全帽不准使用。

三、安全带使用制度

（1）使用时要高挂低用，防止摆动碰撞，绳子不能打结，钩子要挂在连接环上。当发现有异常时要立即更换，换新绳时要加绳套。使用 3m 以上的长绳要加缓冲器。

（2）在攀登和悬空等作业中，必须佩戴安全带并有牢靠的挂钩设施，严禁只在腰间佩戴安全带，而不在固定的设施上拴挂钩环。

（3）安全带不使用时要妥善保管，不可接触高温、明火、强酸、强碱或尖锐物体。使用频繁的绳要经常做外观检查；使用两年后要做抽检，抽检过的样带要更换新绳。

第二十四章　伤亡事故处理

第一节　伤亡事故的分类

根据国务院 1991 年 3 月 1 日颁布的《企业职工伤亡事故和处理规定》，职工在劳动过程中发生的人身伤害、急性中毒事故分为轻伤、重伤和死亡。

一、轻伤

指造成劳动者肢体伤残或某些器官功能性或器质性轻度损伤，表现为劳动能力轻度或暂时丧失的伤害。一般指受伤后歇工在一个工作日以上，但够不上重伤的事故，为轻伤事故。

二、重伤

指造成劳动者肢体残缺或视觉、听觉等器官受到严重损伤，一般能引起人体长期存在功能障碍，或劳动能力有重大损失的伤害。

中华人民共和国原劳动部颁发《重伤事故范围》中规定凡有下列情况之一的，均作为重伤事故处理：

（1）经医师诊断已成为残废或可能成为残废的。

（2）伤势严重，需要进行较大的手术才能挽救的。

（3）人体要害部位严重灼伤、烫伤，或虽非要害部位，但灼伤、烫伤占全身面积 1/3 以上的。

（4）严重骨折（胸骨、肋骨、脊椎骨、锁骨、肩胛骨、腕骨、腿骨和脚骨等因伤引起骨折）、严重脑震荡等。

（5）眼部受伤较重，有失明可能的。

（6）手部伤害。包括大拇指轧断 1 节的；食指、中指、无名指、小指任何一指轧断两节或任何两指各轧断 1 节的；局部肌腱受伤甚剧引起机能障碍，有不能自由伸曲的残废可能的。

（7）脚部伤害。包括脚趾轧断 3 只以上的；局部肌腱受伤甚重引起机能障碍，有不能行走自如的残废可能的。

（8）内部伤害。如内脏损伤、内出血或伤及腹膜的。

（9）凡不在上述范围以内的伤害，经医院诊断后认为受伤较重，可根据实际情况参考上述各点，由企业行政会同基层工会做个别研究提出初步意见，由当地劳动部门审查确定。

三、死亡事故

指一次事故中死亡 1～2 人的事故。

四、重大死亡事故

指一次事故中死亡 3 人以上含 3 人的事故。

五、急性中毒事故

指生产性毒物一次或短期内通过人的呼吸道、皮肤或消化道大量进入人体内，使人体在短时间内发生病变，导致职工立即中断工作，并需要进行急救或死亡的事故。

六、重大事故

建设部将重大事故分为四个等级：

（1）具备下列条件之一者为一级重大事故：

1）死亡 30 人以上。

2）直接经济损失 300 万元以上。

（2）具备下列条件之一者为二级重大事故：

1）死亡 10 人以上 29 人以下。

2）直接经济损失 100 万元以上，不满 300 万元。

（3）具备下列条件之一者为三级重大事故：

1）死亡 3 人以上 9 人以下。

2）重伤 20 人以上。

3）直接经济损失 30 万元以上，不满 100 万元。

（4）具备下列条件之一者为四级重大事故：

1）死亡 2 人以下。

2）重伤 3 人以上 19 人以下。

3）直接经济损失 10 万元以上，不满 30 万元。

第二节　伤亡事故的上报

（1）伤亡事故发生后，负伤者或事故现场有关人员应当立即直接或逐级报告企业负责人。

（2）企业负责人接到重伤、死亡、重大死亡事故报告后，应当立即报告企业主管部门和企业所在地劳动部门、公安部门、人民检察院、工会。

（3）企业主管部门和劳动部门接到死亡、重大死亡事故报告后应当立即按系统逐级上报。死亡事故报至省、自治区、直辖市企业主管部门和劳动部门，重大死亡事故报至国务院有关主管部门、劳动部门。

（4）发生死亡、重大死亡事故的企业应当保护事故现场，并迅速采取必要措施抢救人员和财产，防止事故扩大。

（5）对于造成特别重大人身伤亡或者巨大经济损失以及性质特别严重、产生重大影响的特别重大事故，必须立即将所发生事故的情况报告上级归口管理部门和所在地地方人民政府，并报告所在地的省、自治区、直辖市人民政府和国务院归口管理部门。

（6）重大死亡事故报至国务院有关主管部门、劳动部门，并在 24h 内写出事故报告报上述所列部门。

重大事故报告应包括以下内容：

1）事故发生的时间、地点、单位。

2）事故的简单经过、伤亡人数、直接经济损失的初步统计。

3）事故发生原因的初步判断。

4）事故发生后采取的措施。

5）事故控制情况。

6）事故报告单位。

（7）事故上报程序。（图 24-1、图 24-2）

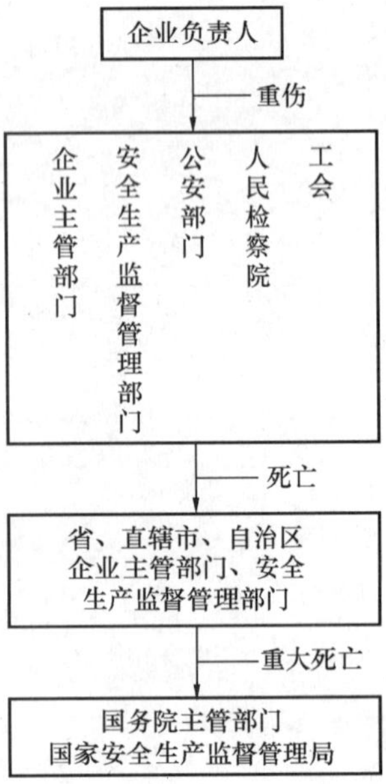

图 24-1　重伤、死亡和重大事故上报程序

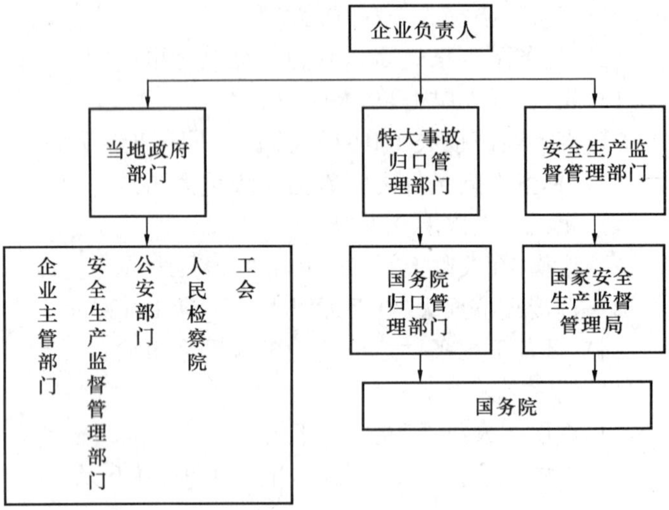

图 24-2　特大事故上报程序

第三节　伤亡事故的调查与结案

一、调查组的组成

（1）发生人员轻伤、重伤事故，由企业负责人或指定的人员组织施工生产、技术、安全、劳资、工会等有关人员组成事故调查组进行调查。

（2）死亡事故由企业主管部门会同现场所在市（或区）劳动部门、公安部门、人民检察院、工会组成事故调查组进行调查。

（3）重大伤亡事故应按企业的隶属关系，由省、自治区、直辖市企业主管部门或国务院有关主管部门，公安、监察、检查部门、工会组成事故调查组进行调查，也可邀请有关专家和技术人员参加。

(4) 特大事故发生后，按照事故发生单位的隶属关系，由省、自治区、直辖市人民政府或者国务院归口管理部门组织特大事故调查组负责事故的调查工作。涉及军民两个方面的特大事故，组织事故调查的单位应当邀请军队派员参加事故的调查工作。

国务院认为应当由国务院调查的特大事故，由国务院或者国务院授权的部门组织成立事故调查组。特大事故调查组应当根据所发生事故的具体情况，由事故发生单位的归口管理部门、公安部门、监察部门、计划综合部门、劳动部门等单位派员组成，并应当邀请检察机关和工会派员参加。特大事故调查组根据调查工作的需要，可以选聘其他部门或者单位的人员参加，也可以聘请有关专家进行技术鉴定和财产损失评估。

(5) 有关县（市、区）、市（地、州）和省、自治区、直辖市人民政府及政府有关部门应当配合、协助事故调查，不得以任何方式阻碍、干涉事故调查。

(6)《工程建设重大事故报告和调查程序规定》对重大事故的调查作了规定：一、二级重大事故由省、自治区、直辖市建设行政主管部门提出调查组组成意见，报请人民政府批准；三、四级重大事故由发生地的市、县级建设行政主管部门提出调查组组成意见，报请人民政府批准；事故发生单位属于国务院部委的，按上述规定，由国务院有关主管部门或其授权部门会同当地建设行政主管部门提出调查组组成意见。调查组在调查工作结束后10日内，应当将调查报告报送批准组成调查组的人民政府和建设行政主管部门以及调查组其他成员部门。经组织调查的部门同意，调查工作即告结束。

二、事故调查程序

死亡、重伤事故应按如下要求进行调查，轻伤事故的调查可参照执行。

(1) 现场处理

1）事故发生后应救护受伤害者，采取措施制止事故蔓延扩大。

2）认真保护事故现场，凡与事故有关的物体、痕迹、状态不得破坏。

3）为抢救受伤害者需移动现场某些物体时，必须做好现场标志。

(2) 物证收集

1）现场物证包括：破损部件、碎片、残留物、致害物的位置等。

2）在现场收集到的所有物件均应贴上标签，注明地点、时间、管理者。

3）所有物件应保持原样，不准冲洗、擦拭。

4）对健康有危害的物品，应采取不损坏原始证据的安全防护措施。

(3) 事故事实材料的收集

1）与事故鉴别、记录有关的资料：

①发生事故的单位、地点、时间。

②受害人和肇事者的姓名、性别、年龄、文化程度、职业、技术等级、工龄、本工种工龄、支付工资的形式。

③受害人和肇事者的技术状况、接受安全教育情况。

④出事当天，受害人和肇事者什么时间开始工作、工作内容、工作量、作业程序、操作时的动作（或位置）。

⑤受害人和肇事者过去的事故记录。

2）事故发生的有关事实：

①事故发生前设备、设施等性能和质量状况；

②使用的材料，必要时进行物理性能或化学性能实验与分析；

③有关设计和工艺方面的技术文件、工作指令和规章制度方面的资料及执行情况；

④关于工作环境方面的状况，包括照明、湿度、温度、通风、声响、色彩度、道路、工作面状况以及工作环境中的有毒、有害物质取样分析记录；

⑤个人防护措施状况，应注意它的有效性、质量、使用范围；

⑥出事前受害人和肇事者的健康状况；

⑦其他可能与事故致因有关的细节或因素。

（4）证人材料收集

要尽快找被调查者并收集材料。对证人的口述材料，应认真考证其真实程度。

（5）现场摄影

1）显示残骸和受害者原始存息地的所有照片。

2）可能被清除或被践踏的痕迹，如刹车痕迹、地面和建筑物的伤痕、火灾引起损害的照片、冒顶下落物的空间等。

3）事故现场全貌。

4）利用摄影或录像，以提供较完善的信息内容。

（6）事故图

报告中的事故图，应包括了解事故情况所必需的信息。如事故现场示意图、流程图、受害者位置图等。

三、事故分析

（1）事故分析步骤

1）整理和阅读调查材料。

2）按以下7项内容进行分析［《企业职工伤亡事故分类标准》（GB 644—1986）附录A］：

①受伤部位。

②受伤性质。

③起因物。

④致害物。

⑤伤害方式。

⑥不安全状态。

⑦不安全行为。

3）确定事故的直接原因。

4）确定事故的间接原因。

5）确定事故的责任者。

（2）事故原因分析

1）属于下列情况者为直接原因：

①机械、物质或环境的不安全状态：见《企业职工伤亡事故分类标准》（GB 6441—1986）附录A-A6“不安全状态”。

②人的不安全行为：见《企业职工伤亡事故分类标准》（GB 6441—1986）附录A-A7

“不安全行为”。

2）属下列情况者为间接原因：

①技术和设计上有缺陷——工业构件、建筑物、机械设备、仪器仪表、工艺过程、操作方法、维修检验等的设计、施工和材料使用存在问题；

②教育培训不够，未经培训，缺乏或不懂安全操作技术知识；

③劳动组织不合理；

④对现场工作缺乏检查或指导错误；

⑤没有安全操作规程或不健全；

⑥没有或不认真实施事故防范措施，对事故隐患整改不力；

⑦其他。

3）在分析事故时应从直接原因入手，逐步深入到间接原因从而掌握事故的全部原因，再分清主次进行责任分析。

（3）确定事故责任

1）根据事故调查所确认的事实，通过对直接原因和间接原因的分析确定事故中的直接责任者和领导责任者；

2）在直接责任者和领导责任者中，根据其在事故发生过程中的作用确定主要责任者；

3）根据事故后果和事故责任者应负的责任提出处理意见。

（4）责任认定

1）因下列情况造成事故者为直接责任者：

①违章操作，违章指挥，违反劳动纪律；

②发现事故危险征兆，不立即报告、不采取措施；

③私自拆除、毁坏、挪用安全设施；

④设计、施工、安装、检修、检验、试验错误等。

2）因下列情况造成事故者为领导责任者：

①指令错误，规章制度错误、没有或不健全；

②承包、租赁合同中无安全卫生内容和措施；

③不进行安全教育、安全资格认证，机械设备超负荷、带病运转；

④劳动条件、作业环境不良，新、改、扩建项目不执行“三同时”制度；

⑤发现隐患不治理，发生事故不积极抢救；

⑥发生事故后不及时报告或故障隐瞒；

⑦发生事故后不采取防范措施，致使一年内重复发生同类事故；

⑧违章指挥。

四、事故结案归档材料

当事故处理结案后，应归档的事故资料如下：

（1）职工伤亡事故登记表。

（2）职工死亡、重伤事故调查报告书及批复。

（3）现场调查记录、图片、照片。

（4）技术鉴定和试验报告。

(5) 物证、人证材料。
(6) 直接和间接经济损失材料。
(7) 事故责任者的自述资料。
(8) 医疗部门对伤亡人员的诊断书。
(9) 发生事故时的工艺条件、操作情况和设计资料。
(10) 处分决定和受处分人员的检查材料。
(11) 有关事故的通报、简报及文件。
(12) 注明参加调查组的人员、姓名、职务、单位。

五、事故处理结案

(1) 事故调查组提出的事故处理意见和防范措施建议，由发生事故的企业及其主管部门负责处理。

(2) 因忽视安全生产、违章指挥、违章作业、玩忽职守或者发现事故隐患、危害情况而不采取有效措施以致造成伤亡事故的由企业主管部门或者企业按照国家有关规定，对企业负责人和直接责任人员给予行政处分，构成犯罪的由司法机关依法追究刑事责任。

(3) 违反本规定，在伤亡事故发生后隐瞒不报、谎报、故意迟延不报、故意破坏事故现场，或者无正当理由拒绝接受调查以及拒绝提供有关情况和资料的，由有关部门按照国家有关规定对有关单位负责人和直接责任人员给予行政处分，构成犯罪的由司法机关依法追究刑事责任。

(4) 在调查处理伤亡事故中玩忽职守、徇私舞弊或者打击报复的，由其所在单位按照国家有关规定给予行政处分，构成犯罪的由司法机关依法追究刑事责任。

(5) 伤亡事故处理工作应当在 90 日内结案，特殊情况不得超过 180 日。伤亡事故处理结案后应当公开宣布处理结果。

第四节 伤亡事故档案管理

一、工伤事故档案中主要资料目录

(1) 建设系统企业职工伤亡事故快报表。
(2) 建设系统企业职工伤亡事故调查报告书。
(3) 职工伤亡事故登记表。
(4) 现场调查记录、图片、照片。
(5) 技术鉴定和试验报告。
(6) 物证、人证材料。
(7) 直接和间接经济损失材料。
(8) 事故责任者的自述材料。
(9) 医疗部门对伤亡人数人员的诊断书。
(10) 发生事故时的工艺条件、操作情况和设计资料。
(11) 处分决定和受处分人员的检查材料。

(12) 有关事故的通告、简报及文件。
(13) 注明参加调查组人员姓名、职务、职称、单位。
(14) 对职工安全教育记录。
(15) 事故现场整改措施及整改结果报告。
(16) 停工（复工）通知。
(17) 丧葬补助和抚恤金协议或原始签字存单。

二、各种施工伤亡事故统计表

根据当地建设主管部门要求，每月、每季度填报的各种伤亡统计表。

三、未遂重大事故有关资料

施工现场发生了未遂重大事故，虽然没有发生人员伤亡但仍按重大事故进行调查、分析、处理、整改及对员工进行安全教育，并将此资料存入工伤事故档案。

四、发生的各种轻伤情况及有关资料

发生轻伤的姓名、工种、受伤部位、误工时间、发生医疗费收据和诊断书复印件。

五、附表

工 伤 事 故 登 记 表

工程名称：　　　发生事故地点：　　　日期：　年　月　日　时　分
事故类别：　　　　　　　　　　　　　气象：晴　阴　雨　雪　气温：　℃

<table>
<tr><td rowspan="2">伤害人姓名</td><td rowspan="2">伤害情况
(死、重、轻)</td><td rowspan="2">工种及
级　别</td><td rowspan="2">性别</td><td rowspan="2">年龄</td><td rowspan="2">本工种
工　龄</td><td rowspan="2">受过何种
安全教育</td><td rowspan="2">歇工总
日期</td><td colspan="2">经济损失/元</td><td rowspan="2">备　注</td></tr>
<tr><td>直　接</td><td>间　接</td></tr>
<tr><td></td><td></td><td></td><td></td><td></td><td></td><td></td><td></td><td></td><td></td><td></td></tr>
<tr><td></td><td></td><td></td><td></td><td></td><td></td><td></td><td></td><td></td><td></td><td></td></tr>
<tr><td></td><td></td><td></td><td></td><td></td><td></td><td></td><td></td><td></td><td></td><td></td></tr>
<tr><td colspan="11">事故经过及原因：</td></tr>
<tr><td colspan="11">预防事故重复发生的措施：</td></tr>
<tr><td colspan="11">处理意见：</td></tr>
<tr><td colspan="11">责任区安全员：
落实措施负责人：
责任区工长：
安全部长：
项目经理：
年　月　日</td></tr>
</table>

填表人：　　　　　　　　　　　　　填表时间：　年　月　日

职工伤亡事故报告表

年　月　日

<table>
<tr><td>性　别</td><td></td><td colspan="2">工地名称</td><td></td><td>负责人</td><td colspan="2"></td><td>盖　　章</td><td></td></tr>
<tr><td>姓　名</td><td></td><td>年　龄</td><td></td><td>工　　种</td><td></td><td>人员性质</td><td></td><td>进单位时间</td><td></td></tr>
<tr><td colspan="2">出 事 时 间</td><td colspan="2"></td><td>出事地点</td><td colspan="2"></td><td>受伤部位</td><td colspan="2"></td></tr>
<tr><td colspan="10">发生事故的经过和原因：

调查人：　　　　盖章：</td></tr>
<tr><td colspan="4">受伤者受过何等教育</td><td colspan="6"></td></tr>
<tr><td colspan="10">医生检查及鉴定情况：</td></tr>
<tr><td colspan="10">工程队对事故责任分析和处理意见：</td></tr>
<tr><td colspan="10">预防事故重复发生的措施、完成期限、执行措施负责人：</td></tr>
<tr><td colspan="10">公司处理意见：</td></tr>
</table>

现场重大事故登记表

工程名称：

事故类别：　　　　　　　　　　　　　　　　　　　　　　气象：晴　阴　雨　雪　气温：　℃

发生重大（未遂）事故时间：　　　年　月　日　时　分
发生未遂事故（重大）地点：
事故经过：
预防事故重复发生的措施：
处理意见：
参加调查人员：生产经理、技术经理、工长、安全员、劳资员、班组长、第一发现人。 现场负责人： 年　月　日

填表人：　　　　　　　　　　　　　　　　　　　　　　填表时间：　　年　月　日

伤亡事故统计月报表（一）

填报单位名称：____________________　　　　　　　　________年______月

事故类别	自年初至本月止累计		本　　月		补　充　资　料
	死　亡	重　伤	死　亡	重　伤	
总　　计					1. 本月发生死亡事故：　　　　件
物体打击					本月发生重伤事故：　　　　件
机具伤害					2. 本月因工伤事故歇工计：　　　　工日
车辆伤害					3. 本月因工伤事故歇工合计，其中：
超重伤害					续上期：　　　　工日
触　　电					4. 本月因工伤事故所造成的经济损失：
淹　　溺					万元
灼　　烫					5. 全部职工平均人数：
火　　灾					自年初累计：　　　　人
高处坠落					本　　月：　　　　人
坍　　塌					6. 负 伤 频 率：
冒顶偏帮					自年初累计：　　　　‰
透　　水					本　　月：　　　　‰
放　　炮					7. 文字说明：
爆　　炸					
中　　毒					
其他伤害					

轻　伤　事　故　部　分		
	自年初至本月止累计	本　　月
轻伤事故人次		

填报单位负责人：　　　　安全部门负责人：　　　　填报人：

实际报出日期：________年________月________日

伤亡事故统计月报表（二）

1. 企业详细名称：　　　　　　　　地址：　　　　　　　　电话：
2. 经济类型：　　　　　　　　国民经济行业：　　　　　　　　隶属关系：
　直接主管部门：
3. 事故发生时间：　　　　年　　月　　日　　时　　分
4. 事故地点：
5. 事故类别：　　　　　　　　代码：
6. 事故原因：　　　　　　　　其中直接原因：
7. 事故严重级别：
8. 伤亡人员情况：

姓名	性别	年龄	文化程度	用工形式	工种	级别	本工种工龄	安全教育情况	伤害部位	伤害程度	损失工作日	伤亡者死亡原因	备注

9. 本次事故损失工作日总数：
10. 本次事故经济损失（元）：　　　　　　　　其中直接经济损失（元）：
11. 事故详细经过：
12. 事故原因分析：
13. 预防事故重复发生的措施：
14. 事故责任分析和对责任者处理意见：
15. 附件（事故现场照片、伤亡者照片、技术鉴定图示、旁证等资料）：
16. 参加调查人员：

备注：此报告书是企业发生伤亡事故进行调查之后按此报告书要求内容填写，并报主管部门及有关部门。

伤亡事故经济损失统计表

序次	类别	统计范围	统计项目	金额
1	直接经济损失	人身伤亡后支出的费用	医疗、护理费用	
2			丧葬及抚恤费用	
3			补助及救济费用	
4			歇工费用	
5		善后处理费用	处理事故的事务性费用	
6			现场抢救费用	
7			清理现场费用	
8			事故罚款和赔偿费用	
9		财产损失价值	固定资产损失价值	
10			流动资产损失价值	
11	间接经济损失	停产、减产损失价值		
12		工作损失价值		
13		资源损失价值		
14		处理环境污染的费用		
15		补充新职工的培训费用		
16		其他损失费用		

工程建设重大质量安全事故快报表单

*□质量　*□安全

事 故 基 本 信 息					
序　　号		*事故发生时间			
*天气气候		*事故发生地点	______省______市		
*发生地域类型		*发生区域类型			
*事故发生部位		*事故类型			
事故简要经过 原因初步分析					
工　　程　　概　　况					
*工程名称					
*工程类别		*工程专业			
工程规模/ (平方米/延米)		工程造价/ 万元			
*结构类型		*形象进度			
*工程性质		投资主体			
本工程第 几次事故		承包形式			
开工日期		计划竣工日期			
基本建设程序 履行情况	□立项　□用地许可证　□规划许可证　□招标投标　□施工图审查 □施工许可证　□质量监督　□安全监督				
负责该工程安全生产监管单位					
*建设单位名称		资质证书编号		资质等级	
勘察单位名称		资质证书编号		资质等级	
设计单位名称		资质证书编号		资质等级	
*监理单位名称		资质证书编号		资质等级	
监理总监姓名		注册证书编号		资质等级	

续表

施工总承包单位					
*名　称		资质等级		企业性质	
资质证书编号		安全生产许可证编号			
法定代表人		安全生产考核合格证编号			
项目经理姓名		安全生产考核合格证编号			
专职安全人员姓名		安全生产考核合格证编号			
本年度第几次事故		企业注册地		____省____市	
专业施工分包单位					
*名　称		资质等级		企业性质	
资质证书编号		安全生产许可证编号			
法定代表人		安全生产考核合格证编号			
项目经理姓名		安全生产考核合格证编号			
专职安全人员姓名		安全生产考核合格证编号			
本年度第几次事故		企业注册地		____省____市	
劳务承包					
*名　称		资质等级		企业性质	
资质证书编号		安全生产许可证编号			
法定代表人		安全生产考核合格证编号			
项目经理姓名		安全生产考核合格证编号			
专职安全人员姓名		安全生产考核合格证编号			
本年度第几次事故		企业注册地		____省____市	

事故人员伤亡情况					
*死亡人员数量/人			*重伤人员数量/人		
总人数	施工人员人数	非施工人员人数	总人数	施工人员人数	非施工人员人数

施工伤亡人员情况								
姓名	性别	年龄	工种	用工形式	文化程度	从业时间	承包形式	伤亡情况

备注：加*的项目为第一次快报必填项。

六、工程建设重大质量安全事故快报上报表单填写说明

（1）质量事故在“质量”栏里打勾，安全事故在“安全”栏里打勾。

（2）序号：系统根据已定规则自动生成。

（3）事故发生时间：24小时制，填写至分钟。

（4）天气气候：填写事故发生当天的天气情况，如阴、晴、雨、雪、雾、风。

（5）事故发生地点：填写至事故发生的具体地点，省（自治区、直辖市）、市（地区、州、盟）、县（市、区、镇）、乡（镇、街道）。

（6）发生地域类型：直辖市（计划单列市）及省会城市、地级城市、县级城市（含县城镇）、村镇（指村庄和集镇），用以了解事故发生地域的城市或乡村类别。

（7）发生区域类型：各类园区（高校园区、工业科技园区、经济开发区）、非园区，用以了解发生事故的区域是否在各类园区。

（8）事故类型：物体打击、车辆伤害、机具伤害、起重伤害、触电、高处坠落、坍塌、中毒和窒息、火灾和爆炸、淹溺及其他，按事故发生的第一诱因填写。

（9）事故发生部位：土石方工程、基坑、模板、脚手架、洞口和临边、井架及龙门架、塔吊、外用电梯、施工机具、现场临时用电线路、外电线路、墙板结构、临时设施及其他。拆除工程部位填写墙板结构，现场办公室、宿舍、食堂及围墙等的事故填写临时设施。

（10）事故简要经过及原因初步分析：要求能够叙述清楚事故发生过程，并初步分析事故发生的主要原因。

（11）工程名称：填写施工合同上的工程名称。

（12）工程类别：新建工程、改扩建工程、拆除工程。

（13）工程专业：房屋建筑工程、市政基础设施工程、交通工程、水利工程、铁道工程、冶金工程、电力工程、港湾工程、其他工程。

（14）工程规模：按工程的实际情况或按施工合同中的建筑面积或延米填写。

（15）工程造价：根据施工合同中的合同价款或实际造价填写。

（16）结构类型：混砖结构、混凝土结构、钢结构、其他。

（17）形象进度：施工准备、基础施工、主体结构、装饰装修。

（18）工程性质：住宅、公共建筑、厂房、其他，本项主要指的是房屋建筑工程。

（19）投资主体：政府投资、企业投资（包括开发商投资、企事业单位投资自建房）、个人投资。

（20）本工程第几次事故：按本工程自开工以来，实际发生的事故起数及一、二、三、四级事故级别分别填写。

（21）承包形式：总承包、专业分包、劳务分包。

（22）开工日期：按实际开工日填写。

（23）计划竣工日期：按建设单位和施工单位所签订的施工合同上的竣工日期填写。

（24）基本建设程序履行情况：基本建设程序包括立项、用地许可证、规划许可证、招标、投标、施工图审查、施工许可证、质量监督、安全监督，按实际履行情况填报。

（25）负责该工程安全生产监管单位：填写具体负责监督管理该项工程安全生产工作

的政府管理部门或者监督管理机构。

(26) 建设单位名称、资质证书编号和资质等级：填写开发建设该工程的有关单位名称，有房地产开发资质的填写资质证书编号和资质等级。

(27) 勘察、设计监理单位名称、资质证书编号和资质等级：按建设行政主管部门颁发的资质证书上的名称、资质证书编号和资质等级填写。

(28) 监理总监姓名和注册证书编号：按人事部和建设部共同颁发的资格证书上的姓名和编号填写；如无上述资格证，可如实填写颁发证书的单位、证书名称和本人编号。

(29) 施工总承包单位名称：按营业执照上的全称填写。

(30) 施工总承包单位资质等级：特级、总承包一级、总承包二级、总承包三级。

(31) 施工总承包单位企业性质：国有（控股）企业、集体（控股）企业、其他股份制企业、民营企业及其他。

(32) 施工总承包单位的资质证书编号：按建设行政主管部门颁发的资质证书编号填写。

(33) 施工总承包单位安全生产许可证编号：按建设行政主管部门颁发的安全生产许可证填写。

(34) 施工总承包单位法定代表人：按工商部门颁发的营业执照上的法定代表人的姓名填写。

(35) 项目经理姓名：按建设主管部门颁发的项目经理证书上的姓名填写。

(36) 施工总承包单位专职安全人员姓名：按建设主管部门“三类人员”考核合格证上姓名填写。

(37) 总承包单位的法定代表人、项目经理和专职安全生产监管人员的安全生产考核合格证书编号：按各级建设行政主管部门颁发的三类人员考核合格证编号填写。

(38) 施工总承包单位本年度第几次事故：指本企业在本年度共发生事故的起数按事故类别，如：四级事故1、2、3、4……起填写；三级事故1、2、3、4……起填写；二级事故1、2、3、4……起填写；一级事故1、2、3、4……起填写。

(39) 施工总承包单位注册地：按工商部门颁发的营业执照上的注册地填写至省、市。

(40) 专业施工分包单位和劳务承包单位的各项内容参照施工总承包单位的要求填写。

(41) 事故人员伤亡情况中，死亡人员数量：按本次事故实际死亡人数填写，受伤人员在30天内死亡的，按死亡事故统计。

施工人员人数：按死亡人员中属于企业的施工人员的人数填写。

非施工人员人数：与该项工程施工没有关系的其他人员或虽有关系但不是本企业聘任的人员。

(42) 事故人员伤亡情况中，重伤人员数量：按这次事故造成的实际重伤人数填写，其他要求参照(41)条。

(43) 施工伤亡人员情况中：

1) 伤亡人员工种：管理人员（包括项目经理、技术员、施工员、质量、安全人员及其他管理人员等）、木工、瓦工、架子工、钢筋工、混凝土工、抹灰工、机械工、电工、电焊工、管工、钳工、油漆工、防水工、通风工、吊装工、搬运工、力工、勤杂工等。

2) 伤亡人员用工形式：正式工、合同工、临时工。

3）伤亡人员文化程度：小学及小学以下、初高中（中专）、大专及以上。

4）伤亡人员从业时间：3个月以下、3个月～1年、1年～2年、2年～3年、3年～5年、5年以上。

5）伤亡人员承包形式：总承包单位作业人员、专业分包单位作业人员、劳务分包人员。

6）伤亡人员年龄：25岁以下、25～35岁、35～45岁、45～55岁、55岁以上。

7）伤亡情况：指轻伤、重伤、死亡。

第五节 伤亡事故的分析方法

一、基本方法

（1）整理统计法

把调查统计数字，通过汇总整理，按一定顺序填列在设计好的表格之内，通过表中的数字、比例进行安全动态分析。

（2）图表分析法

以统计数字为基础，用几何图形等绘制各种图形来表达统计结果。

（3）系统安全分析法

系统安全分析法是一种综合分析与个别案例分析兼顾的方法。

（4）《企业职工伤亡事故调查分析规则》（GB 6442—86）附录A中的分析方法

二、分析指标概述

（1）工伤事故频率

工伤事故频率指标是说明工伤事故发生频率程度的指标，是指在一定时期内企业或部门工伤事故人次与职工总人数的比值。常见的指标形式是月工伤事故频率指标和年工伤事故频率指标，计算公式为：

$$\text{月工伤事故频率} = \frac{\text{当月工伤事故人次}}{\text{当月职工总人数}} \times 100\%$$

$$\text{年工伤事故频率} = \frac{\text{当年工伤事故人次总和}}{\text{当年12个月职工总人数平均值}} \times 100\%$$

（2）工伤事故次数指标

工伤事故次数指标是指在一定时期内发生的各种工伤事故的次数总和，它是以“次”作为计算单位的指标。比如在一定时期内，同一劳动者因工负伤两次，则按两次工伤事故来统计。工伤事故次数指标是综合性指标、规模指标，它反映了发生工伤事故的规模。

（3）工伤人次数指标

工伤人次数指标是指在一定时期内，因工负伤、致残、死亡的劳动者人数与次数的乘积。它是以“人次”作为计算单位的指标。该指标的计算方法可以举例说明：如果同一劳动者在统计时期内因工负伤两次，则不按1人次而按2人次统计。它既反映了工伤总人数，也反映了工伤总次数，用这一个指标综合地反映了两个方面的情况。

(4) 工伤事故人数指标

工伤事故人数指标是指在一定时期内，各种工伤事故造成的负伤、致残和死亡的劳动者人数之和，它是以“人”为计算单位的统计指标也被称为工伤总人数指标，是反映工伤事故规模的指标。在用该指标统计时应注意：在统计时期内，如果同一劳动者发生因工负伤的次数不止一次，也按1人统计。

(5) 工伤死亡率指标

工伤死亡率是指在一定时间内，工伤事故所造成的死亡职工人数同劳动者平均人数的比值，一般是用千分比表示。它的计算方法可以用下面公式表示：

$$工伤死亡率=\frac{工伤死亡人数}{劳动者平均人数}\times 1\,000‰$$

在统计工伤死亡率时，它的统计范围只包括工伤事故当场造成的死亡人数；工伤事故发生后，受伤者经多方抢救无效死亡的人数；工伤事故中负伤，并且在不到一个月的时间内死亡的人数。

(6) 负伤频率指标

负伤频率是指在一定时期内，一个企业平均每1 000名劳动者中因工负伤的人次数，用公式可以表示为：

$$负伤频率=\frac{企业工伤总人次数}{企业职工平均人数}\times 1\,000‰$$

(7) 工伤事故直接经济损失

根据国家1986年颁布的《企业职工伤亡事故经济损失统计标准》(GB 6721—86) 的规定，工伤事故直接经济损失包括以下几个方面：

1) 人体被伤害的工作损失价值，它的计算方法是：

人体被伤害的工作损失价值 = 被害者损失工作日 × 企业全年人均日净产值

2) 保险福利费，它包括一次性抚恤费和长期抚恤费，一次性补助费和长期补助费、救济费、医疗费、丧葬费等。

3) 固定资产损失，它包括厂房、设备损失的价值。

4) 物质损失，它包括原材料、成品、半成品损失的价值。

5) 善后处理费用，它包括善后处理所花费的差旅费、交通费、接待费等。

(8) 工伤事故间接经济损失

工伤事故的间接经济损失包括以下几个方面：

1) 从事救援、善后处理、工伤事故调查等人员的工资、聘金、差旅费等。

2) 停产、减产损失和产品质量下降损失。

3) 因违反国家法律的罚款和诉讼费。

4) 环境污染损失等。

(9) 伤亡事故的直接经济损失的统计范围

根据国家在1986年颁布的《企业职工伤亡事故经济损失统计标准》的规定，伤亡事故的直接经济损失的统计范围包括：

1) 人身伤亡后所支出的费用，包括医疗费用（含护理费用）、丧葬及抚恤费用、补助及救济费用、歇工工资。

2）善后处理费用，包括处理事故的事务性费用、现场抢救费用、清理现场费用、事故罚款和赔偿费用。

3）财产损失费用，包括固定资产损失价值和流动资产损失价值。

（10）伤亡事故的间接经济损失的统计范围

根据《企业职工伤亡事故经济损失统计标准》的规定，伤亡事故的间接经济损失的统计范围包括：停产、减产损失价值，工作损失价值，资源损失价值，处理环境污染的费用，补充新职工的培训费用，其他损失费用。

（11）伤亡事故的经济损失的计算方法

根据《企业职工伤亡事故经济损失统计标准》的规定，伤亡事故的经济损失可以用下面的公式表示：

$$E = E_d + E_i$$

式中　E——经济损失，万元；

E_d——直接经济损失，万元；

E_i——间接经济损失，万元。

（12）事故已处理结案而未能结算的医疗费的计算方法

根据《企业职工伤亡事故经济损失统计标准》附录 A 中的规定，事故已处理结案而未能结算的医疗费的计算方法可以用下面的公式表示：

$$M = M_b + \frac{M_b}{P} \cdot D_e$$

式中　M——被伤害职工的医疗费，万元；

M_b——事故结案日之前的医疗费，万元；

P——事故发生之日至结案之日的天数，日；

D_e——延续医疗天数，它是指事故结案后还需继续医治的时间，由企业劳资、安全、工会等部门按照医生诊断意见确定，日。

注意：上面的计算公式是用来计算一名被伤害职工的医疗费的，如果在一次事故中有多名被伤害职工，他们的医疗费应该累计计算。

（13）事故已处理结案而未能结算的歇工工资的计算方法

根据《企业职工伤亡事故经济损失统计标准》附录 A 的规定，事故已处理结案而未能结算的歇工工资的计算方法可以用下面的公式表示：

$$L = L_q(D_a + D_k)$$

式中　L——被伤害职工的歇工工资，元；

L_q——被伤害职工日工资，元；

D_a——事故结案日之前的歇工日，日；

D_k——延续歇工日。它是指事故结案后被伤害职工还需继续歇工的时间，由企业劳资、安全、工会等部门会同有关单位酌情商定，日。

注意：上面的计算公式是用来计算一名被伤害职工的歇工工资的，如果在一次事故中有多名被伤害职工，他们的歇工工资应该累计计算。

(14) 经济损失的评价指标

经济损失的评价指标，根据《企业职工伤亡事故经济损失统计标准》的规定，主要包括以下两个统计指标：千人经济损失率和百万元产值经济损失率。

1) 千人经济损失率的计算方法：

千人经济损失率的计算方法可以用下面的公式表示：

$$R_s = \frac{E}{S} \times 1\,000\ ‰$$

式中　R_s——千人经济损失率，千分数；

E——全年内经济损失，万元；

S——企业职工平均人数，人。

2) 百万元产值经济损失率的计算方法：

百万元产值经济损失率的计算方法可以用下面的公式表示：

$$R_v = \frac{E}{V} \times 100\ \%$$

式中　R_v——百万元产值经济损失率，百分数；

E——全年内经济损失，万元；

V——企业全年总产值，万元。

(15) 经济损失程度划分等级

根据《企业职工伤亡事故经济损失统计标准》的规定，经济损失程度可以划分为：一般损失事故、较大损失事故、重大损失事故和特大损失事故四级。

一般损失事故是指经济损失小于1万元的事故；

较大损失事故是指经济损失大于1万元（含1万元）但小于10万元的事故；

重大损失事故是指经济损失大于10万元（含10万元）但小于100万元的事故；

特大损失事故是指经济损失大于100万元（含100万元）的事故。

第二十五章　伤害事故案例分析

第一节　高处坠落事故案例

一、违章作业造成的事故

（1）事故经过

2002年8月15日下午，某宾馆工程进行外墙抹灰。由于天气问题，抹灰工李某脱去外衣，摘掉安全带作业。16时左右，李某不慎一脚踩空从36m高处坠落，摔到地面后当场气绝身亡。

（2）事故原因

1）直接原因：

①李某安全意识淡薄，违反高处作业安全操作规程，未系安全带；

②施工现场安全管理松懈，缺少安全防护措施。

2）间接原因：

①对员工安全教育不到位，安全管理不力，安全技术交底不落实；

②安全检查不力，未能及时发现操作人员违章作业。

（3）事故教训

1）必须加强对危险作业部位施工人员的安全教育，杜绝违章，使每个人不仅自己能遵守安全操作规程，还要相互监督。

2）建立健全安全生产管理制度，强化安全检查监督，对危险施工部位严格监控。

二、违章指挥造成的伤亡事故

（1）事故经过

1999年9月23日，某办公楼脚手架工程施工至第5层时，安全员认为搭设质量不合格要求返工，但项目经理怕耽误工期要求继续施工。脚手架搭至第3层时，全部倒塌，6名工人随架坠落，3人当场死亡，另外3人重伤。

（2）事故原因

1）直接原因：

①项目经理违章指挥，严重违反有关安全生产规定；

②安全员失职，未能坚决制止违章施工；

③操作人员未能正确执行安全操作规程，造成安全隐患。

2）间接原因：

安全生产管理制度不健全，领导一人说了算。

(3) 事故教训

1）强化管理者的安全生产意识，树立“以人为本”、“人命关天”的安全理念。

2）加强对施工人员的安全生产教育，使他们能严格执行安全操作规程。

三、疏忽大意造成的伤亡事故

(1) 事故经过

某办公楼工地，主体结构刚到2层，由于楼层不高，管道口未采取防护措施，结果下午一上班就造成一工人失足坠落，后脑撞击到铁器导致当场死亡。

(2) 事故原因

1）直接原因：

①施工现场违反安全施工规程，临边、洞口未及时防护；

②死者安全意识淡薄，未注意洞口位置，并没有佩戴安全帽。

2）间接原因：

①施工现场安全措施不到位；

②施工安全检查不到位，未能及时发现安全漏洞。

(3) 事故教训

1）加强对施工人员安全教育，强化自我保护意识。

2）加强安全检查，及时发现安全隐患。

四、安全防护工具不合格造成伤亡事故

(1) 事故经过

2002年6月某公寓楼工地，架子工赵某工作中不慎一脚踩空身体下落，把安全带也一并扯断，从11层高处直接坠落地面造成死亡。

(2) 事故原因

1）直接原因：

①赵某对临边作业危险性重视不够，注意力不集中；

②赵某未能正确使用安全带（只系了两根安全绳中的一根），安全绳本身带有缺陷。

2）间接原因：

①施工现场安全教育不严，操作人员未能严格遵守施工安全管理规定；

②施工现场安全管理不严，对劳动安全防护用品缺乏严格的管理和检查。

(3) 事故教训

1）严格对特种作业人员进行安全教育和培训，强化特种作业人员的安全防护意识。

2）加强对安全防护用品的管理和检查。

3）加强对危险施工部位的检查和监督。

五、脚手架超载造成的伤亡事故

(1) 事故经过

某工业厂房进行砌筑工程时脚手架上堆料严重超载，安全员及时纠正，瓦工李某、王

某、赵某还不以为然，正争执时瓦工段某又走上了脚手架，只听咔嚓一声，小横杆突然折断，脚手架倾覆，3 名瓦工从 6.4m 处坠落，造成 1 人死亡 2 人重伤。

（2）事故原因

1）直接原因：

①小横杆间距超出规定范围，降低了承载力。

②脚手架上堆料严重超载。

2）间接原因：

①操作人员安全知识缺乏，盲目蛮干；

②安全检查缺乏足够的权威，造成有章不循。

（3）事故教训

1）加强对一线工人安全知识的教育和培训，使他们掌握基本的安全理论和常识，减少施工的盲目和蛮干。

2）坚决执行安全第一、预防为主的方针，使每个管理者和施工者都能够树立安全生产的意识，使安全检查具有绝对的权威性。

第二节 机具伤害事故案例

一、违章操作造成的事故

（1）事故经过

1990 年 3 月 12 日 17 时 48 分，河南省焦作市某建筑分公司，在陶瓷南路供电局家属楼施工，因违章操作，利用提升料盘乘人，钢丝绳拉断，提升料盘坠落，导致 3 人死亡。

1990 年 3 月 12 日 17 时 30 分以后，施工队队长张某、提升司机张某、瓦工张某准备上 6 层去，他们不从楼梯上，而违章乘提升料盘上。这时，提升机操作手王某正准备由 4 层往 6 层上运木料，司机张某走过去，将提升架由 4 层落下，让王某送他们上 6 层。王某不同意，说“提升架不能乘人”。张某见王某不给开，就强行让旁边的于某给开（于某系非操作司机）。于某开机前，看见提升料盘上已站着张某等 3 人。于某将提升架升到 2 层停了一下，架上的人向上摆手，于某又将提升架升到 3 层停一下，架上的人又向上摆手，当升到 6 层时，提升架被一根施工架杠挡住，停机的同时钢丝绳被拉断，提升架突然坠落，造成 3 人死亡。

（2）事故原因

1）直接原因：

①管理者无视安全生产管理规定，带头违章；

②非司机操作提升料盘，违章作业。

2）间接原因：

①管理者安全意识淡薄，漠视安全管理的各项规定；

②施工现场安全管理制度表形同虚设，安全教育不到位，职工缺乏基本安全素质。

(3) 事故教训

1) 加强对管理者的安全教育，完善安全生产责任制和各种安全制度，杜绝违章指挥。

2) 强化施工者的安全意识，杜绝违章作业。

3) 加强对各种设备的定期检查。

二、安全措施不当造成伤害事故

(1) 事故经过

1998 年 10 月，某工地搅拌机发生故障，操作工察某在搅拌机旁找了一块 1.5m×0.3m 的钢模板支撑在料斗后端，以便排除故障，但钢模板受力后从料斗底部滑出，料斗突然坠落，将站在料斗下面的蔡某压在底下，导致蔡某死亡。

(2) 事故原因

1) 直接原因：

①察某安全意识缺乏，未将料斗挂牢就开始作业；

②察某未通知有关人员协同就独自行动。

2) 间接原因：

①对施工人员安全教育不够，致使施工人员缺乏自我保护意识；

②机具设备维护检查制度不健全。

(3) 事故教训

1) 严格施工人员的安全教育。

2) 严格机具设备的维修、保养制度，机械维护应有辅助人员监护。

三、安全意识淡薄造成的伤害事故

(1) 事故经过

2002 年 10 月某高层建筑工地，工人杨某站在 15 层准备乘施工电梯下班时，擅自拆开临边防护栏，将头探出，正好电梯刚从 16 层向下运行，当场撞到杨某头顶，以致杨某当场昏迷，送医院抢救无效死亡。

(2) 事故原因

1) 直接原因：

①杨某缺乏安全意识，擅自拆除临边防护措施；

②安全防护措施不牢。

2) 间接原因：

①施工现场安全监护工作不到位，安全管理力度不够；

②对职工安全教育不严格；

③安全检查不到位，安全管理制度不完善。

(3) 事故教训

1) 强化安全生产责任制，完善各项安全生产管理制度。

2) 加强施工现场安全检查，及时发现隐患。

3) 加强对职工的安全教育与培训，提高职工自我保护意识。

四、安全意识不强造成的事故

（1）事故经过

1999年4月下午快下班时，工人朱某到高速井架下料台口，左手扶住井架，头伸在井架内向地面搅拌砂浆的工人喊话，此时井架吊篮正从八楼快速往下落，片刻间将朱某头颅切下，造成朱某当场死亡。

（2）事故原因

1）直接原因：

①工人朱某缺乏基本的安全意识，严重违反操作规程；

②施工现场安全管理存在疏漏，安全生产责任制未真正落实。

2）间接原因：

①下料台口无防护措施；

②吊篮无专人指挥。

（3）事故教训

1）必须加强对工人的安全教育，加强自我保护意识。

2）对临边洞口防护措施加强检查，及时消除隐患。

第三节　倒塌伤害事故案例

一、施工方案不完善造成的事故

（1）事故经过

2003年7月29日，北京市丰台区某工程在基坑施工过程中，造成3人死亡，4人受伤的严重事故。

该工程由北京市宣武区某开发总公司投资，江苏省某建筑公司施工，土方工程专业分包给北京某土石方挖运公司。2003年7月29日17时左右，工程项目部安排对B塔基坑进行第二步（第一步深度为－3.6m）土方开挖。当第二步土方挖至一半左右（深度为－7.7m），生产经理陈某安排混凝土工组10人、放线员3人修理护坡，其中7人陆续下基坑作业。安全员冯某、放线员俞某、泥工组长仇某3人负责在上面观察边坡稳定情况。当下去的人员准备修边坡、搭设支护架子时，基坑北侧土方突然出现局部坍塌，上面的观察人员发现坍塌立即大喊快走开，但因基坑作业面小，坍塌突然，人员来不及疏散，基坑内7名工人被坍塌的土方全部压住（当地时间为18：25，坍塌土方约5m^2，塌方的形状成半球形，位置在北侧中间偏上部）。项目部立即组织100多人全力轮换抢救，30min后，将被压的7名人员全部救出，由急救中心救护车分别送至医院抢救。虞某等3人因伤势过重，于19：45经抢救无效死亡。

（2）事故原因

1）直接原因：未及时编制专项塔吊基坑开挖方案。当塔吊基坑第一步开挖后，生产经理陈某于7月27日凭经验在塔吊基坑西侧和北侧边坡临时采用挂网抹灰的方法加固，未采取有效的边坡支护措施。这是导致此次事故的最主要原因。

在进行B塔基坑开挖施工时，北侧、西侧放坡系数定为1:0.35，但实际坡度系数为1:0.32。根据勘察单位对基坑的岩土工程勘察报告，建议基坑采用1:0.75自然放坡。B塔基坑距大基坑几米远，土质情况与勘察单位对基坑的岩土工程勘察报告相符。土方坍塌滑抛面在第三层即细纱层处，该层粘聚力C为0，内摩擦角35°。该土质如没有可靠的支护措施极易产生坍塌，施工单位在北侧挂钢筋网片、打螺纹钢筋和做护面，只能防止坡面被雨水冲刷，达不到稳固边坡的作用。

2）间接原因：施工安全管理制度不完善，施工管理者对危险性较大的施工部位监管不力。

（3）事故教训

严格遵循《建设工程安全生产管理条例》的要求施工，对危险性较大的分部分项工程编制专项方案，并附具安全验算结果，给单位技术负责人、总监理工程师签字后实施，涉及深基坑的专项施工方案，应当组织专家进行论证、审查。

二、严重违章造成的事故

（1）事故经过

1991年12月20日，水泥厂扩建工程破土动工，至1992年9月底，主体工程基本完成后将熟料堆棚这一单项工程交给某建筑公司张某，并要求尽快安排施工队进场施工。1992年9月24日，张某与水泥厂施工工地负责人王某协商将熟料堆棚工程交由施工组段某承担。段某接受任务后征得王某、张某同意，自行布筋绘图，钢筋下料，自行购进松木原条做屋面模板支撑并将屋面支撑架及模板工程以每平方米23元包给从未做过这类工程的木工李某。9月25日，李某开始搭设支撑架，10月5日建筑公司副经理张某现场检查时发现支撑架不合规范要求，于当日下达了《整改通知书》，10月7日又向李某提出了整改意见。10月10日上午8时许，由扩建工程指挥部工地现场管理员王某和建筑公司见习施工员胡某对隐蔽工程进行了验收。王某、胡某两人在验收屋面钢筋模板后，就在《隐蔽工程质量检查记录》单中签字同意下道工序施工。迟到工地的张某也未提出异议，默认下道工序施工。上午9时左右，民工全部到齐后开始浇注混凝土。李某在施工过程中发现大梁模板下沉的前期预兆，便对支撑架进行了局部加固，在浇注混凝土的施工中震动器突然发生故障，挑运混凝土的民工17人集中在屋面，加大了支撑架的压力，从而导致支撑屋面模板倒塌约14.5m^2，倾斜面积约35m^2，造成9人死亡，5人重伤，7人轻伤的严重后果。

（2）事故原因

1）直接原因：

①无图、无许可证施工，模板支撑不符合要求，搭设方法不符合规范；

②未编制安全施工方案，冒险作业。

2）间接原因：

①组织者缺乏基本的安全生产意识，冒险指挥；

②工地负责人严重失职，发现问题后未能坚决纠正和监督整改。

（3）事故教训

1）施工管理者必须严格执行有关施工管理和安全方面规章制度，坚决照章办事。

2）发现安全隐患，必须及时整改纠正。

第四节　起重伤害事故案例

一、违规操作造成的事故

（1）事故经过

2003年7月16日在北京市石景山区某工地E座楼施工现场，江苏省某建筑公司QTZ80G塔吊在吊运模板过程中，塔吊突然倾覆，造成2人死亡、3人受伤，塔吊部分机构报废的重大安全事故。

该工程由北京市某房地产开发公司投资，某建筑公司为施工单位。2003年7月16日18时50分左右，工程二号塔吊信号工范某准备指挥吊运E座楼七层35～39/A轴内侧模板（尺寸6 800mm×2 800mm，重2.78t）时，木工夏某在拆除模板后，便将模板挂上吊钩，信号工范某随即指挥塔吊司机慢速起吊，塔吊司机高某即慢速起吊（当时吊点幅度51.2m，允许最大起重量1.5t），当模板离楼面10cm左右时，发出啪啪巨响，塔身标准节突然从附墙架处断裂，塔吊向东南方向倾覆，横卧在E座楼顶上，大臂前端弯曲坠落至南侧地面，平衡臂竖挂在E座楼七字形内角，3块配重落在车库顶板上，4块配重落在车库边上的基槽内。造成塔吊司机被摔出，坠落在右侧外脚手架上受伤；两名工人头部砸伤，另两名工人腰、腿部划伤的严重后果。伤者随即送首钢医院抢救。

木工部某于22时10分经抢救无效死亡，泥工王某于22时35分经抢救无效死亡，塔吊司机被摔成重伤。另两名木工张某、周某受轻伤。

（2）事故原因

1）直接原因：

①塔式起重机超载；

②在起重物严重超载的情况下，强行起吊；

③违章调大力矩限位，并违章解除重量限位报警器；

④信号工对所吊模板重量不了解，盲目发出信号起吊，造成塔吊超载运行。

2）间接原因：

①安全生产管理制度不完善，安全检查监督不严格；

②有关操作人员安全生产素质不高，盲目施工。

二、违规发包造成的伤害事故

（1）事故经过

2004年4月24日，某职业学校学生宿舍楼工地，在进行1台山东华夏QTZ315塔吊安装过程中，塔吊倾覆。导致1人重伤、5人轻伤，塔吊报废。

该工程为房山区某职业学校投资建设，无开工手续，施工方为个人胡某，胡某以房山某集团公司名义承包的该工程，该集团公司已在2000年12月改名。建设单位与施工方未签订施工合同。

2004年4月24日下午，无安装资质的个人梁某假冒北京某机械施工公司的名义组织人员进行安装，16时30分左右，张某等6名施工人员在塔吊安装过程中，塔吊倾覆。导致1人重伤、5人轻伤，塔吊报废。事故发生时，已安装塔身六节、塔司室、配重臂及配重（水泥）两块；塔身底座螺栓应该上8个只上了1个。

（2）事故原因

1）直接原因：

①建设单位违规发包给无资质的施工队伍。

②施工者无专业知识，违章作业。

2）间接原因：

塔吊产权单位违规将塔吊委托给没有安装资质的队伍进行安装。

第五节　触电伤害事故案例

一、吊车触碰高压线造成的事故

（1）事故经过

2000年6月某施工现场，正在进行钢桩吊装作业，临近结束时由于吊臂扬起幅度不够，就将吊杆从东往西移动，结果触及了高压线，造成手扶吊绳的3名工人触电，死亡1人、轻伤2人。

（2）事故原因

1）直接原因：

①高压线下作业，现场监护不够；

②吊车司机判断失误。

2）间接原因：

①现场安全管理存在漏洞，危险部位施工应该有可靠的现场指挥；

②吊车司机安全意识不够，没有对安全隐患足够重视。

（3）事故教训

1）强化施工现场安全管理制度，严格按制度办事。

2）加强特种作业人员的安全教育，使他们时刻绷紧安全这根弦。

二、工具操作不当引发的事故

（1）事故经过

2002年7月，某装修工地进行墙上开凿作业，工人郭某由于操作不慎致使切割机切破电线，当即被电击导致死亡。

（2）事故原因

1）直接原因：

切割机操作不当。

2）间接原因：

①工人郭某操作技能不够熟练，注意力不够集中，自我保护意识不强；

②施工现场安全检查不力；

③施工工具维护保养不够。

(3) 事故教训

1) 加强施工现场安全教育，提高职工自我保护意识。

2) 落实安全生产责任制的每个环节，强化检查和监督。

3) 加强对工具的定期维护、保养和检查。

4) 加强安全教育，配备齐全工人的个人防护用品。

三、违章作业造成的事故

(1) 事故经过

2000 年 7 月，某办公楼工地正在进行临时用电主干线路施工，为保证安全施工过程停电作业，临近傍晚恢复送电，但电工作业尚有部分未完成，安全员认为应停止作业或断电后再操作，但陆某固执己见，坚持紧固最后一段相线，结果剥离绝缘胶布时，不慎触电当即身亡。

(2) 事故原因

1) 直接原因：

①电工陆某违章蛮干，不遵守操作规程作业；

②施工现场安全检查不力，发现问题，未予坚决制止。

2) 间接原因：

①操作人员安全意识淡薄，违章作业却不以为然；

②施工现场安全管理不力，安全检查缺乏权威性。

(3) 事故教训

1) 必须强化安全生产管理权威性，使操作人员服从管理。

2) 加强对特种作业人员安全教育和基本安全知识的培训。

四、工具故障造成的事故

(1) 事故经过

2002 年 9 月，某工地正在进行焊接施工，电梯工张某加夜班焊接竖向钢筋，作业当中焊钳突然漏电，张某被电击，从楼上直接坠落于基坑，经抢救无效死亡。

(2) 事故原因

1) 直接原因：

①焊接设备存在缺陷；

②高处作业未佩戴防护工具。

2) 间接原因：

①施工现场安全管理存在疏漏，电焊设备的缺陷未被查出；

②现场安全防护措施不到位，作业时无防护措施，使工人受电击后直接坠入基坑；

③现场安全检查不力。

(3) 事故教训

1) 加强临边洞口的安全防护措施；

2) 加强设备的检修及保养。

第六节　重大事故案例

一、河南省安阳市“5·12”特大施工伤亡事故

（1）事故经过

2004年5月12日，安阳市开发区某集团二期工程C烟囱工地发生一起上料外井架倾翻的特大事故，死21人，伤9人。据初步调查，河南省某建筑工程公司于2003年10月承接了烟囱工程，该烟囱高60m，工程项目经理马某。2004年4月该公司将烟囱滑模工程分包给北京滑模分公司，项目负责人刘某。4月9日至12日搭建了外井架，该外井架高68m，从顶端往下每20m左右拉4根缆风绳，共拉16根缆风绳。4月14日开始上料滑模，5月2日施工完毕。5月10日为安装烟囱爬梯拆掉了北侧的2根缆风绳。5月12日进行外井架拆卸工作，工程分包方负责人刘某、带班工长邓某等人均在施工现场。参与拆卸的施工人员42人，其中地面8人，顶部6人，其余28人按2.5m间距分布在井架内南侧。当拆除完顶部红旗、吊轮、拔杆后，外井架突然发生倾翻，致使在外井架上施工的工人有的坠落、有的受到变形井架的绞挤，导致21名工人遇难、9名人员受伤。

（2）事故原因

1）施工总包单位安全生产管理制度不健全、不落实，未能履行安全管理职责，对外包单位资质及从业人员的资格未进行审查，现场安全监督管理薄弱，没有配备专职安全员。

2）监理单位未对施工方案审核，未组织有效监理，现场监理没尽到监理职责。

3）分包方不具备滑模工程施工资质，负责人违章指挥。

4）分包方的工人不具备高空作业资格，违章作业。

（3）处理结果

1）河南省某建筑工程公司未履行职责，未对滑模作业队的资质、从业人员资格进行审查，现场没有配备专职安全员，安全生产责任制不落实，对工程安全管理失控，从而导致事故的发生。对河南省某建筑工程公司给予降低资质等级的处罚，将房屋建筑工程施工总承包资质等级由一级降为二级。

2）程某，工程项目总监，未对烟囱物料提升架安装拆卸施工方案进行审核，未组织实施有效的监理，对这起事故负主要责任，给予吊销监理工程师注册证书终身不予注册的处罚。

3）河南省对安阳市信益二期工程“5·12”特大施工伤亡事故相关责任人的处理情况：

①刘某，烟囱项目滑模作业队负责人，在不具备滑模工程施工资质的情况下承建烟囱工程，自行购买材料加工物料提升架，未按施工方案规定拆卸。作业时明知物料提升架固定在烟囱上的两处缆风绳被拆除仍违章指挥，且使用不具备高空作业资格的农民工作业，对这起事故负直接领导责任，由司法机关依法追究其刑事责任。

②邓某，烟囱物料提升架拆卸施工现场负责人，明知烟囱物料提升架的两道缆风绳已被拆除仍违规作业，安排不具备高空作业资格的民工冒险上架拆卸，对这起事故负直接责任，由司法机关依法追究其刑事责任。

③马某，河南省某建筑工程公司安阳工程项目部经理，违反国家规定，在没有查验刘某滑模施工资质的情况下将烟囱项目承包给刘某的滑模施工队，作为项目经理不履行职责，对这起事故负主要责任，由司法机关依法追究其刑事责任。

④郭某，河南省某建筑工程公司工程项目部副经理，违反国家规定，未对所承建工程项目的生产、质量及安全负责，对这起事故负主要责任，由司法机关依法追究其刑事责任。

⑤董某，河南省某建筑工程公司工程项目部烟囱工程施工员，违反国家规定，未对烟囱项目的施工尽到安全监督管理职责，对这起事故负主要责任，由司法机关依法追究其刑事责任。

⑥程某，工程项目总监，未对烟囱物料提升架安装拆卸施工方案进行审核，未组织实施有效的监理，对这起事故负主要责任，由司法机关依法追究其刑事责任。

⑦孙某，工程项目的现场监理，未尽到监理职责，没有及时发现烟囱物料提升架存在严重安全隐患，对这起事故负主要责任，由司法机关依法追究其刑事责任。

⑧张某，滑模作业队招募民工负责人，盲目招募缺乏安全意识、不具备高空作业资格的农民工到工地冒险作业，对这起事故负主要责任，由司法机关依法追究其刑事责任。

⑨周某，河南省某建筑工程公司第一项目承包公司经理，按有关规定对所属工程项目负全面管理责任，但其对信益二期工程未履行安全生产管理职责，对这起事故负有直接领导责任，给予行政开除留用察看处分的处罚。

⑩冯某，河南省某建筑工程公司安全处处长，负责本单位安全生产管理工作，对信益二期工程安全生产工作监督检查不力，对这起事故负有主要领导责任，给予行政撤职处分的处罚。

⑪岳某，河南省某建筑工程公司副总经理，分管生产、安全工作，对分管部门落实安全生产责任制监督管理不严，对这起事故负有重要领导责任，给予行政降级处分的处罚。

⑫路某，河南省某建筑工程公司总经理，公司安全生产第一责任人，没有认真履行安全生产领导责任，对安全生产管理不严，对这起事故负有重要领导责任，给予行政撤职处分和党内严重警告处分的处罚。

⑬蔡某，某集团工程工作人员，对负责的工程在质量、安全方面的监督管理弱化，未尽职尽责，对这起事故负重要责任，给予行政降级处分的处罚。

⑭王某，某集团工程处副处长，分管质量、安全工作，对现场安全生产工作监督管理不力，对这起事故负有重要领导责任，给予行政记大过处分的处罚。

⑮叶某，某集团工程处处长，对现场安全生产工作监督管理不力，对这起事故负有重要领导责任，给予行政记大过处分的处罚。

⑯马某，某集团党委副书记、纪委书记、副董事长、工程指挥部指挥长，对现场质量、安全管理监督不力，对这起事故负有主要领导责任，给予行政记大过处分和党内严重警告处分的处罚。

⑰郭某，技术开发区规划建设局施工管理处负责人，对工程放弃安全监督职责，对这起事故负有直接领导责任，给予行政记大过处分的处罚。

⑱侯某，新技术开发区管委会副主任、党委委员，分管建设工作，工程安全生产工作监督管理不力，对这起事故负有重要领导责任，给予行政记过处分的处罚。

二、南京“10·25”重大事故

（1）事故经过

2000 年 10 月 25 日上午 10 时 10 分，某有限公司承建的某电视台演播中心裙楼工地发生一起重大职工因工伤亡事故。大演播厅舞台在浇注顶部混凝土施工中因模板支撑系统失稳舞台屋盖坍塌，造成正在现场施工的民工和电视台工作人员 6 人死亡，35 人受伤（其中重伤 11 人）的事故，直接经济损失 70.781 5 万元。

某电视台演播中心工程地下 2 层、地面 18 层，建筑面积 34 000m^2，采用现浇框架剪力墙结构体系。工程开工日期为 2000 年 4 月 1 日，计划竣工日期为 2001 年 7 月 31 日。

演播中心工程大演播厅总高 38m（其中地下 8.70m，地上 29.30m），面积为 624m^2。7 月份开始搭设模板支撑系统支架，支架钢管、扣件等总吨位约 290t，钢管和扣件分别由甲方、市建工局材料供应处、某物资公司提供或租用。原计划 9 月底前完成屋面混凝土浇注，预计 10 月 25 日下午 4 时完成混凝土浇注。

在大演播厅舞台支撑系统支架搭设前，项目部按搭设顶部模板支撑系统的施工方法，完成了三个演播厅、门厅和观众厅的施工，但都没有施工方案。

2000 年 1 月，编制了“上部结构施工组织设计”，并于 1 月 30 日经项目副经理成某、分公司副主任工程师批准实施。

7 月 22 日开始搭设大演播厅舞台顶部模板支撑系统，由于工程需要和材料供应等方面的问题，支架搭设施工时断时续。搭设时没有施工方案，没有图纸，没有进行技术交底。搭设开始约 15 天后，分公司副总工将“模板工程施工方案”交给施工队负责人。施工队拿到方案后，成某作了汇报，成某答复还按以前的规格搭架子，到最后再加固。

模板支撑系统支架由某公司组织进场的朱某工程队进行搭设，事故发生时朱某工程队共 17 名民工，其中 5 人无特种作业人员操作证，地上 25 ~ 29m 最上边一段由木工工长孙某负责指挥木工搭设。10 月 15 日完成搭设，支架总面积约 624m^2，高 38m。搭设支架的全过程中，没有办理自检、互检、交接检、专职检的手续，搭设完毕后未按规定进行整体验收。

10 月 17 日开始进行支撑系统模板安装，10 月 24 日完成。23 日木工工长孙某向项目部副经理成某反映水平杆加固没有到位，成某即安排架子工加固支架，25 日浇注混凝土时仍有 6 名架子工在加固支架。

10 月 25 日 6 时 55 分开始浇注混凝土，项目部资料质量员姜某 8 时多才补填混凝土浇捣令并送监理公司总监韩某签字，韩某将日期签为 24 日。浇注现场由项目部混凝土工长邢某负责指挥。南京某分公司负责为本工程供应混凝土，为 B 区屋面浇注 C40 混凝土，坍落度 16 ~ 18cm，用两台混凝土泵同时向上输送（输送高度约 40m，泵管长度约 60m × 2m）。浇注时现场有混凝土工工长 1 人，木工 8 人，架子工 8 人，钢筋工 2 人。混凝土工 20 人，自 10 月 25 日 6 时 55 分开始至 10 时 10 分，输送机械设备一直运行正常。到事故发生时止，输送至屋面混凝土约 139m^3，重约 342t，占原计划输送屋面混凝土总量的 51%。

10 时 10 分，当浇注混凝土由北向南单向推进，浇至主次梁交叉点区域时，该区域的 1m^2 理论钢管支撑杆数为 6 根，由于缺少水平连系杆，实际为 3 根立杆受力，又由于梁底模板下木枋呈纵向布置在支架水平钢管上，使梁下中间立杆的受荷过大，个别立杆受荷最大达 4t 多，综合立杆底部无扫地杆，立杆存在初弯曲等因素，以及输送混凝土管有冲击和振动等影响，使节点区域的中间单立杆首先失稳并随之带动相邻立杆失稳，出现大厅内模板支架系统整体倒塌的事故。屋顶模板上正在浇注混凝土的工人纷纷随塌落的支架和模板坠落，部分工人被塌落的支架、楼板和混凝土浆掩埋。

(2) 事故原因

1) 直接原因：

①支架搭设不合理，特别是水平连系杆严重不够，三维尺寸过大以及底部未设扫地杆，从而主次梁交叉区域单杆受荷过大，引起立杆局部失稳；

②梁底模的木杆放置方向不妥，导致大梁的主要荷载传至梁底中央排立杆，且该排立杆的水平连系杆不够，承载力不足，因而加剧了局部失稳；

③屋盖下模板支架与周围结构固定与连系不足，加大了顶部晃动。

2) 间接原因：

①施工组织管理混乱，安全管理失去有效控制，模板支架搭设无图纸、无专项施工技术交底，施工中无自检、互检等手续，搭设完成后没有组织验收。搭设开始时无施工方案，有施工方案后未按要求进行搭设，支架搭设严重脱离原设计方案要求致使支架承载力和稳定性不足，空间强度和刚度不足等是造成这起事故的主要原因。

②施工现场技术管理混乱，对大型或复杂重要的混凝土结构工程的模板施工未按程序进行，支架搭设开始后送交工地的施工方案中有关模板支架设计的方案过于简单，缺乏必要的细部构造大样图和相关的详细说明且无计算书。支架施工方案传递无记录，导致现场支架搭设时无规范可循，是造成这起事故的技术上的重要原因。

③某监理公司驻工地总监理工程师无监理资质，工程监理组没有对支架搭设过程严格把关，在没有对模板支撑系统的施工方案审查认可的情况下即同意施工，没有监督对模板支撑系统的验收就签发了浇捣令，工作严重失职，导致工人在存在重大事故隐患的模板支撑系统上进行混凝土浇注施工，也是造成这起事故的重要原因。

④在上部浇注屋盖混凝土情况下，民工在模板支撑下部进行支架加固是造成事故伤亡人员扩大的原因之一。

⑤南京某公司及上海分公司领导安全生产意识淡薄，个别领导不深入基层，对各项规章制度执行情况监督管理不力，对重点部位的施工技术管理不严，有法有规不依。施工现场用工管理混乱，部分特种作业人员无证上岗作业，对民工未认真进行三级安全教育。

⑥施工现场支架钢管和扣件在采购、租赁过程中质量管理把关不严，部分钢管和扣件不符合质量标准。

⑦建筑管理部门对该建筑工程执法监督和检查指导不力，建设管理部门对监理公司的监督管理不到位。

(3) 处理结果

1) 南京某公司项目部副经理成某具体负责大演播厅舞台工程，在未见到施工方案的情况下，决定按常规搭设顶部模板支架，在知道支架三维尺寸与施工方案不符时，不与工程技术人员商量，擅自决定继续按原尺寸施工，盲目自信，对事故的发生应负主要责任，建议司法机关追究其刑事责任。

2) 工苑监理公司驻工地总监韩某，违反“南京市项目监理实施程序”第三条第二款中的规定，没有对施工方案进行审查认可，没有监督对模板支撑系统的验收，对施工方的违规行为没有下达停工令，无监理工程师资格证书上岗，对事故的发生应负主要责任，建议司法机关追究其刑事责任。

3）南京某公司电视台项目部项目施工员丁某，在未见到施工方案的情况下，违章指挥民工搭设支架，对事故的发生应负重要责任，建议司法机关追究其刑事责任。

4）朱某违反国家关于特种作业人员必须持证上岗的规定，私招乱雇部分无上岗证的民工搭设支架，对事故的发生应负直接责任，建议司法机关追究其刑事责任。

5）南京某公司项目部经理史某负责上海分公司和电视台演播中心工程的全面工作，对分公司和该工程项目的安全生产负总责，对工程的模板支撑系统重视不够，未组织有关工程技术人员对施工方案进行认真的审查，对施工现场用工混乱等管理不力，对这起事故的发生应负直接领导责任，建议给予史某行政撤职处分。

6）某监理公司总经理违反建设部“监理工程师资格考试和注册试行办法”的规定，严重不负责任，委派没有监理工程师资格证书的韩某担任电视台演播中心工程项目总监理工程师；对驻工地监理组监管不力，工作严重失职，应负有监理方的领导责任。建议有关部门按行业管理的规定对某监理公司给予在南京地区停止承接任务一年的处罚和相应的经济处罚。

7）南京某公司总工程师郎某负责三建公司的技术质量全面工作，并在公司领导内部分工负责电视台演播中心工程，深入工地解决具体的施工和技术问题不够，对大型或复杂重要的混凝土工程施工缺乏技术管理，监督管理不力，对事故的发生应负主要领导责任，建议给予郎某行政记大过处分。

8）南京某公司安技处处长李某负责三建公司的安全生产具体工作，对施工现场安全监督检查不力、安全管理不到位，对事故的发生应负安全管理上的直接责任，建议给予李某行政记大过处分。

9）南京某公司上海分公司副总工程师赵某负责上海分公司技术和质量工作，对模板支撑系统的施工方案的审查不严，缺少计算说明书、构造示意图和具体操作步骤，未按正常手续对施工方案进行交接，对事故的发生应负技术上的直接领导责任，建议给予赵某行政记过处分。

10）项目经理部项目工程师茅某负责工程项目的具体技术工作，未按规定认真编制模板工程施工方案，施工方案中未对“施工组织设计”进行细化，未按规定组织模板支架的验收工作，对事故的发生应负技术上的重要责任，建议给予茅某行政记过处分。

11）南京某公司副总经理万某负责某公司的施工生产和安全工作，深入基层不够，对现场施工混乱、违反施工程序缺乏管理，对事故的发生应负领导责任，建议给予万某行政记过处分。

12）南京某公司总经理刘某负责某公司的全面工作，对某公司的安全生产负总责，对施工管理和技术管理力度不够，对事故的发生应负领导责任，建议给予刘某行政警告处分。

三、沪东“7·17”特大事故

（1）事故经过

1）起重机吊装过程：

2001年4月19日，电建公司及大力神公司施工人员进入沪东厂开始进行龙门起重机结构吊装工程，至6月16日完成了刚性腿整体吊装竖立工作。

2001年7月12日，机器人中心进行主梁预提升，通过60%～100%负荷分步加载测试后，确定主梁质量良好，塔架应力小于允许应力。

2001年7月13日，机器人中心将主梁提升离开地面，然后分阶段逐步提升，至7月16日19时，主梁被提升至47.6m高度。因此时主梁上小车与刚性腿内侧缆风绳相碰，阻碍了提升。电建公司施工现场指挥张海平考虑天色已晚，决定停止作业，并给起重班长陈忠林留下书面工作安排，明确17日早上放松刚性腿内侧缆风绳，为机器人中心8时正式提升主梁做好准备。

2）事故发生经过：

2001年7月17日早7时，施工人员按张海平的布置，通过陆侧（远离黄浦江一侧）和江侧（靠近黄浦江一侧）卷扬机先后调整刚性腿的两对内、外两侧缆风绳，现场测量员通过经纬仪监测刚性腿顶部的基准靶标志，并通过对讲机指挥两侧卷扬机操作工进行放缆作业（据陈述，调整时，控制靶位标志内外允许摆动20mm）。放缆时，先放松陆侧内缆风绳，当刚性腿出现外偏时，通过调松陆侧外缆风绳减小外侧拉力进行修偏，直到恢复原状态。通过10余次放松及调整后，陆侧内缆风绳处于完全松弛状态，并已被推出上小车机房顶棚。此后，又使用相同方法和相近的次数，将江侧内缆风绳放松调整为完全松弛状态，约7时55分，当地面人员正要通知上面工作人员推移江侧内缆风绳时，测量员发现基准标志逐渐外移，并逸出经纬仪观察范围，同时还有现场人员也发现刚性腿不断地在向外侧倾斜，直到刚性腿倾覆，主梁被拉动横向平移并坠落，另一端的塔架也随之倾倒。

3）人员伤亡和经济损失情况：

事故造成36人死亡，2人重伤，1人轻伤。死亡人员中，电建公司4人，机器人中心9人（其中有副教授1人，博士后2人，博士1人），沪东厂23人。

事故造成经济损失约1亿元，其中直接经济损失8 000多万元。

（2）事故原因分析

1）刚性腿在缆风绳调整过程中受力失衡是事故的直接原因：

领导小组在听取工程情况介绍、现场勘察、查阅有关各方提供的技术文件和图纸、收集有关物证和陈述笔录的基础上，对事故原因作了认真的排查和分析。在逐一排除了自制塔架首先失稳、支承刚性腿的轨道基础沉陷移位、刚性腿结构本体失稳破坏、刚性腿缆风绳超载断裂或地锚拔起、荷载状态下的提升承重装置突然破坏断裂及不可抗力（地震、飓风等）的影响等可能引起事故的多种原因后，重点对刚性腿在缆风绳调整过程中受力失衡问题进行了深入分析，经过有关专家对于吊装主梁过程中刚性腿处的力学机理分析及受力计算，提出了《沪东“7·17”特大事故技术原因调查报告》，认定造成这起事故的直接原因是：在吊装主梁过程中，由于违规指挥、操作，在未采取任何安全保障措施情况下，放松了内侧缆风绳，致使刚性腿向外侧倾倒，并依次拉动主梁、塔架向同一侧倾坠、垮塌。

2）施工作业中违规指挥是事故的主要原因：

电建公司第三分公司施工现场指挥张海平在发生主梁上小车碰到缆风绳需要更改施工方案时，违反吊装工程方案中关于“在施工过程中，任何人不得随意改变施工方案的作业要求。如有特殊情况进行调整必须通过一定的程序以保证整个施工过程安全”的规定。未按程序编制修改书面作业指令和逐级报批，在未采取任何安全保障措施的情况下，下令放松刚性腿内侧的两根缆风绳，导致事故发生。

3）吊装工程方案不完善，审批把关不严是事故的重要原因：

由电建公司第三分公司编制、电建公司批复的吊装工程方案中提供的施工阶段结构倾覆稳定验算资料不规范、不齐全，对龙门起重机刚性腿的设计特点，特别是刚性腿顶部外倾 710mm 后的结构稳定性没有予以充分的重视；对主梁提升到 47.6m 时，主梁上小车碰刚性腿内侧缆风绳这一可以预见的问题未予考虑，对此情况下如何保持刚性腿稳定的这一关键施工问题更无定量的控制要求和操作要领。

吊装工程方案及作业指导书编制后，虽经规定程序进行了审核和批准，但有关人员及单位均未发现存在的上述问题，使得吊装工程方案和作业指导书在重要环节上失去了指导作用。

4）施工现场缺乏统一严格的管理，安全措施不落实是事故伤亡扩大的原因：

①施工现场组织协调不力。在吊装工程中，施工现场甲、乙、丙三方立体交叉作业，但没有及时形成统一、有效的组织协调机构对现场进行严格管理。在主梁提升前 7 月 10 日成立的“600t 龙门起重机提升组织体系”职责不明、分工不清，并没有起到施工现场总体的调度及协调作用，致使施工各方不能相互有效沟通。乙方在决定更改施工方案，决定放松缆风绳后，未正式告知现场施工各方采取相应的安全措施；甲方也未明确将 7 月 17 日的作业具体情况告知乙方，导致沪东厂 23 名在刚性腿内作业的职工死亡。

②安全措施不具体、不落实。6 月 28 日由工程各方参加的“确保主梁、柔性腿吊装安全”专题安全工作会议，在制定有关安全措施时没有针对吊装施工的具体情况提出全面、系统的安全措施，有关安全要求中既没有对各单位在现场必要人员作出明确规定，也没有关于现场人员如何进行统一协调管理的条款。施工各方均未制定相应程序及指定具体人员对会上提出的有关规定进行具体落实。例如，为吊装工程制定的工作牌制度就基本没有落实。

综上所述，沪东“7·17”特大事故是一起由于吊装施工方案不完善，吊装过程中违规指挥、操作，并缺乏统一严格的现场管理而导致的重大责任事故。

（3）对事故责任人员的处理

1）张海平，上海电力建筑工程公司第三分公司职工，沪东厂 600t 龙门起重机吊装工程 7 月 17 日施工现场指挥。作为 17 日施工现场指挥，对于主梁受阻问题，未按施工规定进行作业，安排人员放松刚性腿内侧缆风绳，导致事故发生。对事故负有直接责任，涉嫌重大工程安全事故罪，建议给予开除公职处分，移交司法机关处理。

2）王正怡，中共党员，上海电力建筑工程公司第三分公司副经理。作为沪东厂 600t 龙门起重机吊装工程项目经理，忽视现场管理，未制定明确、具体的现场安全措施。明知 7 月 17 日要放刚性腿内侧缆风绳，未采取有效保护措施，且事发时不在现场。对事故负有主要领导责任，涉嫌重大工程安全事故罪，建议给予开除公职、开除党籍处分，移交司法机关处理。

3）陈优芳，上海大力神建筑工程有限公司经理。作为法定代表人，为赚取工程提留款，在对陈春平承包项目及招聘人员未进行审查的情况下，允许陈春平使用大力神公司名义进行承包，只管收取管理费而不对其进行实质性的管理。涉嫌重大工程安全事故罪，建议移交司法机关处理。

4）陈春平，中共党员，沪东厂600t龙门起重机吊装工程劳务工包工头。在不具备施工资质的情况下，借用大力神公司名义与电建公司签订承包协议，招聘没有资质证书人员进入施工队担任关键岗位技术工作。涉嫌重大工程安全事故罪，建议给予开除党籍处分，移交司法机关处理。

5）史耀辉，中共党员，上海电力建筑工程公司第三分公司副总工程师，沪东厂600t龙门起重机吊装工程项目技术负责人。在编制施工方案时，对主梁提升中上小车碰缆风绳这一应该预见的问题没有制定相应的预案，施工现场技术管理不到位。对事故负有主要责任，建议给予行政撤职、留党察看一年处分。

6）刘涛，中共党员，上海电力建筑工程公司第三分公司副经理兼总工程师，主管生产、技术工作。审批把关不严，没有发现施工方案及作业指导书存在的问题。对事故负有重要领导责任，建议给予行政撤职、留党察看一年处分。

7）刘伯年，上海电力建筑工程公司第三分公司党支部书记。贯彻党的安全生产方针政策不力，对公司在生产中存在的违规作业问题失察，安全生产教育抓得不力。对事故负有主要领导责任，建议给予撤销党内职务处分。

8）汤德松，中共党员，上海电力建筑工程公司副总工程师。在对施工方案复审时技术把关不严，没有发现施工方案中上小车碰缆风绳的问题。对事故负有重要责任，建议给予行政降级、党内严重警告处分。

9）李家坤，上海电力建筑工程公司经理、党委委员。作为公司安全生产第一责任人，管理不力，没有及时发现、解决第三分公司在施工生产中存在的安全意识淡薄、施工安全管理不严格等问题。对事故负有主要领导责任，建议给予撤销行政职务、党内职务处分。

10）施申新，上海电力建设有限公司董事长、党委书记。贯彻落实党和国家有关安全生产方针政策和法律法规不力。对事故负有领导责任，建议给予行政记大过、党内警告处分。

11）瞿添林，中共党员，沪东中华造船（集团）有限公司安全环保处科长。作为沪东厂600t龙门起重机吊装工程现场安全负责人，对制定的有关安全制度落实不力。对事故负有重要责任，建议给予行政记过处分。

12）顾妙炎，沪东中华造船（集团）有限公司600t龙门起重机吊装工程项目甲方协调人（原沪东造船厂副总经理）。对现场安全管理工作重视不够，协调不力。对事故负有重要领导责任，建议给予行政记过处分。

13）乌建中，同济大学上海建设机器人工程技术研究中心工程部负责人，600t龙门起重机吊装工程提升项目技术顾问，现场地面联络人。施工安全意识不强，安全管理、协调不力。对事故负有重要责任，建议给予行政记过处分。

14）徐鸣廉，同济大学上海建设机器人工程技术研究中心主任，安全意识不强，对于机器人中心施工安全管理不力。对事故负有重要领导责任，建议给予行政警告处分。

责成国家电力公司、中国船舶工业集团公司、同济大学依据调查结论对与事故有关的其他责任人给予严肃处理。

参 考 文 献

[1] 中华人民共和国建筑法.

[2] 中华人民共和国安全生产法.

[3] 建设工程安全生产管理条例.

[4] 建筑施工企业主要负责人、项目负责人、专职安全生产管理人员安全生产考核管理暂行规定.

[5] 中华人民共和国行业标准《建筑施工高处作业安全技术规范》JGJ 80—91.

[6] 中华人民共和国行业标准《建筑施工扣件式钢管脚手架安全技术规范》JGJ 130—2001、J84—2001.

[7] 中华人民共和国行业标准《建筑施工安全检查标准》JGJ 59—99 条文说明.

[8] 中华人民共和国行业标准《建筑施工现场环境与卫生标准》JGJ 146—2004、J 375—2004.

[9] 中华人民共和国行业标准《施工现场临时用电安全技术规定》JGJ 46—2005、J 405—2005.

[10] 中华人民共和国行业标准《建筑拆除工程安全技术规范》JGJ 147—2004、J 376—2004.

[11] 秦春芳主编. 安全生产技术与管理. 北京：中国环境科学出版社，1995.

[12] 哈尔滨工业大学主编. 建筑施工门式钢管脚手架安全技术规范（JGJ 128—2000）北京：中国建筑工业出版社，2000.

[13] 北京建工集团有限责任公司主编. 北京市建筑工程施工安全操作规程.

[14] 建筑施工附着升降脚手架安全技术规程（DGJ 08—905—99）.